航空工程类专业教育部质量工程教材专项立项教材

现代光测及其图像处理

王开福　著

科学出版社
北　京

内 容 简 介

本书是南京航空航天大学航空工程类专业教育部质量工程教材专项立项教材。全书主要内容包括现代光测基础、全息照相与干涉、散斑照相与干涉、云纹与云纹干涉、图像处理基础、图像操作与分割、图像变换与滤波、变形相位检测、干涉图像处理、数字全息照相与干涉、数字图像相关与粒子图像测速和数字散斑干涉与剪切干涉等。

本书可作为高等院校航空宇航、船舶海洋、动力工程、控制科学、仪器科学、材料科学、机械工程、电气工程、土木工程、光学工程和工程力学等专业的本科生和研究生教材，使其掌握现代光测及其图像处理的基本原理、基础理论、测试方法和专业技能。本书也可供相关专业的高校教师、研究人员和技术人员参考。

图书在版编目(CIP)数据

现代光测及其图像处理/王开福著. —北京：科学出版社，2013
ISBN 978-7-03-036670-2

Ⅰ.①现… Ⅱ.①王… Ⅲ.①光测法②数字图像处理 Ⅳ.①O348.1 ②TN911.73

中国版本图书馆 CIP 数据核字(2013)第 026789 号

责任编辑：尚 雁 罗 吉 / 责任校对：何艳萍
责任印制：肖 兴 / 封面设计：许 瑞

科学出版社 出版
北京东黄城根北街 16 号
邮政编码：100717
http://www.sciencep.com

骏杰印刷厂 印刷

科学出版社发行 各地新华书店经销

*

2013 年 2 月第 一 版 开本：787×1092 1/16
2014 年 3 月第二次印刷 印张：13 1/4
字数：300 000

定价：38.00 元

(如有印装质量问题，我社负责调换)

前　言

本书是南京航空航天大学航空工程类专业教育部质量工程教材专项立项教材。全书由三部分内容构成:第一部分包含第1～4章,阐述了以全息底片作为记录介质的现代光测技术,主要内容包括现代光测基础、全息照相与干涉、散斑照相与干涉和云纹与云纹干涉;第二部分包含第5～9章,阐述了现代光测技术所涉及的图像处理技术,主要内容包括图像处理基础、图像操作与分割、图像变换与滤波、变形相位检测和干涉图像处理;第三部分包含第10～12章,阐述了以CCD作为记录介质的现代光测技术,主要内容包括数字全息照相与干涉、数字图像相关与粒子图像测速和数字散斑干涉与剪切干涉。

现代光测技术是在激光出现之后基于光波干涉和衍射效应而发展起来的全场非接触高精度变形测量技术,主要包括全息干涉技术、散斑干涉技术和云纹干涉技术等。现代光测技术的发展经历了两个主要阶段:第一阶段以全息底片作为记录介质;第二阶段以CCD作为记录介质。

第一阶段的现代光测技术由于采用全息底片作为记录介质,因此需要进行显影和定影等冲洗处理。另外,由于以全息底片作为记录介质时只能采用相加模式,因此第一阶段的现代光测技术只能通过条纹分析方法进行变形测量。

随着数字成像技术和图像处理技术的快速发展,现代光测技术进入了以CCD作为记录介质的第二阶段。以CCD作为记录介质,则不再需要进行显影和定影等冲洗处理。由于CCD记录的数字图像除了可以采用相加模式,还可以采用相减、相乘、相除和相关等模式,因此第二阶段的现代光测技术除了可以通过条纹分析方法进行变形测量,还可以采用相位检测方法(如相移干涉技术)和非条纹分析方法(如数字图像相关)进行变形测量。

由于作者水平有限和编写时间仓促,不当之处在所难免,敬请批评指正。

王开福

2012年11月

于南京航空航天大学

目　　录

第 1 章　现代光测基础

1.1　几何光学

1. 光源

本身发光或被其他光源照亮后发光的物体称为光源。当光源的尺寸与其辐射距离相比可以忽略不计时，则该光源可以看成点光源。在几何光学中，点光源可以抽象成几何点，任何被成像的物体都可看成由无数几何发光点组成。

2. 光线

在几何光学中，光线可以抽象为几何线，其方向表示光波的传播方向。几何光学研究光的传播，实际上就是研究光线的传播。利用光线的概念，可以把复杂的光学成像归结为几何运算问题。目前使用的光学成像系统绝大多数都是根据几何光学原理，利用几何光线概念设计而成。

3. 直线传播定律

在各向同性介质中，光线沿着直线传播，这就是光的直线传播定律。该定律可以很好地解释影子、日食和月食等现象。但是，当光在传播过程中遇到很小的不透明屏或通过小孔时，光的传播将偏离直线方向，这就是光的衍射现象。显然，光的直线传播定律只有当光在均匀介质中无阻拦地传播时才成立。

4. 独立传播定律

当多束光通过空间某一点时，各光线的传播不受其他光线的影响，称为光的独立传播定律。当两束光汇聚在空间某点时，其作用为简单相加。利用这条定律，在研究某一束光的传播时，可以不考虑其他光束的存在。光的独立传播定律只对非相干光束成立。对于相干光束，光的干涉效应将使光的独立传播定律不再成立。

5. 反射和折射定律

当一束光投射到两种透明介质的光滑分界面时，将有一部分光反射回原介质，这部分光称为反射光；另一部分光则通过介质分界面进入第二种介质，这部分光称为折射光，如图 1.1 所示。光线的反射和折射分别满足反射和折射定律。

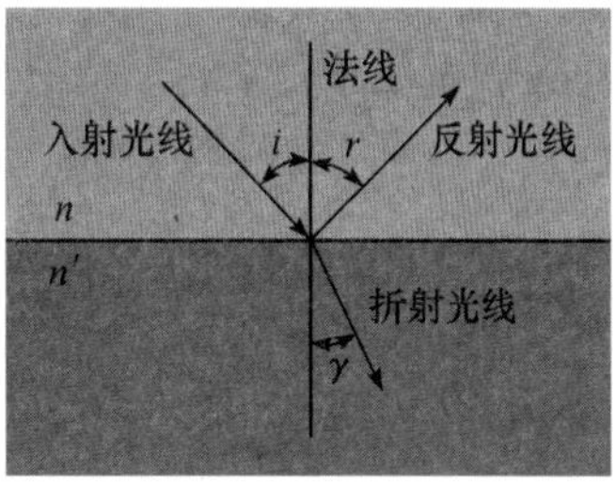

图 1.1　反射和折射

反射定律可表述为入射角(incidence angle)i 和反射角(reflection angle)r 相等,即

$$i = r \tag{1.1}$$

式中,i 和 r 分别为入射光线和反射光线与法线之间所形成的锐角。

折射定律可表述为入射角 i 与折射角(refraction angle)γ 的正弦之比等于折射光线所在介质与入射光线所在介质的折射率(refractive index)之比,即

$$\frac{\sin i}{\sin \gamma} = \frac{n'}{n} \tag{1.2}$$

式中,i 和 γ 分别为入射光线和折射光线与法线之间所形成的锐角。如果光线由光疏介质(optically thinner medium)进入光密介质(optically denser medium),即 $n'>n$,则 $\gamma<i$;如果光线由光密介质进入光疏介质,则 $\gamma>i$。

6. 全反射

如果光线由光密介质进入光疏介质,且当 $i=\arcsin\left(\frac{n'}{n}\right)$时,则 $\gamma=90°$,此时光线将发生全反射(total reflection)。因此,当光线由光密介质进入光疏介质时,发生全反射的条件是

$$i \geqslant i_{cr} = \arcsin\left(\frac{n'}{n}\right) \tag{1.3}$$

式中,i_{cr}称为临界角。

1.2 波动光学

1. 光波概念

光是电磁波,其振动方向和光的传播方向垂直,即光波是横波。通常所说的光是指可见光,即人眼所能感知的电磁波,其波长范围为 400~760 nm。

光在真空中的传播速度 $c=3\times10^8$ m/s,在空气中的传播速度近似等于真空中的传播速度,而在水和玻璃等透明介质中的传播速度要比真空中慢,其速度与波长和频率的关系可表示为

$$v = \lambda\nu \tag{1.4}$$

式中,λ 和 ν 分别为光波的波长和频率。

光波在传播过程中,在某一时刻其振动相位相同的各点所构成的曲面称为波面。在各向同性介质中,光波沿着波面法线方向传播,因此可以认为光波波面的法线就是几何光学中的光线。

2. 波动方程

光波是电磁波,因此满足波动方程

$$\nabla^2 E(r,t) - \frac{1}{c^2}\frac{\partial^2 E(r,t)}{\partial t^2} = 0 \tag{1.5}$$

式中，$\nabla^2 = \frac{\partial^2}{\partial x^2} + \frac{\partial^2}{\partial y^2} + \frac{\partial^2}{\partial z^2}$为拉普拉斯算子(Laplacian)；$E(r,t)$为瞬时光场；$c$ 为光速。式(1.5)的单色(monochromatic)解为

$$E(r,t) = A(r)\exp\{-\mathrm{i}\omega t\} \tag{1.6}$$

式中，$A(r)$为光波复振幅；$\mathrm{i}=\sqrt{-1}$为虚数单位；ω 为光波圆频率。把式(1.6)代入式(1.5)，得

$$(\nabla^2 + k^2)A(r) = 0 \tag{1.7}$$

式中，$k=\frac{\omega}{c}=\frac{2\pi}{\lambda}$为波数(wave number)。式(1.7)即为亥姆霍兹(Helmholtz)方程。

3. 平面波

如果波动方程的解为

$$A(x,y,z) = a\exp\{\mathrm{i}kz\} \tag{1.8}$$

式中，a 为光波振幅。式(1.8)表示沿 z 方向传播的平面波(plane wave)，其强度分布可表示为

$$I(x,y,z) = |A(x,y,z)|^2 = a^2 \tag{1.9}$$

显然，平面波光场中各点的强度相同。

4. 球面波

如果波动方程的解为

$$A(r) = \frac{a}{r}\exp\{\mathrm{i}kr\} \tag{1.10}$$

式中，a 为单位距离处点的光波振幅。式(1.10)表示沿半径向外传播的球面波(spherical wave)，其强度分布可表示为

$$I(r) = |A(r)|^2 = \frac{a^2}{r^2} \tag{1.11}$$

即球面波光场中各点的强度分布与 r^2 成反比。

式(1.10)的二阶近似可表示为

$$A(x,y,z) = \frac{a}{z}\exp\{\mathrm{i}kz\}\exp\left\{\frac{\mathrm{i}k}{2z}(x^2+y^2)\right\} \tag{1.12}$$

式(1.12)表示距离点光源为 z 的平面上点(x,y,z)处的复振幅。

5. 柱面波

如果波动方程的解为

$$A(r) = \frac{a}{\sqrt{r}}\exp\{ikr\} \tag{1.13}$$

式中，a 为单位距离处的光波振幅。式(1.13)表示沿半径向外传播的柱面波(cylindrical wave)，其强度分布为

$$I(r) = |A(r)|^2 = \frac{a^2}{r} \tag{1.14}$$

即柱面波光场中各点的强度分布与 r 成反比。

1.3 光波干涉

频率相同、振动方向相同和相位差保持恒定的两列光波相互叠加后将会出现干涉(interference)效应。设两列光波复振幅分别表示为

$$\begin{aligned} A_1 &= a_1\exp\{i\varphi_1\} \\ A_2 &= a_2\exp\{i\varphi_2\} \end{aligned} \tag{1.15}$$

式中，a_1 和 a_2 分别为两列光波的振幅；φ_1 和 φ_2 分别为两列光波的相位。两列光波相互干涉后的强度分布为

$$I = |A_1 + A_2|^2 = a_1^2 + a_2^2 + 2a_1a_2\cos\Delta\varphi \tag{1.16}$$

式中，$\Delta\varphi=\varphi_2-\varphi_1$ 为相位差。式(1.16)也可表示为

$$I = I_1 + I_2 + 2\sqrt{I_1I_2}\cos\Delta\varphi \tag{1.17}$$

式中，I_1 和 I_2 分别为两列光波的强度分布。由此可见，两列光波相互干涉后的强度分布含有余弦干涉条纹。条纹对比度为

$$V = \frac{I_{\max} - I_{\min}}{I_{\max} + I_{\min}} = \frac{2\sqrt{I_1I_2}}{I_1 + I_2} \tag{1.18}$$

式中，$I_{\max}$和 $I_{\min}$分别为最大强度和最小强度。利用式(1.18)，式(1.17)还可表示为

$$I = I_B + I_M\cos\varphi = I_B(1 + V\cos\Delta\varphi) \tag{1.19}$$

式中，$I_B=I_1+I_2$ 和 $I_M=2\sqrt{I_1I_2}$分别为背景强度和调制强度；V 为条级对比度。当 $I_1=I_2$，即 $a_1=a_2$ 时，则条纹具有最大对比度，最大值为

$$V_{\max} = 1 \tag{1.20}$$

1.4 干涉系统

1. 迈克耳孙干涉仪

图 1.2 所示为迈克耳孙(Michelson)干涉仪。激光器输出的单色光由分光镜分成两束光，其中一束射向固定反射镜，然后反射回分光镜，被分光镜透射的部分光由观察

面接收，被分光镜反射的部分光返回激光器；激光器输出的经分光镜透射的另一束光入射到可动反射镜，经反射后回到分光镜，经分光镜反射的部分光传至观察面，而其余部分光经分光镜透射后返回到激光器。

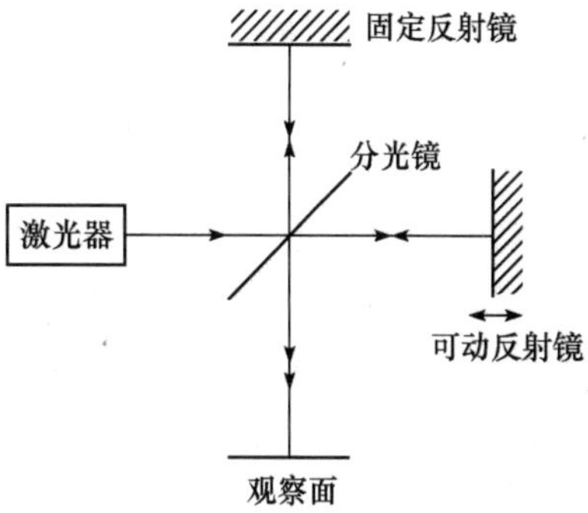

图 1.2　迈克耳孙干涉仪

当两个反射镜到分光镜间的光程差小于激光相干长度时，射到观察面上的两光束便产生了干涉，两相干光的相位差为

$$\Delta\varphi = k\Delta l \tag{1.21}$$

式中，$k=2\pi/\lambda$ 为光在空气中的传播常数；Δl 为两相干光的光程差。

2. 马赫-曾德尔干涉仪

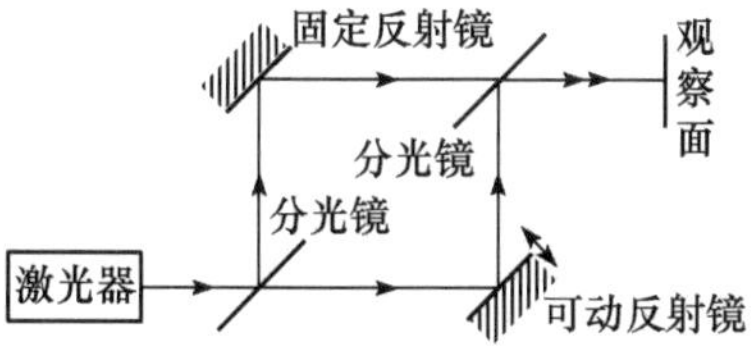

图 1.3　马赫-曾德尔干涉仪

图 1.3 所示为马赫-曾德尔(Mach-Zehnder)干涉仪。从激光器输出的光束先分后合，两束光由可动反射镜的位移引起相位差，并在观察面上产生干涉。这种干涉仪没有光返回激光器。此外，从右上方分光镜向上还有另外两束光：一束是上面水平光束的反射部分；另一束是右边垂直光束的透射部分。

3. 萨奈克干涉仪

图 1.4 所示为萨奈克(Sagnac)干涉仪，它是利用萨奈克效应构成的一种干涉仪。激光器输出的光由分光镜分为反射和透射两部分，这两束光由反射镜的反射形成传播方向相反的闭合光路，然后在分光镜上汇合，被送入观察面中，同时也有一部分光返回激光器。在这种干涉仪中，任何一块反射镜在垂直于反射表面的方向移动，两光束的光程变化都相同，因此根据双光束干涉原理，在观察面上观察不到干涉强度的变化。但是当把这种干涉仪装在一个可绕垂直于光束平面旋转的平台上，且平台以角速度 ω 转动时，根据萨奈克效应，两束传播方向相反的光束到达观察面的相位不同。

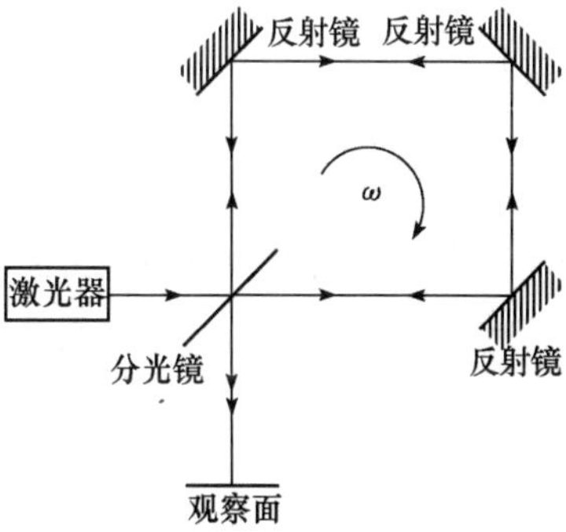

图 1.4　萨奈克干涉仪

若平台顺时针旋转，则顺时针方向传播的光到达观察面要比逆时针方向传播的光滞后，两路光的相位差为

$$\Delta\varphi = \frac{8\pi A}{\lambda c}\omega \tag{1.22}$$

式中，A 为光路围成的面积；c 为真空中的光速；λ 为真空中的光波长。这样，通过观察面

检测干涉强度的变化,便可确定旋转角速度 ω。

4. 法布里-珀罗干涉仪

图 1.5 所示是法布里-珀罗(Fabry-Perot)干涉仪,它由两块平行放置的半透半反镜组成,在两个相对的反射表面镀有反射膜。由激光器输出的光束入射到干涉仪,在两个相对的反射表面作多次往返,透射出去的平行光束由观察面接收。这种干涉仪与前几种干涉仪的根本区别是,前几种干涉仪都是双光束干涉,而法布里-珀罗干涉仪是多光束干涉。

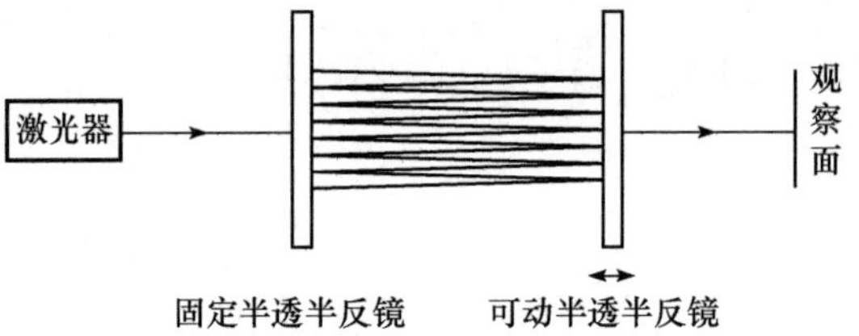

图 1.5 法布里-珀罗干涉仪

根据多光束干涉的原理,观察面上探测到的干涉强度为

$$I = \frac{I_0}{1 + \dfrac{4R}{(1-R)^2}\sin^2\dfrac{\Delta\varphi}{2}} \tag{1.23}$$

式中,I_0 为入射强度;R 为半透半反镜的反射率;$\Delta\varphi$ 为相邻光束间的相位差。

由式(1.23)可知,当反射率 R 一定时,透射光束的干涉强度仅随 $\Delta\varphi$ 变化。因此,通过检测干涉强度的变化,即可解调出导致光相位变化的外界被测量。当 $\Delta\varphi=2n\pi(n=0,\pm1,\pm2,\cdots)$时,干涉强度有最大值 I_0;当 $\Delta\varphi=(2n+1)\pi(n=0,\pm1,\pm2,\cdots)$时,干涉强度有最小值 $I=[(1-R)/(1+R)]^2 I_0$。显然,反射率 R 越大,干涉强度变化越显著,即有高的分辨率,这是法布里-珀罗干涉仪最突出的特点。通常,可以通过提高半透半反镜的反射率来提高干涉仪的分辨率,从而使干涉测量有极高的灵敏度。

1.5 光波衍射

光波在传播过程中,当遇到障碍物时,将产生偏离直线传播路径的衍射(diffraction)效应。平面单色光波通过孔径后将发生衍射效应,如图 1.6 所示。考虑到傍轴近似,则观察面上光波复振幅可表示为

$$A(x,y) = \frac{1}{\mathrm{i}\lambda}\int_{-\infty}^{\infty}\int_{-\infty}^{\infty} A(\xi,\eta)\,\frac{\exp\{\mathrm{i}kr\}}{r}\,\mathrm{d}\xi\mathrm{d}\eta \tag{1.24}$$

式中,λ 为光波波长;r 为衍射孔径面上次光源点和观察面上观察点之间的距离;$k=2\pi/\lambda$ 为波数;$A(\xi,\eta)$是衍射孔径面上光波复振幅。

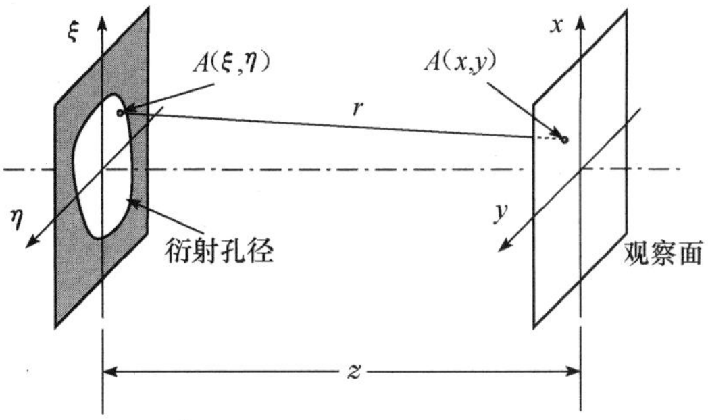

图1.6　孔径衍射

1. 菲涅耳衍射

在菲涅耳(Fresnel)衍射区,有$\frac{2\pi}{\lambda}\frac{[(x-\xi)^2+(y-\eta)^2]_{max}^2}{8z^3}\ll 1$,则观察面上光波复振幅可表示为

$$A(x,y)=\frac{\exp\{ikz\}}{i\lambda z}\exp\left\{i\frac{\pi}{\lambda z}(x^2+y^2)\right\}\int_{-\infty}^{\infty}\int_{-\infty}^{\infty}A(\xi,\eta)\times\exp\left\{i\frac{\pi}{\lambda z}(\xi^2+\eta^2)\right\}\exp\left\{-i\frac{2\pi}{\lambda z}(x\xi+y\eta)\right\}d\xi d\eta \tag{1.25}$$

式中,z为衍射孔径面和观察面之间的距离。

2. 夫琅禾费衍射

在夫琅禾费(Fraunhofer)衍射区,有$\frac{\pi}{\lambda z}(\xi^2+\eta^2)_{max}\ll 1$,则观察面上光波复振幅可表示为

$$A(x,y)=\frac{\exp\{ikz\}}{i\lambda z}\exp\left\{i\frac{\pi}{\lambda z}(x^2+y^2)\right\}\int_{-\infty}^{\infty}\int_{-\infty}^{\infty}A(\xi,\eta)\exp\left\{-i\frac{2\pi}{\lambda z}(x\xi+y\eta)\right\}d\xi d\eta \tag{1.26}$$

1.6　光波偏振

普通光源(如太阳和灯泡等)发出的光波在传播过程中,电场矢量在垂直于传播方向的平面内振动时并不表现出特定的方向性和旋转性,则该光源发出的光波称为非偏振光(unpolarized light)。如果电场矢量仅在一个特定方向振动,并在传播过程中振动方向始终保持不变,则该光波称为平面偏振光(planarly polarized light)或线偏振光(linearly polarized light)。如果在光波传播过程中电场矢量振动方向不断围绕传播方向旋转,当电场矢量在垂直于传播方向的平面内绘制出圆形轨迹时称为圆偏振光(circularly polarized light),当绘制出椭圆轨迹时称为椭圆偏振光(elliptically polarized light)。

第2章　全息照相与干涉

全息技术首先由 Gabor 提出，但由于当时没有高度相干光源，且无法分离同轴全息所产生的孪生像，所以 Gabor 提出的同轴全息技术在之后的 10 多年间并未得到广泛关注。直到激光问世以及 Leith 等提出离轴全息后，全息技术才得到了迅速发展，各种不同的全息方法相继提出，开辟了全息应用的新领域。

2.1　全息照相

全息照相(holography)利用物体光波和参考光波之间的干涉效应将物体光波的振幅和相位信息以干涉条纹的形式同时记录在全息底片上，全息底片经过显影和定影后变成全息图，然后用再现光波(通常采用记录全息图时的参考光波)照射全息图，通过全息图的衍射效应使物体光波得到再现，进而得到包含物体振幅和相位信息的立体像。因此，全息照相不但能记录物体光波的振幅信息，而且能同时记录物体光波的相位信息。

2.1.1　波前记录

全息记录系统如图 2.1 所示。来自激光器的光波经分光镜分光后变成两束光波，其中一束光波经反射镜反射并经扩束镜扩束后照明物体，然后经物体漫反射后照射全息底片，这束来自物体的漫反射光波称为物体光波；另一束光波经反射镜反射并经扩束镜扩束后直接照射全息底片，这束光波称为参考光波。

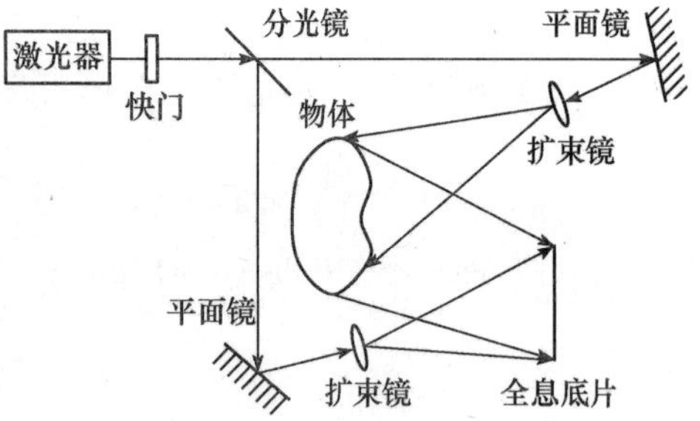

图 2.1　全息记录系统

设全息底片处物体光波和参考光波的复振幅分别为 $O=a_o\exp\{i\varphi_o\}$ 和 $R=a_r\exp\{i\varphi_r\}$，其中，a_o 和 φ_o 分别为物体光波的振幅和相位；a_r 和 φ_r 分别为参考光波的振幅和相位；$i=\sqrt{-1}$是虚数单位。则全息底片所记录的强度分布可表示为

$$I=(O+R)(O+R)^*=(a_o^2+a_r^2)+a_oa_r\exp\{i(\varphi_o-\varphi_r)\}+a_oa_r\exp\{-i(\varphi_o-\varphi_r)\} \tag{2.1}$$

式中，* 表示复共轭。利用 $\cos\theta=\frac{1}{2}(\exp\{i\theta\}+\exp\{-i\theta\})$，式(2.1)还可表示为

$$I=(a_o^2+a_r^2)+2a_oa_r\cos(\varphi_o-\varphi_r) \tag{2.2}$$

由此可见，全息底片所记录的强度分布是余弦干涉条纹(不过这些干涉条纹通常很细很

密，人眼无法分辨），因此全息图实际上是一块余弦光栅，当用再现光波照射全息图时，全息图将发生衍射进而产生物体像。

假设曝光时间为 T，则全息底片记录到的曝光量为

$$E = IT = T(a_o^2 + a_r^2) + Ta_o a_r \exp\{i(\varphi_o - \varphi_r)\} + Ta_o a_r \exp\{-i(\varphi_o - \varphi_r)\} \quad (2.3)$$

在一定曝光量范围内，全息图的振幅透射率与曝光量呈线性关系，取比例常数为 β，那么全息图的振幅透射率可表示为

$$t = \beta E = \beta T(a_o^2 + a_r^2) + \beta Ta_o a_r \exp\{i(\varphi_o - \varphi_r)\} + \beta Ta_o a_r \exp\{-i(\varphi_o - \varphi_r)\} \quad (2.4)$$

2.1.2　波前再现

全息再现系统如图 2.2 所示。该再现系统与图 2.1 所示的记录系统相同，只是在再现系统中已移走物体，并挡掉物体光波。为了观察物体像，需要把经过显影和定影的全息底片放回原位，用原参考光波照射全息图。

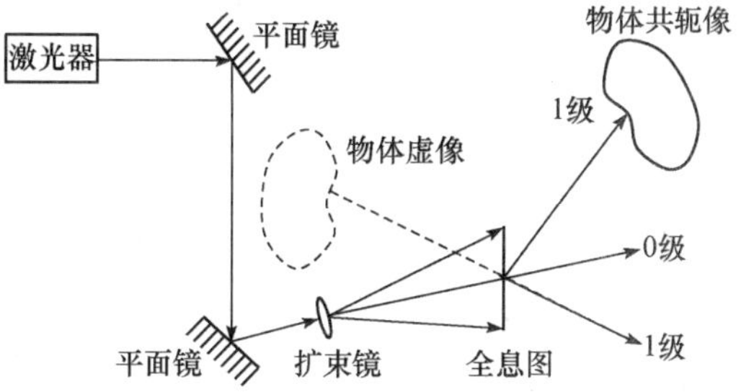

图 2.2　全息再现系统

当用原参考光波 $R=a_r\exp\{i\varphi_r\}$ 照射全息图时，则透过全息图的光波复振幅为

$$A = Rt = \beta T(a_o^2 a_r + a_r^3)\exp\{i\varphi_r\} + \beta Ta_o a_r^2 \exp\{i\varphi_o\} + \beta Ta_o a_r^2 \exp\{-i(\varphi_o - 2\varphi_r)\} \quad (2.5)$$

式中，第一项含有 $\exp\{i\varphi_r\}$，表示该项是透过全息图后沿 $\exp\{i\varphi_r\}$ 方向传播的 0 级衍射光波；第二项含有 $\exp\{i\varphi_o\}$，表示该项是透过全息图后沿 $\exp\{i(\varphi_r - \varphi_r)\}$ 方向传播的 1 级衍射光波，它是物体光波 $\exp\{i\varphi_o\}$ 的再现，该项构成了物体虚像，如果这个光波被接收，则可得到与原物完全一样的立体像；第三项含有 $\exp\{-i\varphi_o\}\exp\{i2\varphi_r\}$，表示该项是沿 $\exp\{i(\varphi_r + \varphi_r)\}$ 方向传播的 1 级衍射光波，它是物体共轭光波 $\exp\{-(i\varphi_o)\}$ 的再现，该项构成了物体共轭实像，如果这个光波被接收，则可得到与原物相位相反的立体像。

上述 3 个衍射光波沿不同方向传播，彼此相互分离，因此当用原参考光波照射全息图时，透过全息图将有 3 束光波沿不同方向射出，这就是离轴全息照相。

2.2　全 息 干 涉

全息干涉（holographic interferometry）是基于全息照相的高精度非接触全场干涉测

量方法。全息干涉可用于物体的变形测量和振动分析。

2.2.1 变形相位

如图 2.3 所示，物体受载变形后，物点 P 移到 P'，其位移矢量为 $\boldsymbol{d}$。S 和 O 分别表示光源和观察位置，变形前后物点 P 和 P' 相对于光源点 S 的位置矢量分别为 $\boldsymbol{r}_0$ 和 $\boldsymbol{r}'_0$，观察点 O 相对于变形前后物点 P 和 P' 的位置矢量分别为 $\boldsymbol{r}$ 和 $\boldsymbol{r}'$。因此，物点 P 移到 P' 后物体光波的变形相位可表示为

$$\delta=\frac{2\pi}{\lambda}[(\overline{SP}+\overline{PO})-(\overline{SP'}+\overline{P'O})]=\frac{2\pi}{\lambda}[(\boldsymbol{e}_0\cdot\boldsymbol{r}_0+\boldsymbol{e}\cdot\boldsymbol{r})-(\boldsymbol{e}'_0\cdot\boldsymbol{r}'_0+\boldsymbol{e}'\cdot\boldsymbol{r}')] \tag{2.6}$$

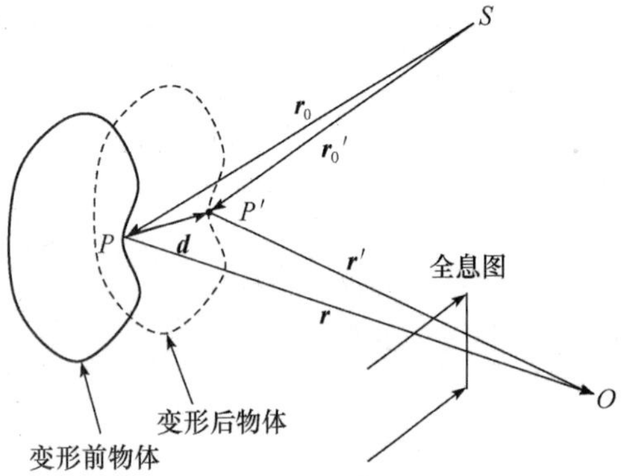

图 2.3 相位变化与位移矢量的关系

式中，$\boldsymbol{e}_0$ 和 $\boldsymbol{e}'_0$ 分别为沿 $\boldsymbol{r}_0$ 和 $\boldsymbol{r}'_0$ 方向的单位矢量；$\boldsymbol{e}$ 和 $\boldsymbol{e}'$ 分别为沿 $\boldsymbol{r}$ 和 $\boldsymbol{r}'$ 方向的单位矢量。

对于小变形，有 $\boldsymbol{e}'_0\approx\boldsymbol{e}_0$，$\boldsymbol{e}'\approx\boldsymbol{e}$，则式(2.6)可写为

$$\delta=\frac{2\pi}{\lambda}[\boldsymbol{e}_0\cdot(\boldsymbol{r}_0-\boldsymbol{r}'_0)+\boldsymbol{e}\cdot(\boldsymbol{r}-\boldsymbol{r}')] \tag{2.7}$$

利用 $\boldsymbol{r}_0-\boldsymbol{r}'_0=-\boldsymbol{d}$，$\boldsymbol{r}-\boldsymbol{r}'=\boldsymbol{d}$，得

$$\delta=\frac{2\pi}{\lambda}(\boldsymbol{e}-\boldsymbol{e}_0)\cdot\boldsymbol{d} \tag{2.8}$$

2.2.2 双曝光全息干涉

双曝光全息干涉通过两次曝光把对应于物体变形前后的两个不同状态记录于同一张全息底片上。全息底片经过显影和定影处理后，再放回原记录系统进行再现，则对应于物体变形前后的两个物体光波，因相位不同而发生干涉并形成干涉条纹，通过对干涉条纹进行分析，即可实现物体的位移和变形测量。

双曝光全息干涉记录系统如图 2.4 所示。设物体变形前后的物体光波复振幅分别为 $O_1=a_o\exp\{i\varphi_o\}$ 和 $O_2=a_o\exp\{i(\varphi_o+\delta)\}$，其中，$a_o$ 为物体光波振幅（设变形前后振幅不变）；φ_o 和 $(\varphi_o+\delta)$ 分别为变形前后物体光波相位；δ 为因物体变形而引起的物体光波的相位变化。设参考光波复振幅为 $R=a_r\exp\{i\varphi_r\}$，那么物体变形前后全息底片记录的强度分别为

$$\begin{aligned}I_1&=(O_1+R)\cdot(O_1+R)^*\\&=(a_o^2+a_r^2)+a_oa_r\exp\{i(\varphi_o-\varphi_r)\}+a_oa_r\exp\{-i(\varphi_o-\varphi_r)\}\\I_2&=(O_2+R)\cdot(O_2+R)^*\\&=(a_o^2+a_r^2)+a_oa_r\exp\{i(\varphi_o+\delta-\varphi_r)\}+a_oa_r\exp\{-i(\varphi_o+\delta-\varphi_r)\}\end{aligned} \tag{2.9}$$

设物体变形前后全息底片的曝光时间分别为 T_1 和 T_2，则全息底片记录到的曝光量可表示为

$$E = I_1 T_1 + I_2 T_2 = (a_o^2 + a_r^2)(T_1 + T_2) + a_o a_r \exp\{i(\varphi_o - \varphi_r)\}\left(T_1 + T_2 \exp\{i\delta\}\right)$$
$$+ a_o a_r \exp\{-i(\varphi_o - \varphi_r)\}\left(T_1 + T_2 \exp\{-i\delta\}\right) \tag{2.10}$$

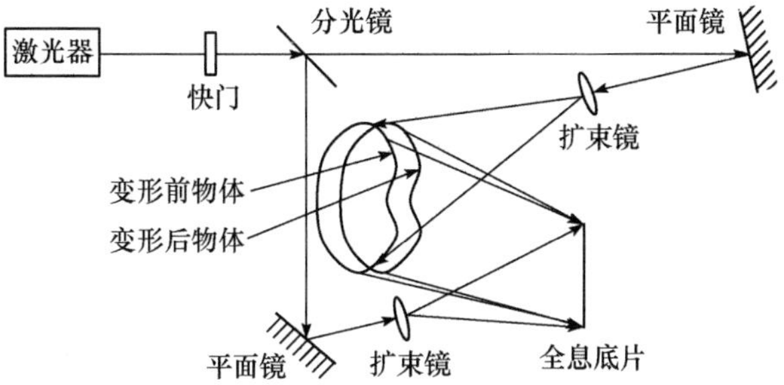

图 2.4　双曝光全息干涉记录系统

全息底片经显影和定影后，设振幅透射率与曝光量呈线性关系，取比例常数为 β，则双曝光全息图的振幅透射率为

$$t = \beta E = \beta(a_o^2 + a_r^2)(T_1 + T_2) + \beta a_o a_r \exp\{i(\varphi_o - \varphi_r)\}\left(T_1 + T_2 \exp\{i\delta\}\right)$$
$$+ \beta a_o a_r \exp\{-i(\varphi_o - \varphi_r)\}\left(T_1 + T_2 \exp\{-i\delta\}\right) \tag{2.11}$$

双曝光全息干涉再现系统如图 2.5 所示。用参考光波 $R = a_r \exp\{i\varphi_r\}$ 照射经显影和定影后的全息底片，则透过全息图的光波复振幅表示为

$$A = Rt = \beta(a_o^2 a_r + a_r^3)(T_1 + T_2)\exp\{i\varphi_r\} + \beta a_o a_r^2 \exp\{i\varphi_o\}\left(T_1 + T_2 \exp\{i\delta\}\right)$$
$$+ \beta a_o a_r^2 \exp\{-i(\varphi_o - 2\varphi_r)\}\left(T_1 + T_2 \exp\{-i\delta\}\right) \tag{2.12}$$

式中，第一项是透过全息图后沿参考光波方向的 0 级衍射光波；第二项是透过全息图后沿物体光波方向的 1 级衍射光波；第三项是物体共轭光波。

仅考虑含有 $\exp\{i\varphi_o\}$ 的第二项，则透过全息图的复振幅为

$$A' = \beta a_o a_r^2 \exp\{i\varphi_o\}\left(T_1 + T_2 \exp\{i\delta\}\right) \tag{2.13}$$

相应强度分布为

$$I' = A'A'^* = (\beta a_o a_r^2)^2 (T_1^2 + T_2^2 + 2T_1 T_2 \cos\delta) \tag{2.14}$$

通常物体变形前后全息底片的曝光时间相等，即 $T_1 = T_2 = T$，则式(2.14)简化为

$$I' = 2(\beta T a_o a_r^2)^2 (1 + \cos\delta) \tag{2.15}$$

显然，当满足条件：

$$\delta = 2n\pi \quad (n = 0, \pm 1, \pm 2, \cdots) \tag{2.16}$$

时，将形成亮纹；当满足条件：

$$\delta = (2n+1)\pi \quad (n = 0, \pm 1, \pm 2, \cdots) \tag{2.17}$$

时，将形成暗纹。

把 $\delta=\frac{2\pi}{\lambda}(\boldsymbol{e}-\boldsymbol{e}_0)\cdot\boldsymbol{d}$ 代入式(2.15)，得

$$I'=2\left(\beta T a_o a_r^2\right)^2\left\{1+\cos\left[\frac{2\pi}{\lambda}(\boldsymbol{e}-\boldsymbol{e}_0)\cdot\boldsymbol{d}\right]\right\} \tag{2.18}$$

上式表明，当满足条件：

$$(\boldsymbol{e}-\boldsymbol{e}_0)\cdot\boldsymbol{d}=n\lambda \quad (n=0,\pm 1,\pm 2,\cdots) \tag{2.19}$$

时，将形成亮纹；当满足条件：

$$(\boldsymbol{e}-\boldsymbol{e}_0)\cdot\boldsymbol{d}=\left(n+\frac{1}{2}\right)\lambda \quad (n=0,\pm 1,\pm 2,\cdots) \tag{2.20}$$

时，将形成暗纹。

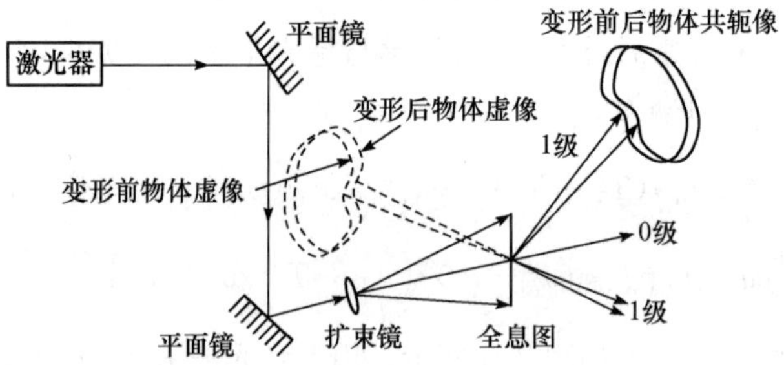

图 2.5 双曝光全息干涉再现系统

双曝光法是测量物体位移和变形最常用的方法，它具有简单易行、条纹清晰、可以进行定量分析等优点。

2.2.3 实时全息干涉

实时全息干涉是指先把物体变形前的状态记录在全息底片上，全息底片经过显影和定影处理后精确复位，再用物体光波和参考光波同时照射复位单曝光全息图，如果此时物体发生变形，则可实时观察到干涉条纹，如果物体发生连续变形，也可观察到连续变化的干涉条纹。

设物体变形前的物体光波和参考光波复振幅分别为 $O=a_o\exp\{i\varphi_o\}$ 和 $R=a_r\exp\{i\varphi_r\}$，则物体变形前全息底片记录的强度可表示为

$$I=(O+R)(O+R)^*=(a_o^2+a_r^2)+a_o a_r\exp\{i(\varphi_o-\varphi_r)\}+a_o a_r\exp\{-i(\varphi_o-\varphi_r)\} \tag{2.21}$$

设曝光时间为 T，如果振幅透射率与曝光量呈线性关系，设比例常数为 β，则全息底片经显影和定影后的振幅透射率为

$$t=\beta IT=\beta T(a_o^2+a_r^2)+\beta T a_o a_r\exp\{i(\varphi_o-\varphi_r)\}+\beta T a_o a_r\exp\{-i(\varphi_o-\varphi_r)\} \tag{2.22}$$

上述经显影和定影的单曝光全息图精确放回原记录系统进行再现，并用原物体光波

和原参考光波同时照射单曝光全息图，如图 2.6 所示。如果此时物体发生变形，则物体变形后的物体光波复振幅可表示为 $O'=a_o\exp\{i(\varphi_o+\delta)\}$，其中 δ 为因物体变形而引起的物体光波的相位变化，则此时透过单曝光全息图的光波复振幅为

$$\begin{aligned}A=(O'+R)t=&\beta T(a_o^3+a_oa_r^2)\exp\{i(\varphi_o+\delta)\}+\beta Ta_o^2a_r\exp\{i(2\varphi_o-\varphi_r+\delta)\}\\&+\beta Ta_o^2a_r\exp\{i(\varphi_r+\delta)\}+\beta T(a_o^2a_r+a_r^3)\exp\{i\varphi_r\}\\&+\beta Ta_oa_r^2\exp\{i\varphi_o\}+\beta Ta_oa_r^2\exp\{-i(\varphi_o-2\varphi_r)\}\end{aligned}\tag{2.23}$$

式中，第一项 $\beta T(a_o^3+a_oa_r^2)\exp\{i(\varphi_o+\delta)\}$ 和第五项 $\beta Ta_oa_r^2\exp\{i\varphi_o\}$ 与物体光波有关，取出这两项，得

$$A'=\beta T\exp\{i\varphi_o\}\left(a_oa_r^2+(a_o^3+a_oa_r^2)\exp\{i\delta\}\right)\tag{2.24}$$

通常 $I_o\ll I_r$，即 $a_o^2\ll a_r^2$，因此式(2.24)简化为

$$A'=\beta Ta_oa_r^2\exp\{i\varphi_o\}\left(1+\exp\{i\delta\}\right)\tag{2.25}$$

相应强度分布为

$$I'=A'A'^*=2(\beta Ta_oa_r^2)^2(1+\cos\delta)\tag{2.26}$$

代入 $\delta=\dfrac{2\pi}{\lambda}(\boldsymbol{e}-\boldsymbol{e}_0)\cdot\boldsymbol{d}$，得

$$I'=2(\beta Ta_oa_r^2)^2\left\{1+\cos\left[\frac{2\pi}{\lambda}(\boldsymbol{e}-\boldsymbol{e}_0)\cdot\boldsymbol{d}\right]\right\}\tag{2.27}$$

因此，当满足条件：

$$(\boldsymbol{e}-\boldsymbol{e}_0)\cdot\boldsymbol{d}=n\lambda\quad(n=0,\pm1,\pm2,\cdots)\tag{2.28}$$

时，将形成亮纹；当满足条件：

$$(\boldsymbol{e}-\boldsymbol{e}_0)\cdot\boldsymbol{d}=\left(n+\frac{1}{2}\right)\lambda\quad(n=0,\pm1,\pm2,\cdots)\tag{2.29}$$

时，将形成暗纹。

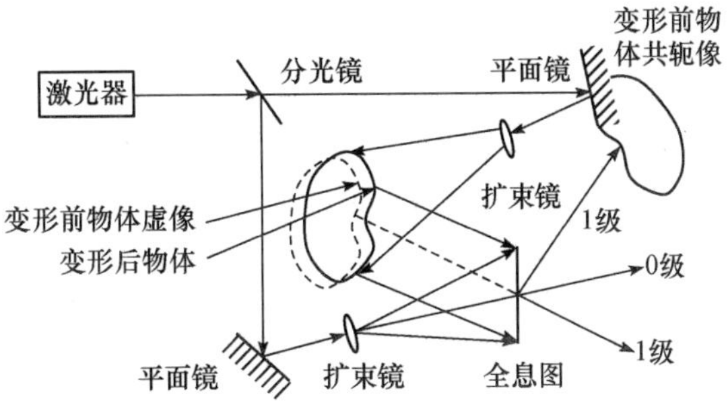

图 2.6　实时全息干涉再现系统

实时法不易使处理后的全息底片准确复位，为了克服这一问题可设计一个专用装置，在底片支架上进行原位显影和定影等冲洗过程。

2.2.4 时间平均全息干涉

时间平均全息干涉是指对稳态振动物体，采用比振动周期长得多的时间进行连续曝光，记录全息图。时间平均法把振动物体在曝光时间内的所有振动状态的物体光波都记录在同一张全息底片上，全息底片经过显影和定影处理后进行再现，此时记录在全息底片上的所有振动状态的物体光波将相互干涉而形成干涉条纹。

设振动物体在任意时刻的物体光波复振幅为 $O=a_o\exp\{i(\varphi_o+\delta)\}$，$a_o$ 为物体光波振幅，$(\varphi_o+\delta)$ 为振动物体在任意时刻的物体光波相位，δ 为物体振动引起的物体光波的相位变化。如果物体做简谐振动，则其振动方程可表示为

$$\boldsymbol{d}=\boldsymbol{A}\sin\omega t \tag{2.30}$$

式中，$\boldsymbol{A}$ 为振动物体的振幅矢量；ω 为振动物体的圆频率或角频率。

由此得到任意时刻物体光波的相位变化为

$$\delta=\frac{2\pi}{\lambda}(\boldsymbol{e}-\boldsymbol{e}_0)\cdot\boldsymbol{d}=\frac{2\pi}{\lambda}(\boldsymbol{e}-\boldsymbol{e}_0)\cdot\boldsymbol{A}\sin\omega t \tag{2.31}$$

设参考光波复振幅为 $R=a_r\exp\{i\varphi_r\}$，当物体发生振动时任意时刻全息底片记录的强度可表示为

$$\begin{aligned}I&=(O+R)(O+R)^*\\&=(a_o^2+a_r^2)+a_oa_r\exp\{i(\varphi_o-\varphi_r+\delta)\}+a_oa_r\exp\{-i(\varphi_o-\varphi_r+\delta)\}\end{aligned} \tag{2.32}$$

设曝光时间为 T，并仅考虑与物体光波有关项(式(2.32)中的第二项)，则全息底片记录到的曝光量为

$$E=\int_0^T a_oa_r\exp\{i(\varphi_o-\varphi_r+\delta)\}\mathrm{d}t=a_oa_r\exp\{i(\varphi_o-\varphi_r)\}\int_0^T\exp\left\{i\frac{2\pi}{\lambda}(\boldsymbol{e}-\boldsymbol{e}_0)\cdot\boldsymbol{A}\sin\omega t\right\}\mathrm{d}t \tag{2.33}$$

当 $T\gg 2\pi/\omega$ 时，上述方程可表示为

$$E=Ta_oa_r\exp\{i(\varphi_o-\varphi_r)\}\mathrm{J}_0\left[\frac{2\pi}{\lambda}(\boldsymbol{e}-\boldsymbol{e}_0)\cdot\boldsymbol{A}\right] \tag{2.34}$$

式中，J_0 为第一类零阶贝塞尔函数。

全息底片经显影和定影后，设振幅透射率与曝光量呈线性关系，取比例常数为 β，那么振幅透射率可表示为

$$t=\beta E=\beta Ta_oa_r\exp\{i(\varphi_o-\varphi_r)\}\mathrm{J}_0\left[\frac{2\pi}{\lambda}(\boldsymbol{e}-\boldsymbol{e}_0)\cdot\boldsymbol{A}\right] \tag{2.35}$$

用参考光波 $R=a_r\exp(i\varphi_r)$ 照射经显影和定影后的全息底片，则透过全息图的光波复振幅表示为

$$A'=Rt=\beta Ta_oa_r^2\exp\{i\varphi_o\}\mathrm{J}_0\left[\frac{2\pi}{\lambda}(\boldsymbol{e}-\boldsymbol{e}_0)\cdot\boldsymbol{A}\right] \tag{2.36}$$

相应的强度分布为

$$I' = A'A'^* = (\beta T a_o a_r^2)^2 J_0^2\left[\frac{2\pi}{\lambda}(\boldsymbol{e}-\boldsymbol{e}_0)\cdot\boldsymbol{A}\right] \tag{2.37}$$

式(2.37)表明,时间平均法的强度分布与 $J_0^2\left[\frac{2\pi}{\lambda}(\boldsymbol{e}-\boldsymbol{e}_0)\cdot\boldsymbol{A}\right]$有关。在 $J_0^2\left[\frac{2\pi}{\lambda}(\boldsymbol{e}-\boldsymbol{e}_0)\cdot\boldsymbol{A}\right]$取极大值处将形成亮纹。特别地,当 $J_0^2\left[\frac{2\pi}{\lambda}(\boldsymbol{e}-\boldsymbol{e}_0)\cdot\boldsymbol{A}\right]$取最大值时振幅 $A=0$,即条纹最亮处为振动节线。在 $J_0^2\left[\frac{2\pi}{\lambda}(\boldsymbol{e}-\boldsymbol{e}_0)\cdot\boldsymbol{A}\right]$取极小值处将形成暗纹,即当振幅 A 满足条件:

$$(\boldsymbol{e}-\boldsymbol{e}_0)\cdot\boldsymbol{A} = \frac{\alpha\lambda}{2\pi} \quad (\alpha = 2.41, 5.52, 8.65, 11.79, 14.98, \cdots) \tag{2.38}$$

时将产生暗纹。式中,α 为第一类零阶贝塞尔函数 J_0 的根,即 $J_0(\alpha)=0$。因此,通过确定条纹级数即可求得振动物体各点的振幅大小。$J_0^2(\alpha)$-α 分布曲线如图 2.7 所示。

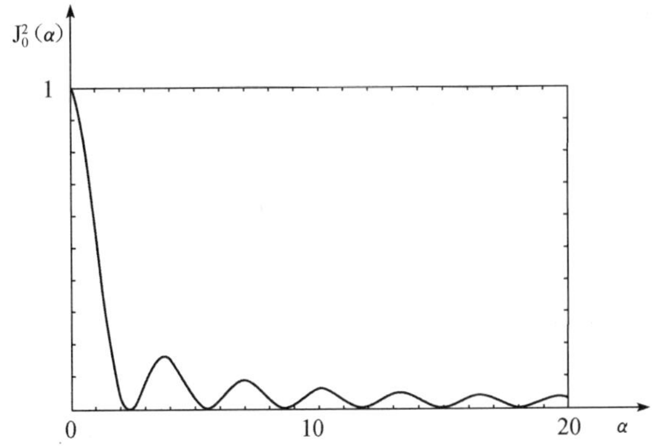

图 2.7　$J_0^2(\alpha)$-α 分布曲线

时间平均法的强度分布与贝塞尔函数的平方有关,因此随着振幅的增大,强度衰减较快,条纹对比度较低。

2.2.5　静态时间平均全息干涉

为了克服时间平均法的缺点,可在物体静止状态下先进行一次曝光,然后在物体振动过程中再进行第二次曝光,即采用静态时间平均全息干涉。

设物体在静止(平衡位置)和振动状态下的物体光波复振幅分别为 $O_0=a_o\exp\{i\varphi_o\}$和 $O=a_o\exp\{i(\varphi_o+\delta)\}$,参考光波复振幅为 $R=a_r\exp\{i\varphi_r\}$。如果物体在静止和振动状态下的曝光时间分别为 T_0 和 T,那么物体在静止和振动状态下的曝光量 E_0 和 E 分别为

$$E_0 = T_0(a_o^2+a_r^2) + T_0 a_o a_r \exp\{i(\varphi_o-\varphi_r)\} + T_0 a_o a_r \exp\{-i(\varphi_o-\varphi_r)\}$$

$$E = T(a_o^2+a_r^2) + \int_0^T a_o a_r \exp\{i(\varphi_o-\varphi_r+\delta)\}dt + \int_0^T a_o a_r \exp\{-i(\varphi_o-\varphi_r+\delta)\}dt \tag{2.39}$$

仅考虑与物体光波有关项(式(2.39)中两式的第二项),则全息底片记录到的总曝光量为

$$E_t = T_0 a_o a_r \exp\{i(\varphi_o-\varphi_r)\} + \int_0^T a_o a_r \exp\{i(\varphi_o-\varphi_r+\delta)\}dt \tag{2.40}$$

全息底片经显影和定影后，设振幅透射率与曝光量呈线性关系，取比例常数为 β，那么振幅透射率可表示为

$$t=\beta E_t=\beta T_0 a_o a_r \exp\{i(\varphi_o-\varphi_r)\}+\beta\int_0^T a_o a_r \exp\{i(\varphi_o-\varphi_r+\delta)\}dt \qquad (2.41)$$

把 $\delta=\frac{2\pi}{\lambda}(\boldsymbol{e}-\boldsymbol{e}_0)\cdot\boldsymbol{A}\sin\omega t$ 代入并积分，得

$$t=\beta T a_o a_r \exp\{i(\varphi_o-\varphi_r)\}\left\{\frac{T_0}{T}+J_0\left[\frac{2\pi}{\lambda}(\boldsymbol{e}-\boldsymbol{e}_0)\cdot\boldsymbol{A}\right]\right\} \qquad (2.42)$$

用参考光波 $R=a_r\exp\{i\varphi_r\}$ 照射经显影和定影后的全息底片，则透过全息图的光波复振幅为

$$A'=Rt=\beta T a_o a_r^2 \exp\{i\varphi_o\}\left\{\frac{T_0}{T}+J_0\left[\frac{2\pi}{\lambda}(\boldsymbol{e}-\boldsymbol{e}_0)\cdot\boldsymbol{A}\right]\right\} \qquad (2.43)$$

相应的强度分布为

$$I'=A'A'^*=(\beta T a_o a_r^2)^2\left\{\frac{T_0}{T}+J_0\left[\frac{2\pi}{\lambda}(\boldsymbol{e}-\boldsymbol{e}_0)\cdot\boldsymbol{A}\right]\right\}^2 \qquad (2.44)$$

式(2.44)表明，静态时间平均法的强度分布与 $\left\{\frac{T_0}{T}+J_0\left[\frac{2\pi}{\lambda}(\boldsymbol{e}-\boldsymbol{e}_0)\cdot\boldsymbol{A}\right]\right\}^2$ 有关。在 $\left\{\frac{T_0}{T}+J_0\left[\frac{2\pi}{\lambda}(\boldsymbol{e}-\boldsymbol{e}_0)\cdot\boldsymbol{A}\right]\right\}^2$ 取极大值处将形成亮纹，当取最大值时振幅 $A=0$，即条纹最亮处为振动节线。在 $\left\{\frac{T_0}{T}+J_0\left[\frac{2\pi}{\lambda}(\boldsymbol{e}-\boldsymbol{e}_0)\cdot\boldsymbol{A}\right]\right\}^2$ 取极小值处将形成暗纹。因此，通过确定条纹级数即可求得振动物体各点的振幅大小。$J_0\left[\frac{2\pi}{\lambda}(\boldsymbol{e}-\boldsymbol{e}_0)\cdot\boldsymbol{A}\right]$ 的最小值等于 -0.4028，为提高条纹对比度，通常取 $\frac{T_0}{T}=0.5$。$[0.5+J_0(\alpha)]^2$-α 归一化分布曲线如图 2.8 所示。

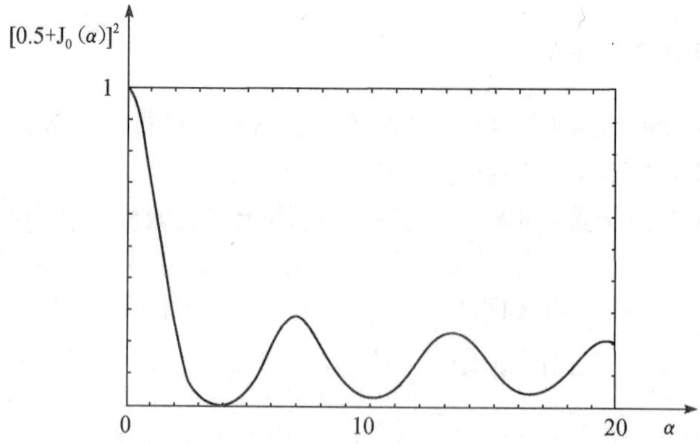

图 2.8 $[0.5+J_0(\alpha)]^2$-α 归一化分布曲线

显然，静态时间平均法的条纹数量为时间平均法的一半，且亮纹比时间平均法更亮，强度随振幅的增加衰减较慢，条纹对比度较好。因此，静态时间平均法常用于物体的振动分析。

2.2.6　实时时间平均全息干涉

实时时间平均全息干涉是在物体静止状态下记录全息图，经显影和定影后，全息图精确复位进行再现，让物体发生振动，此时再现物体光波与振动物体的物体光波发生干涉而产生干涉条纹。

设物体在静止状态下的物体光波复振幅为 $O=a_o\exp\{i\varphi_o\}$，参考光波复振幅为 $R=a_r\exp\{i\varphi_r\}$。因此，物体在静止状态下全息底片记录的强度可表示为

$$I=(O+R)(O+R)^*=(a_o^2+a_r^2)+a_oa_r\exp\{i(\varphi_o-\varphi_r)\}+a_oa_r\exp\{-i(\varphi_o-\varphi_r)\} \tag{2.45}$$

设曝光时间为 T，假设振幅透射率与曝光量呈线性关系，取比例常数为 β，则全息底片经显影和定影后，振幅透射率为

$$t=\beta IT=\beta T(a_o^2+a_r^2)+\beta Ta_oa_r\exp\{i(\varphi_o-\varphi_r)\}+\beta Ta_oa_r\exp\{-i(\varphi_o-\varphi_r)\} \tag{2.46}$$

把上述单曝光全息图精确放回原记录系统进行再现，同时用物体光波和参考光波同时照射单曝光全息图。设振动物体在任意时刻的物体光波复振幅为 $O'=a_o\exp\{i(\varphi_o+\delta)\}$，则此时透过单曝光全息图的光波复振幅为

$$\begin{aligned}A=(O'+R)t=&\beta T(a_o^3+a_oa_r^2)\exp\{i(\varphi_o+\delta)\}+\beta Ta_o^2a_r\exp\{i(2\varphi_o-\varphi_r+\delta)\}\\&+\beta Ta_o^2a_r\exp\{i(\varphi_r+\delta)\}+\beta T(a_o^2a_r+a_r^3)\exp\{i\varphi_r\}\\&+\beta Ta_oa_r^2\exp\{i\varphi_o\}+\beta Ta_oa_r^2\exp\{-i(\varphi_o-2\varphi_r)\}\end{aligned} \tag{2.47}$$

式中，第一项 $\beta T(a_o^3+a_oa_r^2)\exp\{i(\varphi_o+\delta)\}$ 和第五项 $\beta Ta_oa_r^2\exp\{i\varphi_o\}$ 与物体光波有关，取出这两项，得

$$A'=\beta T\exp\{i\varphi_o\}\left(a_oa_r^2+(a_o^3+a_oa_r^2)\exp\{i\delta\}\right) \tag{2.48}$$

通常 $I_o\ll I_r$，即 $a_o^2\ll a_r^2$，因此式(2.48)可简化为

$$A'=\beta Ta_oa_r^2\exp\{i\varphi_o\}\left(1+\exp\{i\delta\}\right) \tag{2.49}$$

因此，任意时刻的强度分布为

$$I'=A'A'^*=2(\beta Ta_oa_r^2)^2(1+\cos\delta) \tag{2.50}$$

把 $\delta=\frac{2\pi}{\lambda}(\boldsymbol{e}-\boldsymbol{e}_0)\cdot\boldsymbol{A}\sin\omega t$ 代入式(2.50)，得

$$I'=2(\beta Ta_oa_r^2)^2\left\{1+\cos\left[\frac{2\pi}{\lambda}(\boldsymbol{e}-\boldsymbol{e}_0)\cdot\boldsymbol{A}\sin\omega t\right]\right\} \tag{2.51}$$

当接收上述强度分布时，所得结果是上述瞬时强度分布的时间平均值。设接收时间为 τ，且 $\tau\gg2\pi/\omega$，则接收到的强度分布可表示为

$$I_\tau=\frac{1}{\tau}\int_0^\tau I'\mathrm{d}t=2(\beta Ta_oa_r^2)^2\left\{1+\frac{1}{\tau}\int_0^\tau\cos\left[\frac{2\pi}{\lambda}(\boldsymbol{e}-\boldsymbol{e}_0)\cdot\boldsymbol{A}\sin\omega t\right]\mathrm{d}t\right\}$$

$$= 2(\beta T a_o a_r^2)^2 \left\{1 + \mathrm{J}_0\left[\frac{2\pi}{\lambda}(\boldsymbol{e} - \boldsymbol{e}_0) \cdot \boldsymbol{A}\right]\right\} \tag{2.52}$$

式(2.52)表明，实时时间平均法的强度分布与$\left\{1+\mathrm{J}_0\left[\frac{2\pi}{\lambda}(\boldsymbol{e}-\boldsymbol{e}_0)\cdot\boldsymbol{A}\right]\right\}$有关。在$\left\{1+\mathrm{J}_0\left[\frac{2\pi}{\lambda}(\boldsymbol{e}-\boldsymbol{e}_0)\cdot\boldsymbol{A}\right]\right\}$取极大值处将形成亮纹，当取最大值时振幅 $A=0$，即为振动节线。在$\left\{1+\mathrm{J}_0\left[\frac{2\pi}{\lambda}(\boldsymbol{e}-\boldsymbol{e}_0)\cdot\boldsymbol{A}\right]\right\}$取极小值处将形成暗纹。因此，通过确定条纹级数即可求得振动物体各点的振幅大小。$[1+\mathrm{J}_0(\alpha)]$-α 归一化分布曲线如图 2.9 所示。

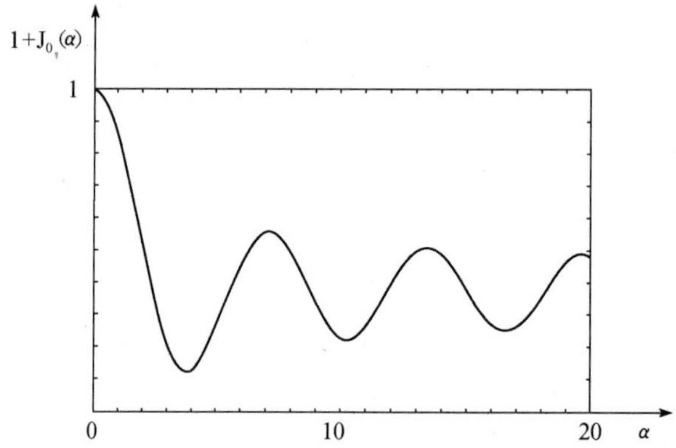

图 2.9　$[1+\mathrm{J}_0(\alpha)]$-α 归一化分布曲线

实时时间平均法的条纹数量为时间平均法的一半，但由于不产生强度为零的暗纹，因此条纹对比度较低。然而，实时时间平均法特别适用于探测共振频率和发现异常振动，因此也是振动分析的常用方法。

2.2.7　频闪全息干涉

频闪全息干涉采用与振动物体同步的闪光照明，把振动物体一个周期内的两个瞬时振动状态记录于同一张全息底片上。全息底片经过显影和定影处理后，再放回原记录系统进行再现，则对应于振动物体两个瞬时振动状态的物体光波，因相位不同而发生干涉并形成干涉条纹，通过对干涉条纹进行分析，即可实现物体的振动分析。

设振动物体在任意两个瞬时的物体光波复振幅分别为 $O_1=a_o\exp\{\mathrm{i}(\varphi_o+\delta_1)\}$ 和 $O_2=a_o\exp\{\mathrm{i}(\varphi_o+\delta_2)\}$，其中，$a_o$ 为物体光波振幅，$(\varphi_o+\delta_1)$ 和 $(\varphi_o+\delta_2)$ 分别为振动物体在两个瞬时的物体光波相位，δ_1 和 δ_2 分别为在两个瞬时因物体振动而引起的物体光波的相位变化。

设参考光波复振幅为 $R=a_r\exp\{\mathrm{i}\varphi_r\}$，那么对应于振动物体两个瞬时振动状态全息底片记录的强度分别为

$$\begin{aligned} I_1 &= (O_1+R)\cdot(O_1+R)^* \\ &= (a_o^2+a_r^2)+a_o a_r\exp\{\mathrm{i}(\varphi_o+\delta_1-\varphi_r)\}+a_o a_r\exp\{-\mathrm{i}(\varphi_o+\delta_1-\varphi_r)\} \\ I_2 &= (O_2+R)\cdot(O_2+R)^* \\ &= (a_o^2+a_r^2)+a_o a_r\exp\{\mathrm{i}(\varphi_o+\delta_2-\varphi_r)\}+a_o a_r\exp\{-\mathrm{i}(\varphi_o+\delta_2-\varphi_r)\} \end{aligned} \tag{2.53}$$

设对应于振动物体两个瞬时振动状态全息底片单次曝光时间分别为 τ_1 和 τ_2，且振动物体在两个瞬时振动状态的曝光次数分别为 N_1 和 N_2，则全息底片记录到的曝光量可表示为

$$\begin{aligned} E &= I_1 N_1 \tau_1 + I_2 N_2 \tau_2 \\ &= (a_o^2 + a_r^2)(N_1\tau_1 + N_2\tau_2) + a_o a_r \exp\{i(\varphi_o - \varphi_r)\}\left(N_1\tau_1\exp\{i\delta_1\} + N_2\tau_2\exp\{i\delta_2\}\right) \\ &\quad + a_o a_r \exp\{-i(\varphi_o - \varphi_r)\}\left(N_1\tau_1\exp\{-i\delta_1\} + N_2\tau_2\exp\{-i\delta_2\}\right) \end{aligned} \tag{2.54}$$

全息底片经显影和定影后，设振幅透射率与曝光量呈线性关系，取比例常数为 β，则全息图的振幅透射率为

$$\begin{aligned} t = \beta E &= \beta(a_o^2 + a_r^2)(N_1\tau_1 + N_2\tau_2) + \beta a_o a_r \exp\{i(\varphi_o - \varphi_r)\}\left(N_1\tau_1\exp\{i\delta_1\} + N_2\tau_2\exp\{i\delta_2\}\right) \\ &\quad + \beta a_o a_r \exp\{-i(\varphi_o - \varphi_r)\}\left(N_1\tau_1\exp\{-i\delta_1\} + N_2\tau_2\exp\{-i\delta_2\}\right) \end{aligned} \tag{2.55}$$

用参考光波 $R = a_r\exp\{i\varphi_r\}$ 照射经显影和定影后的全息底片，则透过全息图的光波复振幅表示为

$$\begin{aligned} A = Rt &= \beta(a_o^2 a_r + a_r^3)(N_1\tau_1 + N_2\tau_2)\exp\{i\varphi_r\} \\ &\quad + \beta a_o a_r^2 \exp\{i\varphi_o\}\left(N_1\tau_1\exp\{i\delta_1\} + N_2\tau_2\exp\{i\delta_2\}\right) \\ &\quad + \beta a_o a_r^2 \exp\{-i(\varphi_o - 2\varphi_r)\}\left(N_1\tau_1\exp\{-i\delta_1\} + N_2\tau_2\exp\{-i\delta_2\}\right) \end{aligned} \tag{2.56}$$

式中，第一项是透过全息图后沿参考光波方向的 0 级衍射光波；第二项是透过全息图后沿物体光波方向的 1 级衍射光波；第三项是物体共轭光波。

仅考虑含有 $\exp\{i\varphi_o\}$ 的第二项，则透过全息图的复振幅为

$$A' = \beta a_o a_r^2 \exp\{i\varphi_o\}\left(N_1\tau_1\exp\{i\delta_1\} + N_2\tau_2\exp\{i\delta_2\}\right) \tag{2.57}$$

相应强度分布为

$$I' = A'A'^* = (\beta a_o a_r^2)^2\left[(N_1\tau_1)^2 + (N_2\tau_2)^2 + 2N_1\tau_1N_2\tau_2\cos(\delta_2 - \delta_1)\right] \tag{2.58}$$

设对应于振动物体两个瞬时振动状态的总曝光时间相等，即 $N_1\tau_1 = N_2\tau_2 = T$，则式(2.58)可简化为

$$I' = 2(\beta T a_o a_r^2)^2\left[1 + \cos(\delta_2 - \delta_1)\right] \tag{2.59}$$

这是一般性公式，下面讨论两种特殊情况。

(1) 假设对应于振动物体的两个瞬时振动状态分别为平衡位置和振幅最大位置，即 $\delta_1 = 0$ 和 $\delta_2 = \frac{2\pi}{\lambda}(\boldsymbol{e} - \boldsymbol{e}_0)\cdot\boldsymbol{A}$，则式(2.59)可表示为

$$I' = 2(\beta T a_o a_r^2)^2\left\{1 + \cos\left[\frac{2\pi}{\lambda}(\boldsymbol{e} - \boldsymbol{e}_0)\cdot\boldsymbol{A}\right]\right\} \tag{2.60}$$

式(2.60)表明，当满足条件：

$$(\boldsymbol{e} - \boldsymbol{e}_0)\cdot\boldsymbol{A} = n\lambda \quad (n = 0, \pm 1, \pm 2, \cdots) \tag{2.61}$$

时，将形成亮纹；当满足条件：

$$(\boldsymbol{e}-\boldsymbol{e}_0)\cdot\boldsymbol{A}=\left(n+\frac{1}{2}\right)\lambda\quad(n=0,\pm1,\pm2,\cdots)\tag{2.62}$$

时，将形成暗纹。

(2) 假设对应于振动物体的两个瞬时振动状态分别为相位相反的两个振幅最大位置，即 $\delta_1=-\frac{2\pi}{\lambda}(\boldsymbol{e}-\boldsymbol{e}_0)\cdot\boldsymbol{A}$ 和 $\delta_2=\frac{2\pi}{\lambda}(\boldsymbol{e}-\boldsymbol{e}_0)\cdot\boldsymbol{A}$，则式(2.59)可表示为

$$I'=2(\beta Ta_{\mathrm{o}}a_{\mathrm{r}}^2)^2\left\{1+\cos\left[\frac{4\pi}{\lambda}(\boldsymbol{e}-\boldsymbol{e}_0)\cdot\boldsymbol{A}\right]\right\}\tag{2.63}$$

因此，当满足条件：

$$(\boldsymbol{e}-\boldsymbol{e}_0)\cdot\boldsymbol{A}=\frac{1}{2}n\lambda\quad(n=0,\pm1,\pm2,\cdots)\tag{2.64}$$

时，将形成亮纹；当满足条件：

$$(\boldsymbol{e}-\boldsymbol{e}_0)\cdot\boldsymbol{A}=\frac{1}{2}\left(n+\frac{1}{2}\right)\lambda\quad(n=0,\pm1,\pm2,\cdots)\tag{2.65}$$

时，将形成暗纹。

频闪法是测量物体动态变形和振动的重要方法，干涉条纹清晰，可以进行精确的定量分析。但采用频闪法需要一套频闪装置。

第 3 章　散斑照相与干涉

当激光照射表面粗糙的物体时，物面就会散射无数相干子波，这些散射子波在物体周围空间相互干涉而形成无数随机分布的亮点和暗点，称为散斑(speckle)。

散斑现象早就被发现，但一直未能引起重视。激光诞生后全息技术得到了快速发展，但伴随全息而存在的散斑极大地影响了全息质量，因此直到此时散斑效应才引起了广泛关注。不过当时散斑是作为全息噪声来进行研究的，从事散斑研究的目的是消除或抑制全息中出现的散斑噪声，但随着对散斑现象研究的深入，发现散斑能用于变形测量和振动分析。

当激光照射的光学粗糙物面发生位移或变形时，物面周围空间所形成的散斑分布将按一定的规律发生运动或变化。通过分析散斑的运动和变化即可测量物体的位移和变形。

3.1　散 斑 照 相

散斑照相(speckle photography)是由表面粗糙物体的随机散射子波之间的干涉效应而形成。散斑照相包括双曝光散斑照相、时间平均散斑照相和频闪散斑照相等。散斑照相通常采用单孔径成像系统进行散斑图记录，当采用多孔径成像系统时，则称为多孔径散斑照相。

3.1.1　双曝光散斑照相

双曝光散斑照相要求对两个瞬时散斑场进行双曝光记录，即物体变形前后散斑场记录在同一张散斑图上。对显影和定影后的散斑图进行滤波(逐点滤波或全场滤波)，可以获得记录在散斑图上的散斑位移，然后再通过物点和像点之间位移换算关系得到物体的位移或变形。

1. 散斑图记录

双曝光散斑照相记录系统如图 3.1 所示。用一束激光(也可采用白光或部分相干光)照射物面，在像面记录散斑图。通过两次系列曝光把对应于物体位移或变形前后的两个状态记录于同一张散斑图上。

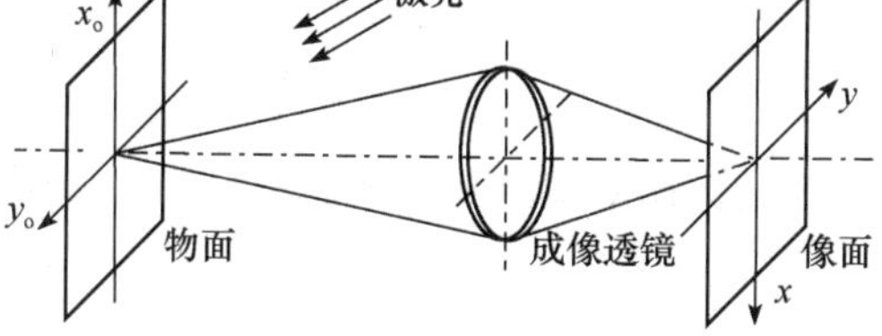

图 3.1　记录系统

设物体变形前后像面强度分布分别由 $I_1(x,y)$ 和 $I_2(x,y)$ 表示，则

$$I_2(x,y) = I_1(x-u,y-v) \tag{3.1}$$

式中，$u=u(x,y)$ 和 $v=v(x,y)$ 为散斑图上点 (x,y) 处分别沿 x 和 y 方向的位移分量。

设物体变形前后曝光时间分别为 T_1 和 T_2，则双曝光散斑图的曝光量可表示为

$$E(x,y) = T_1 I_1(x,y) + T_2 I_2(x,y) \tag{3.2}$$

经显影和定影后，在一定曝光量范围内，双曝光散斑图的振幅透射率与曝光量呈线性关系，若取比例常数为 β，那么双曝光散斑图的振幅透射率为

$$t(x,y) = \beta E(x,y) = \beta[T_1 I_1(x,y) + T_2 I_2(x,y)] \tag{3.3}$$

2. 散斑图滤波

把双曝光散斑图放入如图 3.2 所示的滤波系统进行处理，用单位振幅的平行激光照射双曝光散斑图，则在傅里叶变换面上的频谱分布为

$$\mathrm{FT}[t(x,y)] = \beta\{T_1\mathrm{FT}[I_1(x,y)] + T_2\mathrm{FT}[I_2(x,y)]\} \tag{3.4}$$

式中，FT[…]表示傅里叶变换。

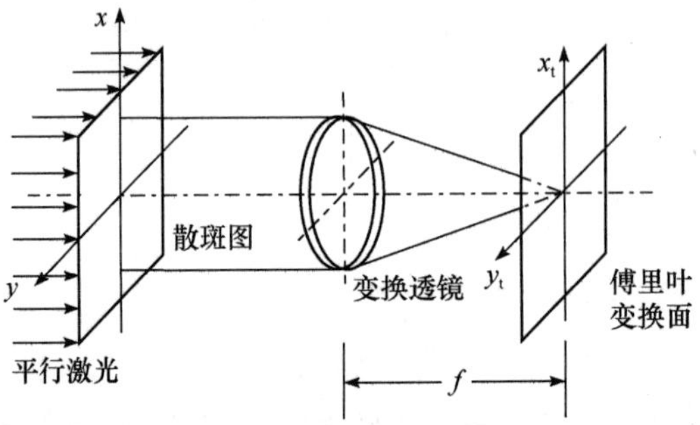

图 3.2　滤波系统

利用傅里叶变换的平移性质，则

$$\mathrm{FT}[I_2(x,y)]=\mathrm{FT}[I_1(x-u,y-v)]=\mathrm{FT}[I_1(x,y)]\exp\left\{-\mathrm{i}\frac{2\pi}{\lambda f}(ux_t+vy_t)\right\} \tag{3.5}$$

式中，λ 为激光波长；f 为变换透镜焦距；(x_t,y_t) 为傅里叶变换面上分别沿 x 和 y 方向的坐标。

利用式(3.5)，则式(3.4)可表示为

$$\mathrm{FT}[t(x,y)] = \beta\mathrm{FT}[I_1(x,y)]\left(T_1 + T_2\exp\left\{-\mathrm{i}\frac{2\pi}{\lambda f}(ux_t+vy_t)\right\}\right) \tag{3.6}$$

因此，散斑图经过傅里叶变换后，在傅里叶变换平面上的衍射晕强度分布为

$$\begin{aligned} I(x_t,y_t) &= |\mathrm{FT}[t(x,y)]|^2 \\ &= \beta^2|\mathrm{FT}[I_1(x,y)]|^2\left\{T_1^2 + T_2^2 + 2T_1T_2\cos\left[\frac{2\pi}{\lambda f}(ux_t+vy_t)\right]\right\} \end{aligned} \tag{3.7}$$

为了让干涉条纹对比度达到最高，通常取物体变形前后的曝光时间相等，即 $T_1=T_2=T$，则式(3.7)可简化为

$$I(x_t,y_t)=2\beta^2T^2\left|\mathrm{FT}[I_1(x,y)]\right|^2\left\{1+\cos\left[\frac{2\pi}{\lambda f}(ux_t+vy_t)\right]\right\} \tag{3.8}$$

由此可见，双曝光衍射晕是单曝光衍射晕 $|\mathrm{FT}[I_1(x,y)]|^2$ 的余弦条纹 $\left\{1+\cos\left[\frac{2\pi}{\lambda f}(ux_t+vy_t)\right]\right\}$ 的调制结果，因此在双曝光衍射晕中将出现余弦干涉条纹。

如果散斑图上各点的位移大小和方向相同，则在傅里叶变换平面上的双曝光衍射晕中将出现干涉条纹，如图 3.3 所示。图 3.3(a)为双曝光散斑图，图 3.3(b)为衍射晕。

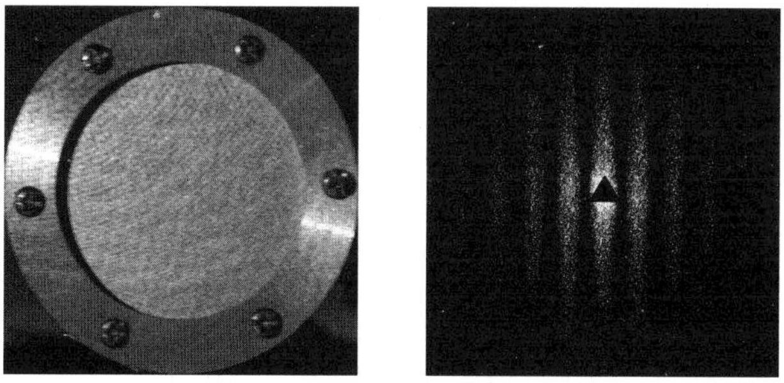

(a)　(b)

图 3.3　双曝光散斑图和衍射晕

然而，通常散斑图上各点的位移(包括大小和方向)互不相同，此时傅里叶变换平面上出现的是各种间隔和各种取向的干涉条纹的叠加，因而在傅里叶变换平面上一般不能直接观察到干涉条纹，如图 3.4 所示。图 3.4(a)为双曝光散斑图，图 3.4(b)为衍射晕。

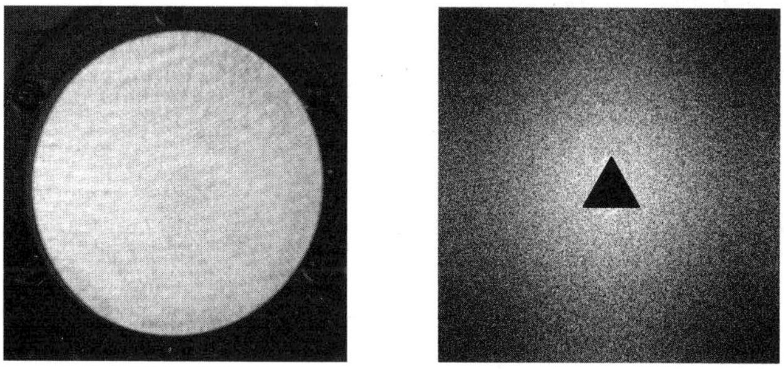

(a)　(b)

图 3.4　双曝光散斑图和衍射晕

如果散斑图上各点的位移大小和方向互不相同，尽管在傅里叶变换平面上不能直接观察到干涉条纹，但是通过逐点滤波或全场滤波即可显现干涉条纹。

3. 逐点滤波

用细激光束照射双曝光散斑图上的点 P，如图 3.5 所示。由于双曝光散斑图上被照

射的区域很小,所以在照射区域内散斑位移的大小和方向都可以看成常数,则在观察面上可以直接呈现清晰的干涉条纹,即杨氏条纹。

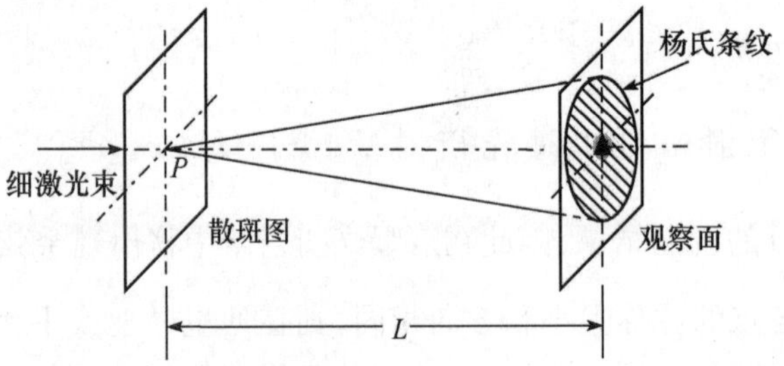

图 3.5　逐点滤波系统

散斑位移方向垂直于杨氏条纹,散斑位移大小与杨氏条纹间距成反比,则散斑图上点 P 处的位移大小可表示为

$$b = \frac{\lambda L}{\Delta} \tag{3.9}$$

式中,Δ 为杨氏条纹间距;L 为观察面到散斑图的距离。

图 3.6 所示为双曝光散斑图(图 3.4(a))上两个不同位置通过逐点滤波后在观察面上得到的杨氏条纹。

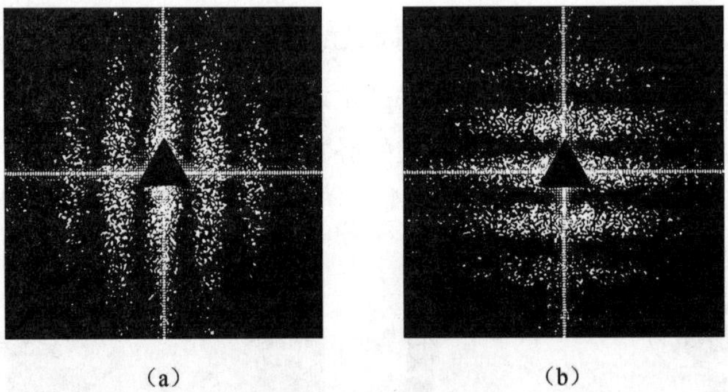

(a)　　(b)

图 3.6　杨氏条纹

4. 全场滤波

如果散斑图上各点的位移大小和方向都相同,那么傅里叶变换平面上出现的是相同间隔和相同取向的干涉条纹的叠加,因此在傅里叶变换平面上可以直接观察到杨氏干涉条纹。但如果散斑图上各点的位移大小和方向互不相同,此时傅里叶变换平面上出现的是各种间隔和各种取向的干涉条纹的叠加,要想观察到干涉条纹,除了上述的逐点滤波方法,还可以采用全场滤波方法。

全场滤波系统如图 3.7 所示。在傅里叶变换面放置开有滤波孔的不透光屏,通过滤波孔进行观察,就能看到全场干涉条纹。当滤波孔沿径向移动时,干涉条纹的疏密在连续变化,滤波孔离光轴越远条纹越密;当滤波孔沿周向移动时,干涉条纹的方向在连续变化。

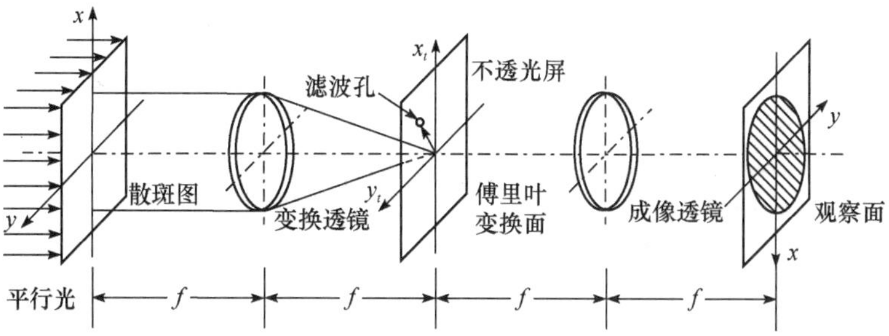

图 3.7　全场滤波系统

全场干涉条纹表示散斑图上各点沿滤波孔方向的位移等值线，当滤波孔处于位置$(x_t,0)$时，由式(3.8)可知，亮纹出现的条件为

$$u=\frac{m\lambda f}{x_t}\quad(m=0,\pm1,\pm2,\cdots)\tag{3.10}$$

同理，当滤波孔处于位置$(0,y_t)$，且满足条件：

$$v=\frac{n\lambda f}{y_t}\quad(n=0,\pm1,\pm2,\cdots)\tag{3.11}$$

时，将产生亮纹。

图 3.8 所示为双曝光散斑图(图 3.4(a))在水平、竖直和 45°方向通过全场滤波后在观察面上得到的全场位移等值条纹。图 3.8(b)、图 3.8(c)和图 3.8(d)分别为图 3.8(a)上 B、C 和 D 三点的滤波结果。

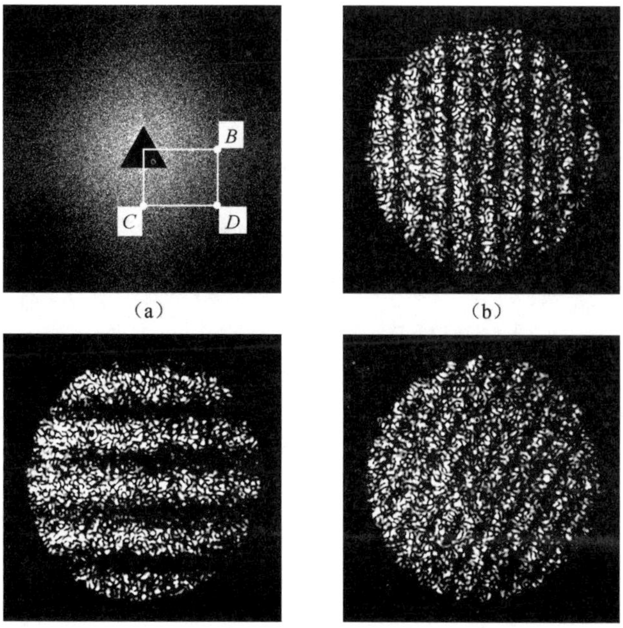

(a)　(b)　(c)　(d)

图 3.8　全场位移等值条纹

3.1.2 时间平均散斑照相

时间平均散斑照相是指对稳态振动物体，采用比振动周期长得多的时间进行连续曝光，记录散斑图。时间平均法把振动物体在曝光时间内的所有振动状态都记录在同一张散斑图上，散斑图经过显影和定影处理后进行滤波将得到干涉条纹。

1. 散斑图记录

设在任意时刻的像面强度分布为 $I(x-u,y-v)$，其中 $u=u(x,y;t)$ 和 $v=v(x,y;t)$ 为散斑图上点 (x,y) 在时刻 t 分别沿 x 和 y 方向的位移分量。设曝光时间为 T，则时间平均散斑图的曝光量可表示为

$$E(x,y)=\int_0^T I(x-u,y-v)\mathrm{d}t \tag{3.12}$$

经显影和定影后，在一定曝光量范围内，时间平均散斑图的振幅透射率与曝光量呈线性关系，若取比例常数为 β，那么时间平均散斑图的振幅透射率为

$$t(x,y)=\beta E(x,y)=\beta\int_0^T I(x-u,y-v)\mathrm{d}t \tag{3.13}$$

2. 散斑图滤波

把时间平均散斑图放入全场滤波系统中进行分析，用单位振幅平行激光照射时间平均散斑图，则在傅里叶变换面上的频谱分布为

$$\mathrm{FT}[t(x,y)]=\beta\int_0^T \mathrm{FT}[I(x-u,y-v)]\mathrm{d}t \tag{3.14}$$

式中，FT[…]表示傅里叶变换。利用傅里叶变换的平移性质，则有

$$\mathrm{FT}[I(x-u,y-v)]=\mathrm{FT}[I(x,y)]\exp\left\{-\mathrm{i}\frac{2\pi}{\lambda f}(ux_{\mathrm{t}}+vy_{\mathrm{t}})\right\} \tag{3.15}$$

式中，λ 为激光波长；f 为变换透镜焦距；$(x_{\mathrm{t}},y_{\mathrm{t}})$ 为傅里叶变换面上分别沿 x 和 y 方向的坐标。利用式(3.15)，则式(3.14)可表示为

$$\mathrm{FT}[t(x,y)]=\beta\mathrm{FT}[I(x,y)]\int_0^T \exp\left\{-\mathrm{i}\frac{2\pi}{\lambda f}(ux_{\mathrm{t}}+vy_{\mathrm{t}})\right\}\mathrm{d}t \tag{3.16}$$

因此，时间平均散斑图经过傅里叶变换后，在傅里叶变换平面上的衍射晕强度分布为

$$\begin{aligned}I(x_{\mathrm{t}},y_{\mathrm{t}})&=|\mathrm{FT}[t(x,y)]|^2\\&=\beta^2|\mathrm{FT}[I(x,y)]|^2\left|\int_0^T \exp\left\{-\mathrm{i}\frac{2\pi}{\lambda f}(ux_{\mathrm{t}}+vy_{\mathrm{t}})\right\}\mathrm{d}t\right|^2\end{aligned} \tag{3.17}$$

设物体发生简谐振动，则散斑图上各点在时刻 t 分别沿 x 和 y 方向的位移分量可表示为

$$\begin{aligned}u&=A_x\sin\omega t\\v&=A_y\sin\omega t\end{aligned} \tag{3.18}$$

式中，$A_x=A_x(x,y)$和$A_y=A_y(x,y)$为散斑图上点(x,y)分别沿x和y方向的振幅分量；ω为圆频率。把式(3.18)代入式(3.17)，得

$$I(x_t,y_t)=\beta^2\mid \mathrm{FT}[I(x,y)]\mid^2\left|\int_0^T \exp\left\{-\mathrm{i}\frac{2\pi}{\lambda f}(A_x x_t+A_y y_t)\sin\omega t\right\}\mathrm{d}t\right|^2 \tag{3.19}$$

当$T\gg\dfrac{2\pi}{\omega}$时，式(3.19)可表示为

$$I(x_t,y_t)=\beta^2 T^2\mid \mathrm{FT}[I(x,y)]\mid^2 \mathrm{J}_0^2\left[\frac{2\pi}{\lambda f}(A_x x_t+A_y y_t)\right] \tag{3.20}$$

式中，J_0为第一类零阶贝塞尔函数。由此可见，衍射晕$|\mathrm{FT}[I(x,y)]|^2$受$\mathrm{J}_0^2\left[\frac{2\pi}{\lambda f}(A_x x_t+A_y y_t)\right]$调制，即在傅里叶变换平面上的衍射晕中将出现贝塞尔干涉条纹。通常散斑图上各点的振幅大小和方向互不相同，此时傅里叶变换平面上出现的是各种间隔和各种取向的干涉条纹的叠加，因而在傅里叶变换平面上一般不能直接观察到干涉条纹，但通过全场滤波即可提取这些干涉条纹。

式(3.20)表明，在$\mathrm{J}_0^2\left[\frac{2\pi}{\lambda f}(A_x x_t+A_y y_t)\right]$取极大值处将形成亮纹。特别当$\mathrm{J}_0^2\left[\frac{2\pi}{\lambda f}(A_x x_t+A_y y_t)\right]$取最大值时振幅分量$A_x=A_y=0$，即条纹最亮处为振动节线。在$\mathrm{J}_0^2\left[\frac{2\pi}{\lambda f}(A_x x_t+A_y y_t)\right]$取极小值处将形成暗纹，即当满足条件：

$$A_x x_t+A_y y_t=\frac{\alpha\lambda f}{2\pi}\quad(\alpha=2.41,5.52,8.65,11.79,14.98,\cdots) \tag{3.21}$$

时，将产生暗纹。式中，α为贝塞尔函数J_0的根，即$\mathrm{J}_0(\alpha)=0$。$\mathrm{J}_0^2(\alpha)$-α分布曲线如图3.9所示。

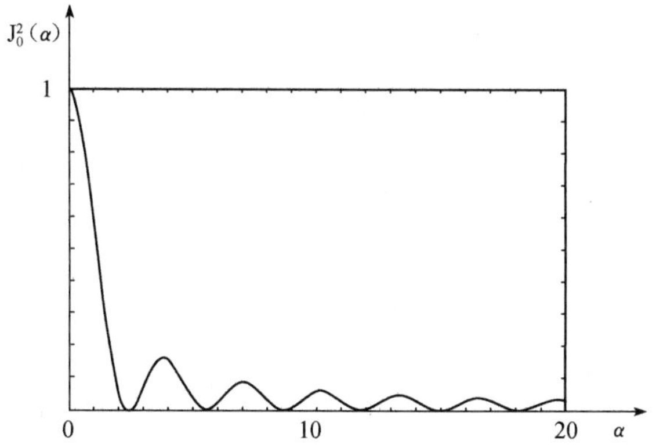

图3.9 $\mathrm{J}_0^2(\alpha)$-α分布曲线

当滤波孔处于$(x_t,0)$和$(0,y_t)$位置时，由式(3.20)知，出现暗纹的条件分别为

$$A_x = \frac{\alpha_x \lambda f}{2\pi x_t} \quad (\alpha_x = 2.41, 5.52, 8.65, 11.79, 14.98, \cdots)$$
$$A_y = \frac{\alpha_y \lambda f}{2\pi y_t} \quad (\alpha_y = 2.41, 5.52, 8.65, 11.79, 14.98, \cdots) \tag{3.22}$$

图 3.10 所示为左端固支悬臂梁面内振动(一阶振型)时间平均散斑图通过全场滤波后在观察面上得到的全场振幅等值条纹。

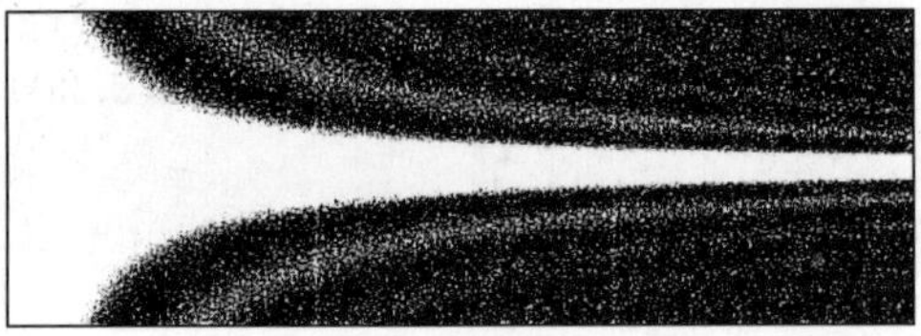

图 3.10　全场振幅等值条纹

3.1.3　频闪散斑照相

频闪散斑照相把动态变形物体的两个瞬时状态记录于同一张散斑图上。散斑图经过显影和定影处理得到对应于物体两个瞬时状态的干涉条纹,通过对干涉条纹进行分析,可实现动态测量。

1. 散斑图记录

设动态变形物体在两个瞬时状态的像面强度分布分别为 $I(x-u_1, y-v_1)$ 和 $I(x-u_2, y-v_2)$,两个瞬时状态的曝光时间均为 τ,则频闪散斑图的曝光量可表示为

$$E(x,y) = \tau[I(x-u_1, y-v_1) + I(x-u_2, y-v_2)] \tag{3.23}$$

式中,$u_1 = u_1(x,y;t_1)$ 和 $v_1 = v_1(x,y;t_1)$ 为散斑图上点 (x,y) 处在时刻 t_1 分别沿 x 和 y 方向的位移分量;$u_2 = u_2(x,y;t_2)$ 和 $v_2 = v_2(x,y;t_2)$ 为散斑图上点 (x,y) 处在时刻 t_2 分别沿 x 和 y 方向的位移分量。

经显影和定影后,在一定曝光量范围内,频闪散斑图的振幅透射率与曝光量呈线性关系,若取比例常数为 β,那么频闪散斑图的振幅透射率为

$$t(x,y) = \beta E(x,y) = \beta\tau[I(x-u_1, y-v_1) + I(x-u_2, y-v_2)] \tag{3.24}$$

2. 散斑图滤波

把频闪散斑图放入滤波系统进行分析,用单位振幅平行激光照射频闪散斑图,则在傅里叶变换面上的频谱分布为

$$\mathrm{FT}[t(x,y)] = \beta\tau\{\mathrm{FT}[I(x-u_1, y-v_1)] + \mathrm{FT}[I(x-u_2, y-v_2)]\} \tag{3.25}$$

式中,FT[…]表示傅里叶变换。利用傅里叶变换的平移性质,则有

$$\mathrm{FT}[I(x-u_1, y-v_1)] = \mathrm{FT}[I(x,y)]\exp\left\{-\mathrm{i}\frac{2\pi}{\lambda f}(u_1 x_t + v_1 y_t)\right\}$$
$$\mathrm{FT}[I(x-u_2, y-v_2)] = \mathrm{FT}[I(x,y)]\exp\left\{-\mathrm{i}\frac{2\pi}{\lambda f}(u_2 x_t + v_2 y_t)\right\} \tag{3.26}$$

式中,λ 为激光波长;f 为变换透镜焦距;(x_t, y_t) 为傅里叶变换面上分别沿 x 和 y 方向的坐标。

利用式(3.26),则式(3.25)可表示为

$$\mathrm{FT}[t(x,y)] = \beta\tau\mathrm{FT}[I(x,y)]\left(\exp\left\{-\mathrm{i}\frac{2\pi}{\lambda f}(u_1 x_t + v_1 y_t)\right\} + \exp\left\{-\mathrm{i}\frac{2\pi}{\lambda f}(u_2 x_t + v_2 y_t)\right\}\right) \tag{3.27}$$

因此，散斑图经过傅里叶变换后，在傅里叶变换平面上的衍射晕强度分布为

$$I(x_t, y_t) = |\mathrm{FT}[t(x,y)]|^2 = 2\beta^2\tau^2 |\mathrm{FT}[I(x,y)]|^2\left\{1 + \cos\left[\frac{2\pi}{\lambda f}(\Delta u x_t + \Delta v y_t)\right]\right\} \tag{3.28}$$

式中，$\Delta u = u_2(x,y;t_2) - u_1(x,y;t_1)$和$\Delta v = v_2(x,y;t_2) - v_1(x,y;t_1)$为散斑图上点$(x,y)$处在两个瞬时$t_1$和$t_2$分别沿$x$和$y$方向的相对位移分量。由此可见，衍射晕$|\mathrm{FT}[I(x,y)]|^2$受余弦条纹$\left\{1+\cos\left[\frac{2\pi}{\lambda f}(\Delta u x_t + \Delta v y_t)\right]\right\}$调制，通过逐点滤波或全场滤波可以提取这些干涉条纹。采用全场滤波，当滤波孔处于位置$(x_t,0)$和$(0,y_t)$时，则亮纹出现条件分别为

$$\begin{aligned} \Delta u &= \frac{m\lambda f}{x_t} \quad (m = 0, \pm 1, \pm 2, \cdots) \\ \Delta v &= \frac{n\lambda f}{y_t} \quad (n = 0, \pm 1, \pm 2, \cdots) \end{aligned} \tag{3.29}$$

图 3.11 所示为频闪散斑照相的实验结果。图 3.11(a)为频闪散斑图；图 3.11(b)为衍射晕；图 3.11(c)和图 3.11(d)分别为在相互垂直方向通过全场滤波后在观察面上得到的全场位移等值条纹。

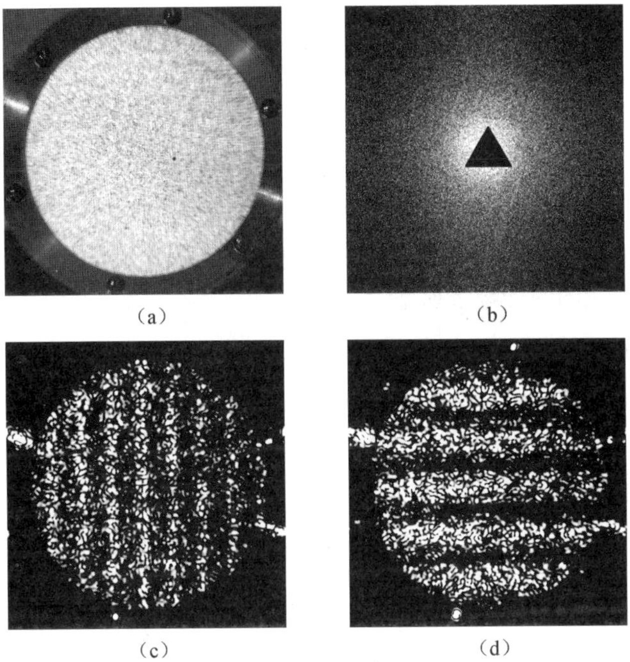

(a)　(b)　(c)　(d)

图 3.11　全场位移等值条纹

3.1.4　多孔径散斑照相

采用单孔径成像系统(成像系统前只有 1 个通光孔径)记录的散斑图在全场滤波时，

随着离开光轴距离的增大，衍射晕强度快速下降，这给高灵敏度测量带来了限制。为了提高测量灵敏度，提出了多孔径散斑照相技术。多孔径散斑照相可以改变衍射晕强度分布，提高高频部分的衍射晕强度。进行物体变形测量和振动分析的多孔径散斑照相技术主要包括双孔径散斑照相、三孔径散斑照相和四孔径散斑照相等。把测量物体变形和分析物体振动的多孔径散斑计量技术归类为散斑照相，因为所记录的散斑图是由漫射物面不同部分的随机漫射子波之间的干涉效应而形成。

对多孔径散斑照相，既可以采用散斑照相理论进行分析，也可采用散斑干涉理论进行分析，所得结果相同。

多孔径散斑照相通常采用静止孔径进行散斑图记录，当采用旋转孔径时，则称为旋转孔径散斑照相。

1. 双孔径散斑照相

双孔径散斑照相记录系统如图 3.12 所示。双孔屏对称放置于成像透镜前，激光照射物面，沿与光轴对称的两个方向进行观察。物体变形前进行一次曝光，物体变形后进行第二次曝光。双曝光散斑图在进行全场滤波时将产生沿双孔方向的全场位移等值条纹。

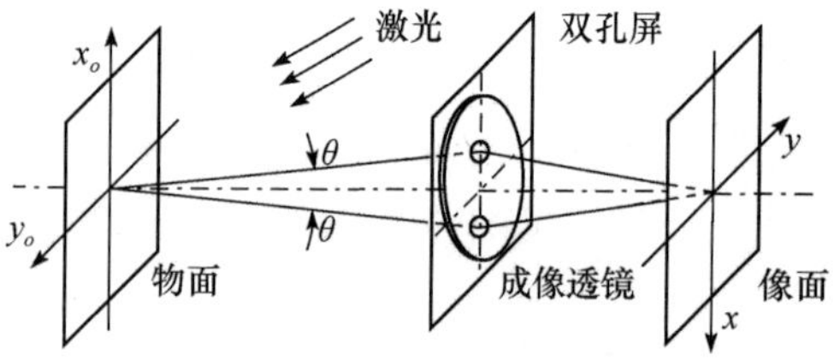

图 3.12 双孔径记录系统

设物体变形前后像面强度分布分别由 $I(x,y)$ 和 $I(x-u,y-v)$ 表示，其中 $u=u(x,y)$ 和 $v=v(x,y)$ 为散斑图上点 (x,y) 分别沿 x 和 y 方向的位移分量。如果设物体变形前后曝光时间均为 T，则双曝光散斑图的曝光量可表示为

$$E(x,y) = T[I(x,y) + I(x-u,y-v)] \tag{3.30}$$

经显影和定影后，设双曝光散斑图的振幅透射率与曝光量呈线性关系，若取比例常数为 β，那么双曝光散斑图的振幅透射率为

$$t(x,y) = \beta E(x,y) = \beta T[I(x,y) + I(x-u,y-v)] \tag{3.31}$$

把双曝光散斑图放入全场滤波系统进行处理，用单位振幅的平行激光照射双曝光散斑图，则在傅里叶变换面上的频谱分布为

$$\mathrm{FT}[t(x,y)] = \beta T\{\mathrm{FT}[I(x,y)] + \mathrm{FT}[I(x-u,y-v)]\} \tag{3.32}$$

式中，FT[…]表示傅里叶变换。利用傅里叶变换的平移性质，则式(3.32)可表示为

$$\mathrm{FT}[t(x,y)] = \beta T\mathrm{FT}[I(x,y)]\left(1+\exp\left\{-\mathrm{i}\frac{2\pi}{\lambda f}(ux_t+vy_t)\right\}\right) \tag{3.33}$$

式中，λ 为激光波长；f 为变换透镜焦距；(x_t,y_t) 为傅里叶变换面上分别沿 x 和 y 方向的坐标。因此，散斑图经过傅里叶变换后，在傅里叶变换平面上的衍射晕强度分布为

$$I(x_t,y_t) = 2\beta^2T^2\,|\,\mathrm{FT}[I(x,y)]\,|^2\left\{1+\cos\left[\frac{2\pi}{\lambda f}(ux_t+vy_t)\right]\right\} \tag{3.34}$$

图 3.13 所示为双孔径散斑照相的衍射晕分布。使滤波孔中心(x_t,0)与 1 级衍射晕中心重合，让 1 级衍射晕通过，则滤波系统观察面上产生亮纹的条件为

$$u = \frac{n\lambda f}{x_{\mathrm{t}}} \quad (n = 0, \pm 1, \pm 2, \cdots) \tag{3.35}$$

根据式(3.35)，则物面上对应点处沿 x_{o} 方向的面内位移大小为

$$u_{\mathrm{o}} = \frac{n\lambda f}{Mx_{\mathrm{t}}} \quad (n = 0, \pm 1, \pm 2, \cdots) \tag{3.36}$$

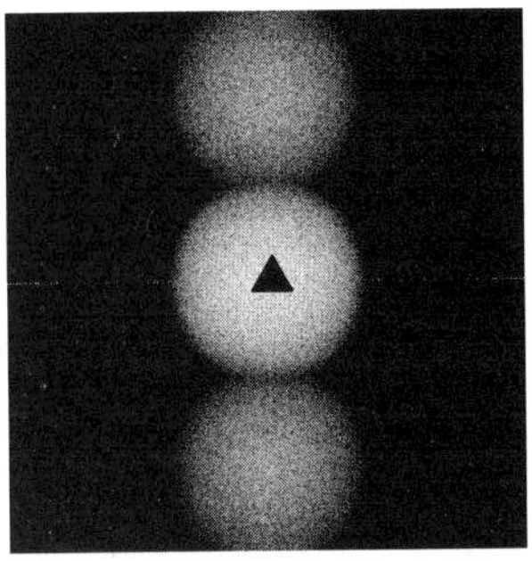

图 3.13　双孔径记录衍射晕

式中，M 为成像系统的放大倍数。由于滤波孔中心(x_{t},0)与 1 级衍射晕中心重合，则

$$x_{\mathrm{t}} = \frac{Df}{d_{\mathrm{i}}} = \frac{Df}{Md_{\mathrm{o}}} = \frac{2f\sin\theta}{M} \tag{3.37}$$

式中，D 为双孔中心间距；d_{i} 和 d_{o} 为成像系统像距和物距；θ 为物方空间通过双孔光束与光轴的夹角。将式(3.37)代入式(3.36)，得

$$u_{\mathrm{o}} = \frac{n\lambda}{2\sin\theta} \quad (n = 0, \pm 1, \pm 2, \cdots) \tag{3.38}$$

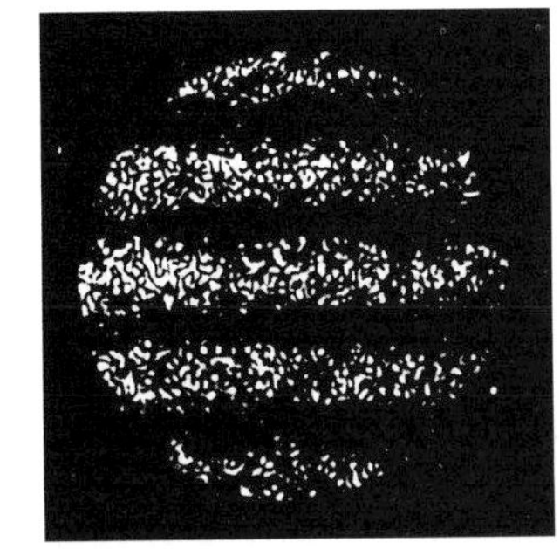

图 3.14　全场位移等值条纹

图 3.14 所示为采用双孔径记录的散斑图通过全场滤波后在观察面上得到的沿双孔方向的全场位移等值条纹。

2. 四孔径散斑照相

双孔径散斑照相仅能得到沿双孔方向的全场位移分量，为了同时获取两个相互垂直方向的位移分量，此时需要采用四孔径散斑照相，记录系统如图 3.15 所示。四孔屏对称放置于成像透镜前，激光照射物面，沿与光轴对称的四个方向进行观察。物体变形前进行一次曝光，物体变形后进行第二次曝光。双曝光散斑图通过全场滤波可获取相互垂直的全场位移等值条纹。

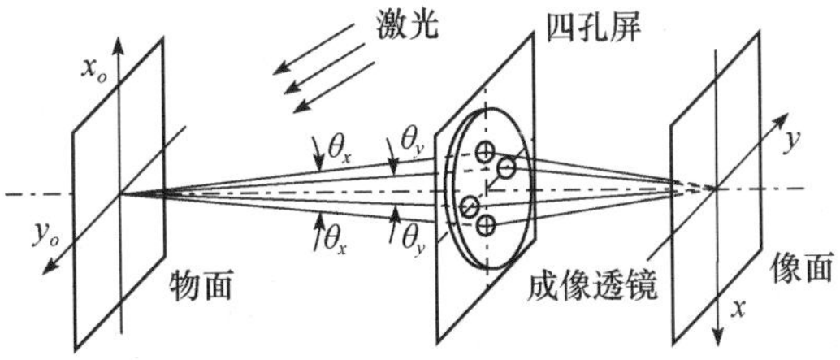

图 3.15　四孔径记录系统

四孔径散斑照相的理论分析同双孔径散斑照相完全相同。经过分析，得到采用四孔径记录的散斑图在傅里叶变换平面上的衍射晕强度分布为

$$I(x_t,y_t)=2\beta^2T^2\mid \mathrm{FT}[I(x,y)]\mid^2\left\{1+\cos\left[\frac{2\pi}{\lambda f}(ux_t+vy_t)\right]\right\} \quad (3.39)$$

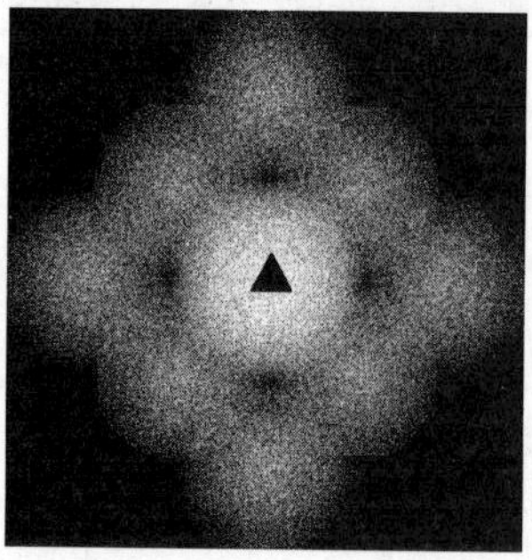

图 3.16　四孔径记录衍射晕

把采用四孔径记录的双曝光散斑图放入全场滤波系统，其衍射晕分布如图 3.16 所示。让 x 和 y 方向的 1 级衍射晕分别通过，则滤波系统观察面上产生亮纹的条件分别为

$$\begin{aligned} u &= \frac{m\lambda f}{x_t} \quad (m=0,\pm1,\pm2,\cdots) \\ v &= \frac{n\lambda f}{y_t} \quad (n=0,\pm1,\pm2,\cdots) \end{aligned} \quad (3.40)$$

设成像系统的放大倍数为 M，则亮纹中心线对应的物面上各点分别沿 x_o 和 y_o 方向的面内位移分量为

$$\begin{aligned} u_o &= \frac{m\lambda f}{Mx_t} \quad (m=0,\pm1,\pm2,\cdots) \\ v_o &= \frac{n\lambda f}{My_t} \quad (n=0,\pm1,\pm2,\cdots) \end{aligned} \quad (3.41)$$

利用 $x_t=\dfrac{2f\sin\theta_x}{M}$ 和 $y_t=\dfrac{2f\sin\theta_y}{M}$，则式(3.41)可表示为

$$\begin{aligned} u_o &= \frac{m\lambda}{2\sin\theta_x} \quad (m=0,\pm1,\pm2,\cdots) \\ v_o &= \frac{n\lambda}{2\sin\theta_y} \quad (n=0,\pm1,\pm2,\cdots) \end{aligned} \quad (3.42)$$

式中，θ_x 为通过 x 轴上双孔光波与光轴的夹角；θ_y 为通过 y 轴上双孔光波与光轴的夹角。

因此，通过采用四孔径散斑照相，可同时测量 x 和 y 方向的全场位移分量。当然，如果让 45°和－45°方向 1 级衍射晕分别通过，还可同时得到 45°和－45°方向的全场位移分量。

图 3.17 所示为采用四孔径记录的散斑图通过全场滤波后在观察面上得到的沿 x 和 y 方向的全场位移等值条纹。

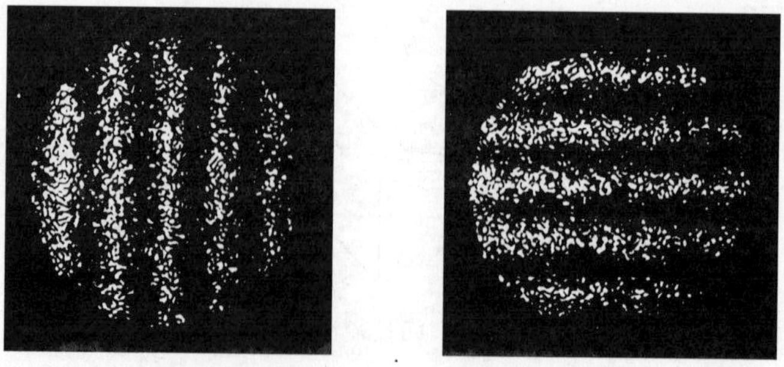

(a)　　(b)

图 3.17　全场位移等值条纹

3.2 散斑干涉

当参考光增加到散斑场对相位进行编码时,该技术称为散斑干涉(speckle interferometry)。散斑干涉是由表面粗糙物体的随机散射子波与另一参考光波之间的干涉效应而形成。

3.2.1 面内位移测量

图3.18所示为测量物体面内位移的散斑干涉系统。用位于 xz 平面(垂直于 y 轴)内的两束激光对称照射物面,物体变形前在全息底片上进行第一次曝光记录,物体变形后在同样的全息底片上再进行第二次曝光记录。对散斑图进行全场滤波,双曝光散斑图将产生沿 x 方向(双光束方向)的面内位移分量等值条纹。

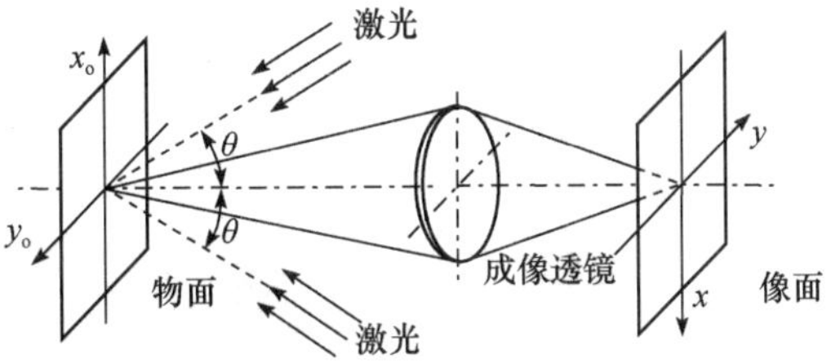

图3.18 面内位移散斑干涉系统

物体变形前像面强度分布可表示为

$$I_1(x,y) = I_{o1} + I_{o2} + 2\sqrt{I_{o1}I_{o2}}\cos\varphi \tag{3.43}$$

式中,I_{o1} 和 I_{o2} 分别为对应于两入射光波的强度分布;φ 为两入射光波之间的相位差。

物体变形后像面强度分布为

$$I_2(x,y) = I_{o1} + I_{o2} + 2\sqrt{I_{o1}I_{o2}}\cos(\varphi+\delta) \tag{3.44}$$

式中,$\delta=\delta_1-\delta_2$,其中 δ_1 和 δ_2 是由于物体变形而引起的两入射光波的相位变化。根据式(3.42),δ_1 和 δ_2 可分别表示为

$$\delta_1 = \frac{2\pi}{\lambda}[w_o(1+\cos\theta)+u_o\sin\theta],\delta_2 = \frac{2\pi}{\lambda}[w_o(1+\cos\theta)-u_o\sin\theta] \tag{3.45}$$

式中,λ 为激光波长;θ 为两束入射光与光轴之间的夹角;u_o 和 w_o 分别为物面上各点沿 x 和 z 方向的位移分量。因此,由物体变形而引起的两入射光波的相对相位变化为

$$\delta = \frac{4\pi}{\lambda}u_o\sin\theta \tag{3.46}$$

设对应物体变形前后的两次曝光时间均为 T,如果经显影和定影后双曝光散斑图的振幅透射率与曝光量呈线性关系,取比例常数为 β,那么双曝光散斑图的振幅透射率可表示为

$$
\begin{aligned}
t(x,y) &= \beta T[I_1(x,y)+I_2(x,y)] \\
&= 2\beta T(I_{o1}+I_{o2})+4\beta T\sqrt{I_{o1}I_{o2}}\cos\left(\varphi+\frac{\delta}{2}\right)\cos\frac{\delta}{2}
\end{aligned} \tag{3.47}
$$

式中，φ为随机快变化函数；δ为慢变化函数。含有φ的余弦函数为高频成分，仅含有δ的余弦函数为低频成分。当满足条件：

$$
\cos\frac{\delta}{2}=0 \tag{3.48}
$$

即

$$
\delta=(2n+1)\pi \quad (n=0,\pm 1,\pm 2,\cdots) \tag{3.49}
$$

时，将得到暗纹。把式(3.46)代入式(3.49)，得

$$
u_o=\frac{(2n+1)\lambda}{4\sin\theta} \quad (n=0,\pm 1,\pm 2,\cdots) \tag{3.50}
$$

由于背景强度$2\beta T(I_{o1}+I_{o2})$的干扰，所以直接从上述双曝光散斑图看不到干涉条纹，如图3.19所示。对双曝光散斑图进行全场滤波，所得衍射晕分布如图3.20所示。

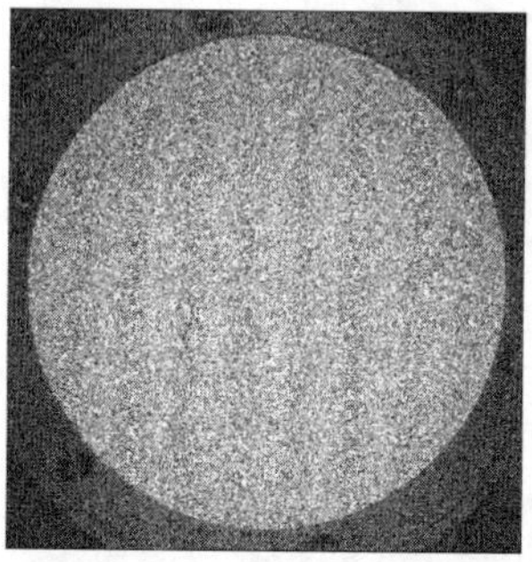

图3.19　双曝光散斑图

图3.20　衍射晕

滤掉低频直流分量后，衍射晕分布如图3.21所示。通过对滤掉低频直流分量的衍射晕进行观察，在观察面上可显现面内位移分量等值条纹，如图3.22所示。由于仍然存在背景强度干扰，所以条纹对比度不高。

图3.21　衍射晕

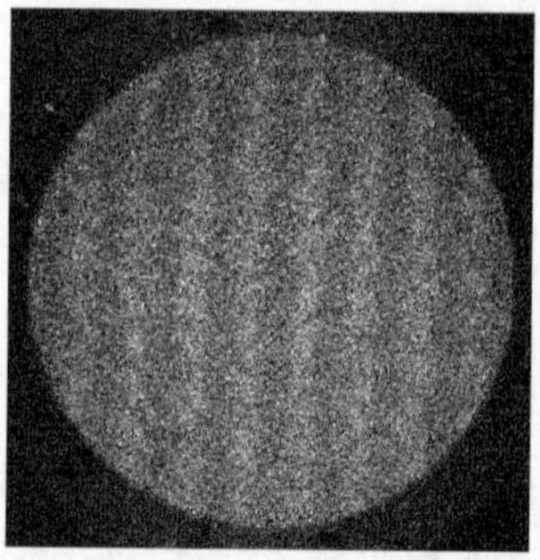

图3.22　面内位移分量等值条纹

3.2.2　离面位移测量

测量物体离面位移的散斑干涉系统如图 3.23 所示。像面强度因参考光波同物面散斑场的干涉而产生。在物体变形前后分别进行曝光，所得到的双曝光散斑图在进行滤波后将得到离面位移等值条纹。

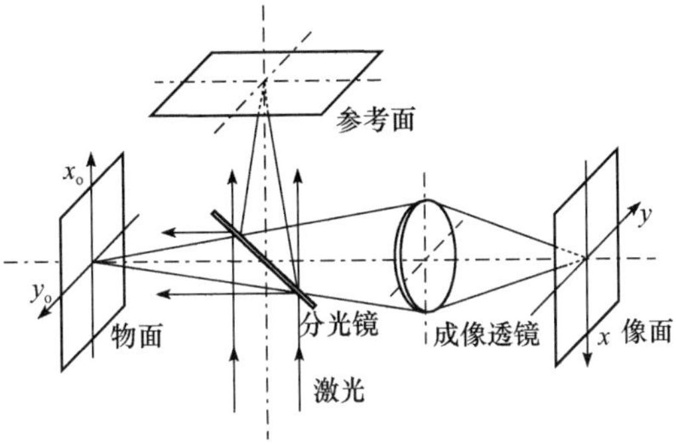

图 3.23　离面位移散斑干涉系统

对应第一次曝光的强度分布为

$$I_1(x,y) = I_o + I_r + 2\sqrt{I_o I_r}\cos\varphi \tag{3.51}$$

式中，I_o 和 I_r 分别为对应于物体光波和参考光波的强度分布；φ 为物体光波和参考光波的相位差。

对应第二次曝光的强度分布为

$$I_2(x,y) = I_o + I_r + 2\sqrt{I_o I_r}\cos(\varphi + \delta) \tag{3.52}$$

式中，δ 为因物体变形而引起的物体光波和参考光波的相对相位变化。当物体光波垂直照射和垂直接收时，相位变化 δ 表示为

$$\delta = \frac{4\pi}{\lambda} w_o \tag{3.53}$$

式中，w_o 为离面位移分量。

经过两次曝光，则双曝光散斑图的强度分布可表示为

$$I(x,y) = I_1(x,y) + I_2(x,y) = 2(I_o + I_r) + 4\sqrt{I_o I_r}\cos\left(\varphi + \frac{\delta}{2}\right)\cos\frac{\delta}{2} \tag{3.54}$$

式中，$2(I_o + I_r)$ 为背景强度；$\cos\left(\varphi + \frac{\delta}{2}\right)$ 为高频成分；$\cos\frac{\delta}{2}$ 为低频成分。双曝光散斑图置于滤波光路中进行滤波后，当满足条件：

$$\delta = (2n+1)\pi \quad (n = 0, \pm 1, \pm 2, \cdots) \tag{3.55}$$

时，将形成暗纹。把式(3.53)代入式(3.55)，得

$$w_o = \frac{(2n+1)\lambda}{4} \quad (n = 0, \pm 1, \pm 2, \cdots) \tag{3.56}$$

滤掉低频直流分量后，可观察到离面位移分量等值条纹，如图 3.24 所示。图 3.24(a)是

双曝光散斑图，图 3.24(b)是离面位移等值条纹。由于背景强度的存在，所以条纹对比度不高。

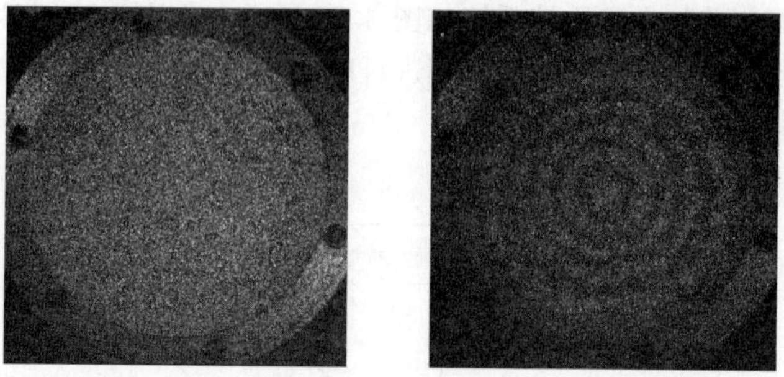

(a)　　(b)

图 3.24　离面位移分量等值条纹

3.3　散斑剪切干涉

散斑剪切干涉(speckle shearing interferometry)是由表面粗糙物体相互错位的随机散射子波之间的干涉效应形成，因此散斑剪切干涉有时也称为散斑错位干涉。散斑剪切干涉可以测量变形物体的离面位移导数。散斑剪切干涉包括单孔径散斑剪切干涉和双孔径散斑剪切干涉等。

3.3.1　单孔径散斑剪切干涉

图 3.25 所示为单孔径散斑剪切干涉系统。物体由激光照射，物面散射光聚焦于成像系统的像面。通过倾斜其中的一块反射镜引起像面上两个散斑场相互剪切(错位)，两个剪切散斑场相干叠加产生合成散斑场，或者说像面散斑场是两个相互剪切的物面散斑场的叠加。

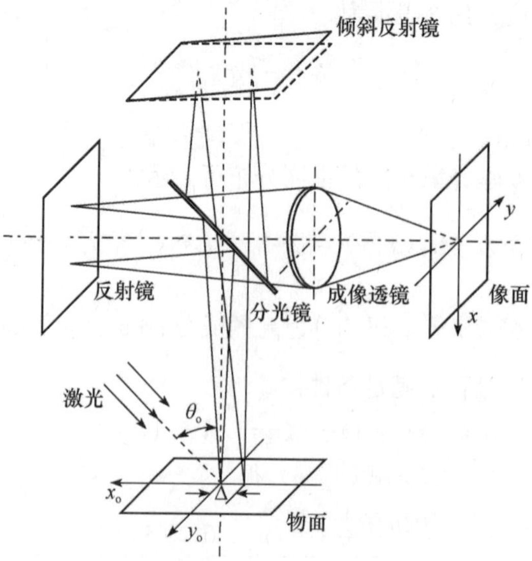

图 3.25　单孔径散斑剪切干涉系统

物体变形前像面强度分布可表示为

$$I_1(x,y) = I_{o1} + I_{o2} + 2\sqrt{I_{o1}I_{o2}}\cos\varphi \tag{3.57}$$

式中，I_{o1} 和 I_{o2} 分别为对应两个相互剪切散斑场的强度分布；φ 为两个散斑场之间的相位差。同理，物体变形后像面强度为

$$I_2(x,y) = I_{o1} + I_{o2} + 2\sqrt{I_{o1}I_{o2}}\cos(\varphi+\delta) \tag{3.58}$$

式中，$\delta=\delta_1-\delta_2$，其中 δ_1 和 δ_2 分别为因物体变形引起的两个散斑场的相位变化。根据照射和观察方向，δ_1 和 δ_2 可分别表示为

$$\begin{aligned}\delta_1 &= \frac{2\pi}{\lambda}(\boldsymbol{e}_1-\boldsymbol{e}_0)\cdot\boldsymbol{d}_o(x+\Delta,y)\\ \delta_2 &= \frac{2\pi}{\lambda}(\boldsymbol{e}_2-\boldsymbol{e}_0)\cdot\boldsymbol{d}_o(x,y)\end{aligned} \tag{3.59}$$

式中，$\boldsymbol{e}_0$ 为沿照射方向的单位矢量；$\boldsymbol{e}_1$ 和 $\boldsymbol{e}_2$ 为沿观察方向的单位矢量；$\boldsymbol{d}_o(x+\Delta,y)$ 和 $\boldsymbol{d}_o(x,y)$ 分别为物点 $(x+\Delta,y)$ 和 (x,y) 处的位移矢量。因此，δ 可表示为

$$\delta = \frac{2\pi}{\lambda}[(\boldsymbol{e}_1-\boldsymbol{e}_0)\cdot\boldsymbol{d}_o(x+\Delta,y)-(\boldsymbol{e}_2-\boldsymbol{e}_0)\cdot\boldsymbol{d}_o(x,y)] \tag{3.60}$$

利用泰勒展开，即

$$\boldsymbol{d}_o(x+\Delta,y) = \boldsymbol{d}_o(x,y) + \frac{\partial \boldsymbol{d}_o(x,y)}{\partial x}\Delta \tag{3.61}$$

式中，Δ 为物面剪切量，则 δ 表示为

$$\delta = \frac{2\pi}{\lambda}\left[(\boldsymbol{e}_1-\boldsymbol{e}_0)\cdot\frac{\partial \boldsymbol{d}_o(x,y)}{\partial x}\Delta+(\boldsymbol{e}_1-\boldsymbol{e}_2)\cdot\boldsymbol{d}_o(x,y)\right] \tag{3.62}$$

式中，$\boldsymbol{e}_0$、$\boldsymbol{e}_1$ 和 $\boldsymbol{e}_2$ 可分别表示为

$$\begin{aligned}\boldsymbol{e}_0 &= -\boldsymbol{i}\sin\theta_0-\boldsymbol{k}\cos\theta_0\\ \boldsymbol{e}_1 &= \boldsymbol{e}_2=\boldsymbol{k}\end{aligned} \tag{3.63}$$

式中，$\boldsymbol{i}$ 和 $\boldsymbol{k}$ 分别为沿 x 和 z 方向的单位矢量；θ_0 为照射方向与光轴之间的夹角。利用式(3.63)，δ 可表示为

$$\delta = \frac{2\pi}{\lambda}\left[\sin\theta_0\frac{\partial u_o}{\partial x}+(1+\cos\theta_0)\frac{\partial w_o}{\partial x}\right]\Delta \tag{3.64}$$

式中，$\frac{\partial u_o}{\partial x}$ 和 $\frac{\partial w_o}{\partial x}$ 分别为沿 x 方向的面内位移导数和离面位移导数。为了得到离面位移导数，通常激光垂直于物面照射，即 $\theta_0=0$，则式(3.64)可简化为

$$\delta = \frac{4\pi}{\lambda}\frac{\partial w_o}{\partial x}\Delta \tag{3.65}$$

经过两次曝光，则双曝光散斑图的强度分布可表示为

$$I(x,y)=I_1(x,y)+I_2(x,y)=2(I_{o1}+I_{o2})+4\sqrt{I_{o1}I_{o2}}\cos\left(\varphi+\frac{\delta}{2}\right)\cos\frac{\delta}{2} \tag{3.66}$$

显然，当满足条件 $\delta=(2n+1)\pi$，即

$$\frac{\partial w_o}{\partial x}=\frac{(2n+1)\lambda}{4\Delta}\quad(n=0,\pm1,\pm2,\cdots)\tag{3.67}$$

时，将形成暗纹。

滤掉低频直流分量后，可观察到离面位移导数等值条纹，如图 3.26 所示。图 3.26(a)是双曝光散斑图；图 3.26(b)是位移导数等值条纹。由于仍然存在背景强度，因此条纹对比度较低。

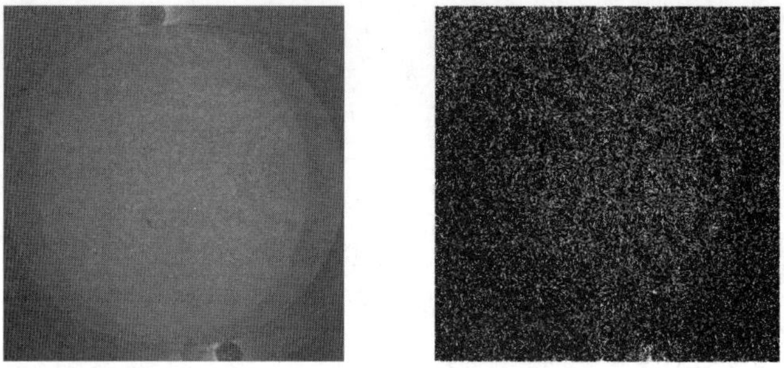

(a)　　　　　　　　(b)

图 3.26　离面位移导数等值条纹

3.3.2　双孔径散斑剪切干涉

双孔径散斑剪切干涉系统如图 3.27 所示。双孔屏对称放置于成像透镜前(设双孔沿 x 轴)，在一个孔上放置剪切方向沿 x 轴的剪切镜，用一束激光照射物面，沿与光轴对称的两个方向观察，则物面上的一点将成像于像面上两点，或者说物面上的邻近两点将成像于像面上同一点。物体变形前进行一次曝光，物体变形后进行第二次曝光。双曝光散斑图在进行全场滤波时将产生沿双孔方向的全场斜率等值条纹。

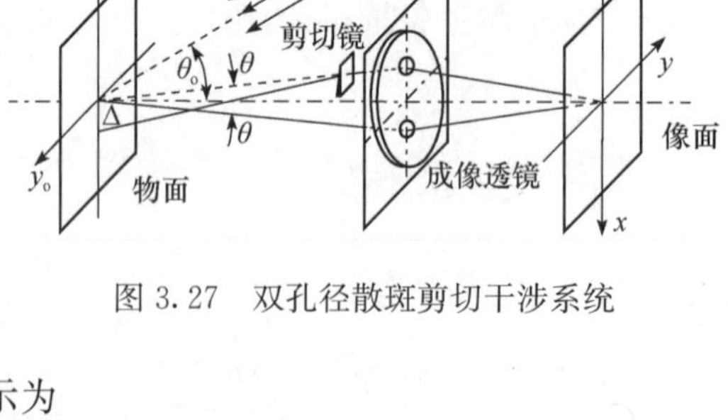

图 3.27　双孔径散斑剪切干涉系统

物面剪切量可表示为

$$\Delta=d_o(\mu-1)\alpha\tag{3.68}$$

式中，d_o 是物面到剪切镜的距离；μ 和 α 分别为剪切镜的折射率和楔角。

设通过两孔来自物面的散射光波的强度分别为 I_{o1} 和 I_{o2}，那么物体变形前像面强度分布为

$$I_1(x,y) = I_{o1} + I_{o2} + 2\sqrt{I_{o1}I_{o2}}\cos(\varphi + \beta) \tag{3.69}$$

式中，φ 为对应于两物点的相对随机相位；β 为通过两孔的光波因干涉而产生的栅线结构相位。

同理，变形后像面强度分布为

$$I_2(x,y) = I_{o1} + I_{o2} + 2\sqrt{I_{o1}I_{o2}}\cos(\varphi + \delta + \beta) \tag{3.70}$$

式中，$\delta=\delta_1-\delta_2$，其中 δ_1 和 δ_2 分别为因物体变形引起的通过两孔的散射光波的相位变化。根据照射和观察方向，δ 可表示为

$$\delta = \frac{2\pi}{\lambda}\left[(\boldsymbol{e}_1 - \boldsymbol{e}_0)\cdot\frac{\partial \boldsymbol{d}_o(x,y)}{\partial x}\Delta + (\boldsymbol{e}_1 - \boldsymbol{e}_2)\cdot \boldsymbol{d}_o(x,y)\right] \tag{3.71}$$

式中，$\boldsymbol{e}_0$ 为沿照射方向的单位矢量；$\boldsymbol{e}_1$ 和 $\boldsymbol{e}_2$ 为沿观察方向的单位矢量；$\boldsymbol{d}_o(x,y)$ 和 $\frac{\partial \boldsymbol{d}_o(x,y)}{\partial x}$ 分别为物点(x,y)处的位移矢量和位移矢量沿 x 轴的导数。

根据图 3.27，$\boldsymbol{e}_0$、$\boldsymbol{e}_1$ 和 $\boldsymbol{e}_2$ 可分别表示为

$$\begin{aligned} \boldsymbol{e}_0 &= -\boldsymbol{i}\sin\theta_0 - \boldsymbol{k}\cos\theta_0 \\ \boldsymbol{e}_1 &= \boldsymbol{i}\sin\theta + \boldsymbol{k}\cos\theta \\ \boldsymbol{e}_2 &= -\boldsymbol{i}\sin\theta + \boldsymbol{k}\cos\theta \end{aligned} \tag{3.72}$$

式中，$\boldsymbol{i}$ 和 $\boldsymbol{k}$ 分别为沿 x 和 z 方向的单位矢量；θ_0 和 θ 分别为照射方向和观察方向与光轴之间的夹角。利用式(3.72)，δ 可表示为

$$\delta = \frac{2\pi}{\lambda}\left\{2u_o\sin\theta + \left[(\sin\theta + \sin\theta_0)\frac{\partial u_o}{\partial x} + (\cos\theta + \cos\theta_0)\frac{\partial w_o}{\partial x}\right]\Delta\right\} \tag{3.73}$$

式中，u_o 为物面上物点沿 x 方向的位移分量；$\frac{\partial u_o}{\partial x}$和$\frac{\partial w_o}{\partial x}$分别为沿 x 方向的面内位移导数和离面位移导数。利用 $\sin\theta \ll 1$，式(3.73)可简化为

$$\delta = \frac{2\pi}{\lambda}\left[\sin\theta_0\frac{\partial u_o}{\partial x} + (1 + \cos\theta_0)\frac{\partial w_o}{\partial x}\right]\Delta \tag{3.74}$$

当激光垂直于物面照射，即 $\theta_0=0$ 时，则可进一步简化为

$$\delta = \frac{4\pi}{\lambda}\frac{\partial w_o}{\partial x}\Delta \tag{3.75}$$

经过两次曝光，像面强度分布为

$$I(x,y) = I_1(x,y) + I_2(x,y) = 2(I_{o1} + I_{o2}) + 2\sqrt{I_{o1}I_{o2}}\left[\cos(\varphi + \beta) + \cos(\varphi + \delta + \beta)\right] \tag{3.76}$$

当双曝光散斑图进行全场滤波时，让 1 级衍射晕通过，则观察面上的强度分布可表示为

$$I_f(x,y) = 2I_{o1}I_{o2}(1 + \cos\delta) \tag{3.77}$$

由此可见，当满足条件 $\delta=2n\pi$，即

$$\frac{\partial w_o}{\partial x} = \frac{n\lambda}{2\Delta}\quad (n = 0, \pm 1, \pm 2, \cdots) \tag{3.78}$$

时，将形成亮纹。

图 3.28 所示为采用双孔径散斑剪切干涉而得到的实验结果。图 3.28(a)为双曝光散斑图；图 3.28(b)为在观察面上显现的位移导数等值条纹。

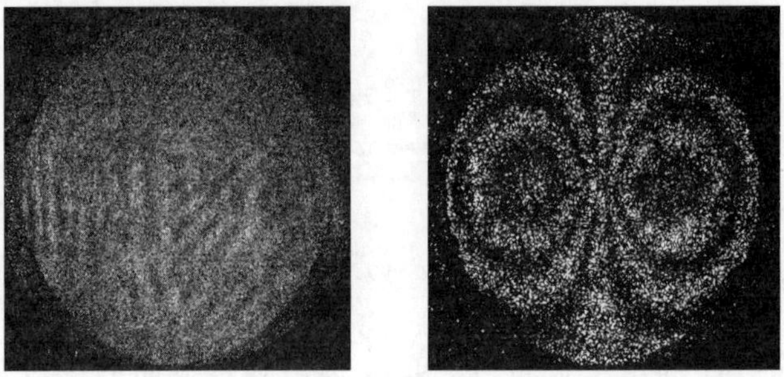

(a)　　　　(b)

图 3.28　离面位移导数等值条纹

第 4 章　云纹与云纹干涉

4.1　云　　纹

云纹(moiré)是利用两组光栅相互重叠时，由栅线的互相遮光所形成的条纹进行物体的变形测量。云纹所用的基本测量元件是光栅，通常由透光和不透光的等距平行直线构成，明暗相间，暗线称为栅线，相邻栅线之间的间隔称为节距，如图 4.1 所示。

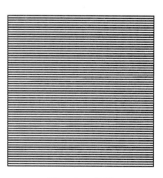

图 4.1　光栅

4.1.1　云纹形成

把两块完全相同的光栅重叠起来，如果栅线完全重合，此时两块光栅的重叠区域与一块光栅一样，不会出现任何条纹，如图 4.2(a)所示。但当两块光栅有相对转动(图 4.2(b))或其中一块光栅的节距增大

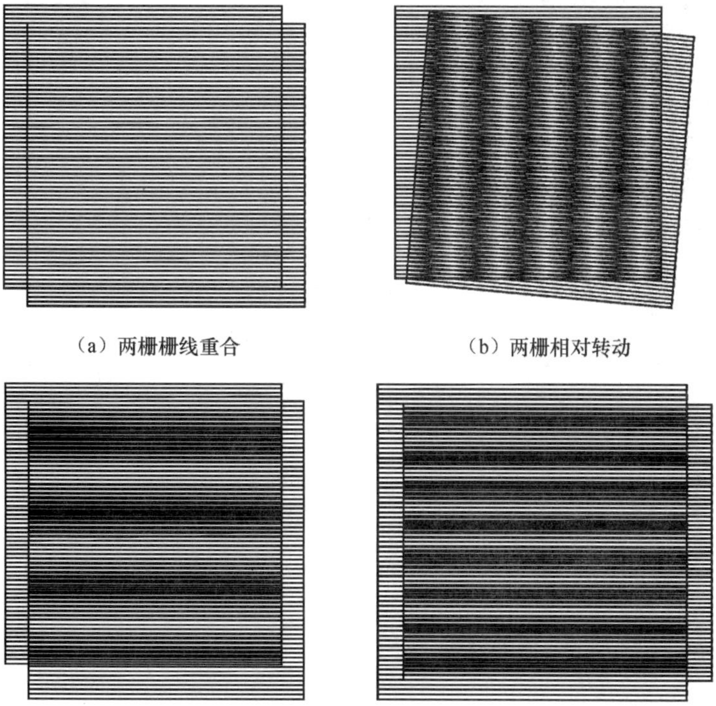

(a) 两栅栅线重合　　(b) 两栅相对转动

(c) 一栅节距增大　　(d) 一栅节距减小

图 4.2　云纹形成

(图 4.2(c))或减小(图 4.2(d))时,此时在两块光栅的重叠区域,一块光栅的不透光部分将遮盖另一块光栅的透光部分,从而形成比栅线宽得多的暗纹,而在两块光栅都透光的部分,将形成亮纹,因此在两块光栅的重叠区域将产生明暗相间的条纹,这些条纹称为云纹。当两块光栅的栅线有连续相对转动或节距有连续相对变化时,云纹会随着栅线相对转动或随节距相对变化而发生改变,因此,通过测量云纹及其变化即可得到物体的应变场和位移场。

云纹通常采用两块光栅,一块固定或刻画在物体表面,随物体一起变形,该光栅称为试件栅;另一块与试件栅重叠,不随物体一起变形,该光栅称为参考栅。

4.1.2 几何云纹应变测量

1. 拉压应变测量

1) 平行云纹拉压应变测量

具有相同节距的试件栅和参考栅的栅线垂直于物体的拉伸或压缩方向,并让试件栅和参考栅的栅线完全重合,此时没有云纹产生。物体均匀拉伸或压缩后,试件栅将随物体发生同样的均匀拉伸或压缩变形,此时将有云纹产生,如图 4.3 所示。

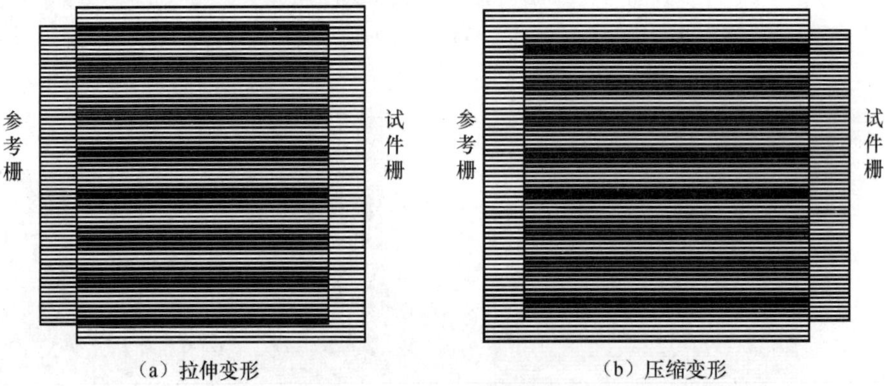

图 4.3　拉压应变平行云纹

设物体变形前试件栅的节距为 p,如果均匀拉伸或压缩应变为 ε(拉伸时 $\varepsilon>0$,压缩时 $\varepsilon<0$),则试件栅变形后的节距为 $p'=(1+\varepsilon)p$。设相邻云纹间距为 f,则相邻云纹之间含有 $n=f/p$ 条试件栅变形前的栅线(或参考栅的栅线)和 $n'=f/p\mp 1$ 条试件栅变形后的栅线(拉伸取"－"号,压缩取"＋"号),因此存在关系:$f=n'p'=(f/p\mp 1)(1+\varepsilon)p$,求解得

$$\varepsilon=\frac{\pm p}{f\mp p} \tag{4.1}$$

考虑到 $p\ll f$,由此得

$$\varepsilon=\pm\frac{p}{f} \tag{4.2}$$

式中，“+”号对应均匀拉伸；“−”号对应均匀压缩。节距 p 已知，因此只要测量相邻云纹间距 f，即可求得垂直于栅线方向的均匀拉应变和均匀压应变。如果是非均匀拉伸或压缩，则 ε 表示相邻云纹之间的平均应变。

在多数情况下，试件栅的应变是拉应变还是压应变并不知道，此时可通过微小旋转参考栅引起的云纹变化判断。对于均匀拉伸应变，云纹将与参考栅同向旋转(图 4.4)；而对于均匀压缩应变，云纹将与参考栅反向旋转(图 4.5)。测量均匀拉伸和压缩应变时，所得云纹为平行直条纹，故称为平行云纹方法。

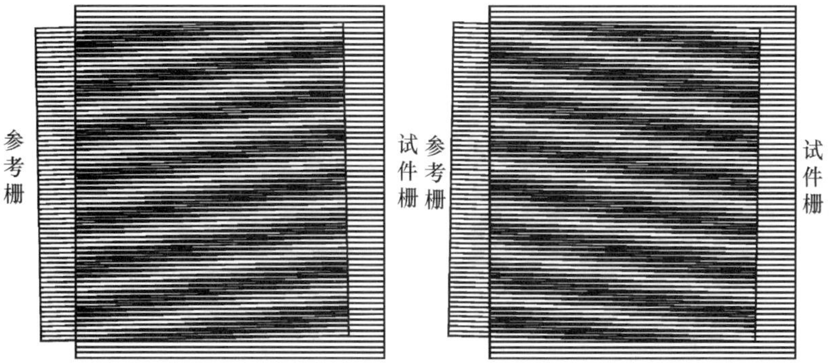

(a) 逆时针　(b) 顺时针

图 4.4　均匀拉伸时参考栅旋转而引起的云纹变化

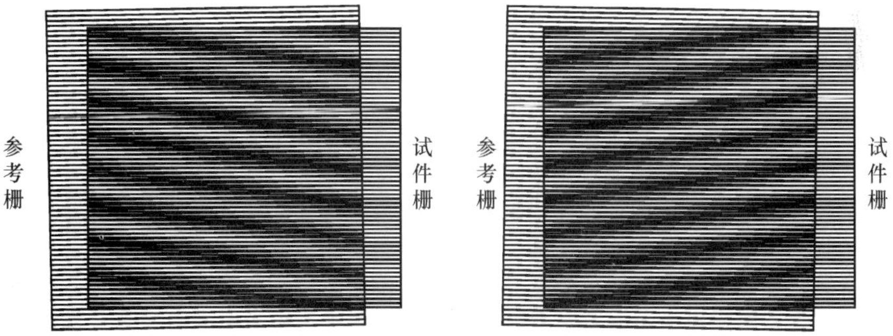

(a) 逆时针　(b) 顺时针

图 4.5　均匀压缩时参考栅旋转而引起的云纹变化

2) 转角云纹拉压应变测量

试件栅的栅线垂直于物体的拉伸或压缩方向，参考栅与试件栅的夹角为 θ(θ 逆时针为正，顺时针为负)，如图 4.6 所示。设参考栅的节距为 q，试件栅变形前的节距为 p，变形后的节距为 p'，则应变为

$$\varepsilon = \frac{p'-p}{p} = \frac{p'}{p} - 1 = \frac{q}{p}\frac{p'}{q} - 1 \tag{4.3}$$

变形前亮云纹为 OAB，变形后亮云纹则为 $OA'B'$。设变形后云纹与参考栅的栅线之

间的夹角为 φ(φ 逆时针为正,顺时针为负),由图 4.6 可得

$$\begin{aligned} p' &= A'C = OA'\sin(\theta+\varphi) \\ q &= A'D = OA'\sin\varphi \end{aligned} \tag{4.4}$$

代入式(4.3),得

$$\varepsilon = \frac{p'-p}{p} = \frac{p'}{p} - 1 = \frac{q}{p}\frac{\sin(\theta+\varphi)}{\sin\varphi} - 1 \tag{4.5}$$

式中,p、q 和 θ 已知,所以只要测得 φ 即可求得应变 ε。

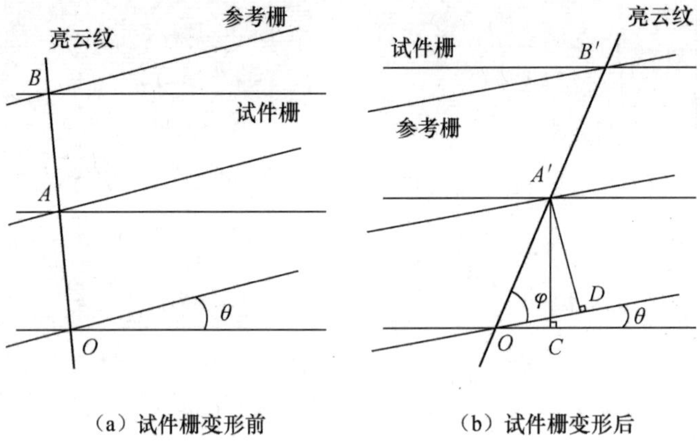

图 4.6　拉压应变转角云纹

如果参考栅和变形前试件栅的节距相等,则式(4.5)可简化为

$$\varepsilon = \frac{\sin(\theta+\varphi)}{\sin\varphi} - 1 \tag{4.6}$$

2. 剪切应变测量

根据切应变定义,在物体上原来相交成直角的两线段的夹角改变量称为切应变,如图 4.7所示。由图可知,M 点的切应变 $\gamma_{xy}=\theta_x+\theta_y$,因此,只要测得 θ_x 和 θ_y,即可求得 M 点的切应变。

切应变测量分两步进行,第一步将参考栅和试件栅的栅线平行于 x 方向放置,设其节距均为 p,如图 4.8 所示。当试件栅发生剪切变形时,试件栅的节距 p 保持不变,θ_y 仅使试件栅的栅线沿 x 方向移动而不产生云纹,θ_x 使试件栅的栅线转动而产生云纹。由图中 $BC\perp AC$,得

$$\sin\theta_x = \frac{BC}{AB} = \frac{p}{f_x} \tag{4.7}$$

式中,f_x 为云纹在 x 方向(栅线方向)的间距。利用 $\sin\theta_x\approx\theta_x$,式(4.7)可表示为

$$\theta_x = \frac{p}{f_x} \tag{4.8}$$

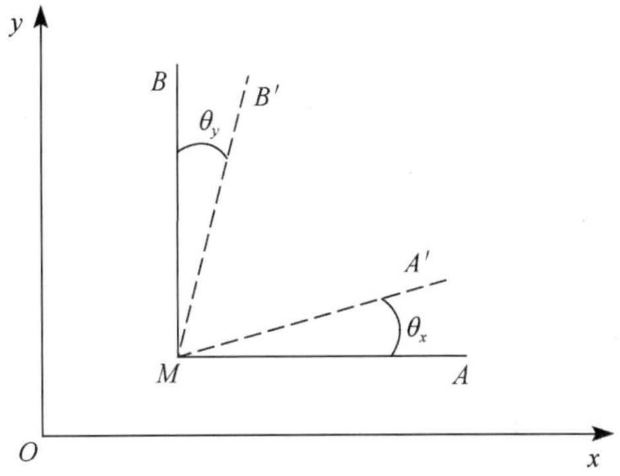

图 4.7　切应变定义

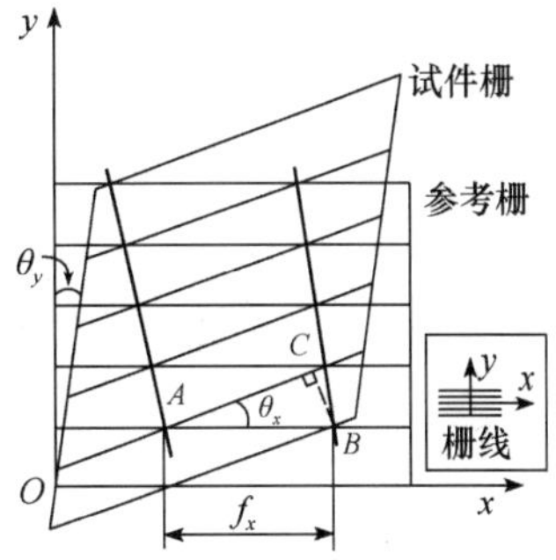

图 4.8　切应变测量

第二步将参考栅和试件栅的栅线平行于 y 方向放置，当试件栅发生剪切变形时，试件栅的节距 p 保持不变，θ_x 仅使试件栅的栅线沿 y 方向移动而不产生云纹，θ_y 使试件栅栅线转动而产生云纹。同理可得

$$\theta_y = \frac{p}{f_y} \tag{4.9}$$

式中，f_y 为云纹在 y 方向（栅线方向）的间距。综合式(4.8)和式(4.9)，得

$$\gamma_{xy} = \theta_x + \theta_y = \frac{p}{f_x} + \frac{p}{f_y} \tag{4.10}$$

3. 平面应变测量

平面应变同时有 ε_x、ε_y 和 γ_{xy}，平面应变测量也分两步进行。第一步将参考栅和试件栅的栅线平行于 x 方向放置，设其节距均为 p，如图 4.9 所示。当物体发生平面变形时，试件栅也随之发生同样的平面变形，设变形后试件栅的节距为 p'。ε_x 仅使试件栅的栅线沿 x 方向伸长或缩短，θ_y 仅使试件栅的栅线沿 x 方向移动，因此 ε_x 和 θ_y 对云纹没有影响。ε_y 使试件栅的节距增大或减小，θ_x 使试件栅的栅线转动，因此 ε_y 和 θ_x 将产生云纹。由图得

$$\sin\theta_x = \frac{BC}{AB} = \frac{p'}{f_x} \tag{4.11}$$

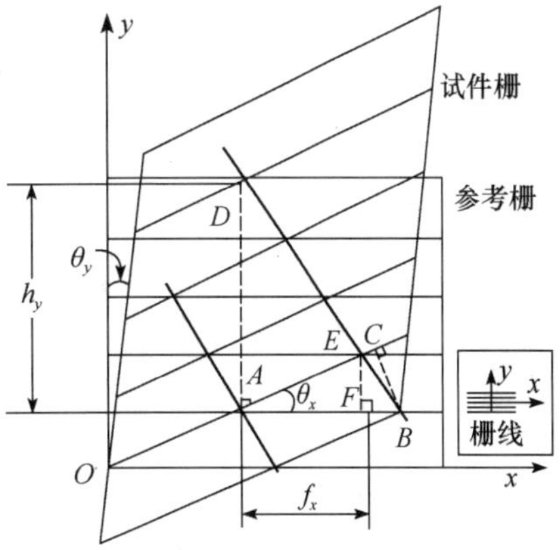

图 4.9　平面应变测量

式中，f_x 为云纹在 x 方向（栅线方向）的间距。

利用 $\sin\theta_x \approx \theta_x$ 和 $p' = (1+\varepsilon_y)p \approx p$，式(4.11)可简化为

$$\theta_x = \frac{p}{f_x} \tag{4.12}$$

另外，由图中△FBE 与△ABD 相似，得

$$FB = FE \cdot \frac{AB}{AD} = p \cdot \frac{f_x}{h_y} \tag{4.13}$$

式中，h_y 为云纹在 y 方向(垂直栅线方向)的间距。

再由图中$\triangle AEF$ 与$\triangle ABC$ 相似，得

$$FB = AB - AF = AB - EF \cdot \frac{AC}{BC} = AB - EF \cdot \frac{\sqrt{AB^2 - BC^2}}{BC} = f_x - p \cdot \frac{\sqrt{f_x^2 - p'^2}}{p'} \tag{4.14}$$

利用 $p' \ll f_x$，得

$$FB = f_x - p \cdot \frac{f_x}{p'} = f_x - \frac{f_x}{1+\varepsilon_y} \tag{4.15}$$

由式(4.13)和式(4.15)相等，可得

$$\varepsilon_y = \frac{p}{h_y - p} \tag{4.16}$$

利用 $p \ll h_y$，得

$$\varepsilon_y = \frac{p}{h_y} \tag{4.17}$$

第二步将参考栅和试件栅的栅线平行于 y 方向放置，设其节距均为 p，变形后试件栅的节距为 p'。ε_y 仅使试件栅的栅线沿 y 方向伸长或缩短，θ_x 仅使试件栅的栅线沿 y 方向移动，因此 ε_y 和 θ_x 对云纹没有影响。ε_x 使试件栅的节距增大或减小，θ_y 使试件栅的栅线转动，因此 ε_x 和 θ_y 将产生云纹。同理，可推得

$$\theta_y = \frac{p}{f_y},\ \varepsilon_x = \frac{p}{h_x} \tag{4.18}$$

式中，f_y 为云纹在 y 方向(栅线方向)的间距；h_x 为云纹在 x 方向(垂直栅线方向)的间距。综合式(4.12)、式(4.17)和式(4.18)，得

$$\varepsilon_x = \frac{p}{h_x},\ \varepsilon_y = \frac{p}{h_y},\ \gamma_{xy} = \theta_x + \theta_y = \frac{p}{f_x} + \frac{p}{f_y} \tag{4.19}$$

式中，p 已知，只要测得 h_x、h_y、f_x 和 f_y，即可求得 ε_x、ε_y 和 γ_{xy}。

4.1.3　位移导数法应变测量

在云纹中，除了用上述几何云纹求应变，还可以采用位移导数法计算应变。将参考栅和试件栅的栅线重合，试件栅在非均匀平面应变作用下，不但栅线间距增大或减小，而且栅线发生转动，栅线由原来的平行直线变为曲线，如图 4.10 所示。

为便于分析，对参考栅和试件栅的栅线进行编号，如图 4.10 所示。凡编号相同的栅线在变形前相重合，变形后栅线的交点处，因遮光最少，形成亮云纹。编号相同栅线的交点在垂直于参考栅栅线方向没有位移，这些交点形成的云纹称为 0 级条纹。某一编号的试件栅栅线与高一级编号的参考栅栅线的交点处，在垂直参考栅栅线方向上发生一个节

距的向上位移,这些交点形成的云纹称为 1 级条纹。以此类推,可得 0,±1,±2,…级条纹。同级条纹上各点在垂直参考栅栅线方向的位移相同。两相邻条纹之间的相对位移增量为一个节距。由此可见,每一云纹条纹表示试件变形后在垂直参考栅栅线方向的位移等值线。

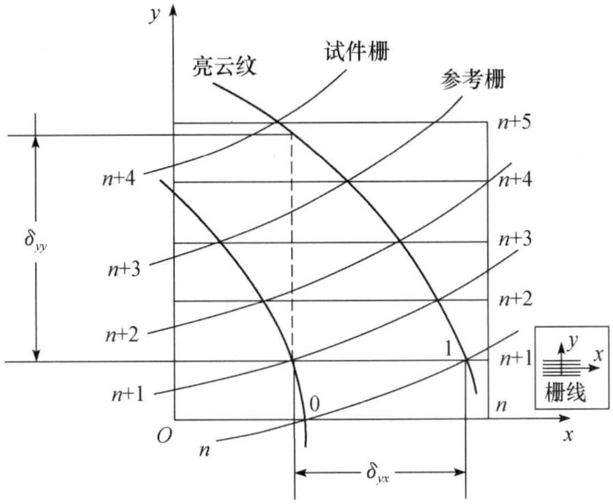

图 4.10　导数云纹

利用位移等值线可方便地求出应变。将试件栅和参考栅平行于 x 方向放置,设其节距均为 p。当试件变形后,两条相邻云纹在垂直栅线方向(y 方向)的相对位移增量为一个节距 p,即 y 方向位移增量 $\Delta v=p$,若设 δ_{yx} 为云纹沿 x 方向间距,δ_{yy} 为云纹沿 y 方向间距,则可看成在 δ_{yy} 或 δ_{yx} 距离长度上 y 方向位移增量 $\Delta v=p$,则有

$$\frac{\Delta v}{\Delta y}=\frac{p}{\delta_{yy}},\ \frac{\Delta v}{\Delta x}=\frac{p}{\delta_{yx}} \tag{4.20}$$

当 δ_{yy} 或 δ_{yx} 足够小时,式(4.20)可近似表示为导数形式

$$\frac{\partial v}{\partial y}=\frac{p}{\delta_{yy}},\ \frac{\partial v}{\partial x}=\frac{p}{\delta_{yx}} \tag{4.21}$$

如将试件栅和参考栅平行于 y 轴放置,根据变形后所得云纹,同理可得

$$\frac{\partial u}{\partial x}=\frac{p}{\delta_{xx}},\ \frac{\partial u}{\partial y}=\frac{p}{\delta_{xy}} \tag{4.22}$$

式中,δ_{xx} 为云纹沿 x 方向的云纹间距;δ_{xy} 为云纹沿 y 方向的云纹间距。

对于小变形,可按下列公式求得应变:

$$\begin{aligned}
\varepsilon_x &= \frac{\partial u}{\partial x}=\frac{p}{\delta_{xx}}\\
\varepsilon_y &= \frac{\partial v}{\partial y}=\frac{p}{\delta_{yy}}\\
\gamma_{xy} &= \frac{\partial u}{\partial y}+\frac{\partial v}{\partial x}=\frac{p}{\delta_{xy}}+\frac{p}{\delta_{yx}}
\end{aligned} \tag{4.23}$$

由式(4.23)可知,只要得到某点的 4 个偏导数 $\partial u/\partial x$、$\partial u/\partial y$、$\partial v/\partial x$ 和 $\partial v/\partial y$,就能求得该点的 ε_x、ε_y 和 γ_{xy}。如果根据云纹条纹能够绘制 $u=u(x)$、$u=u(y)$、$v=v(x)$ 和 $v=v(y)$ 等曲线,则曲线上每点的斜率即为该点的导数,因此可以通过作位移图的方法求得应变。用导数云纹测定应变值时,除了要确定各偏导数的大小,还需要确定各偏导数的正负。通常根据云纹条纹的级数即可确定偏导数的正负:一个均匀连续物体其各点的位移具有连续性和单值性,因此云纹条纹级数必定是沿 x 或 y 方向依次增加或减小,如果沿 x 或 y 正向条纹级数增加,则偏导数值为正;反之,则偏导数值为负。因此,确定云纹条纹级数后,偏导数值(或应变)的正负号可确定。

下面以对径受压圆盘为例,说明采用导数云纹确定应变的方法。首先将栅线沿 x 轴放置,圆盘对径受压后可得到表示 v 位移场的云纹条纹图,如图 4.11 所示。受到径向压缩的圆盘上各点沿 y 方向为压应变。利用对称性,则圆盘中心处没有位移,故圆盘中心水平条纹级数为 0 级,其他条纹级数如图 4.11 所示。

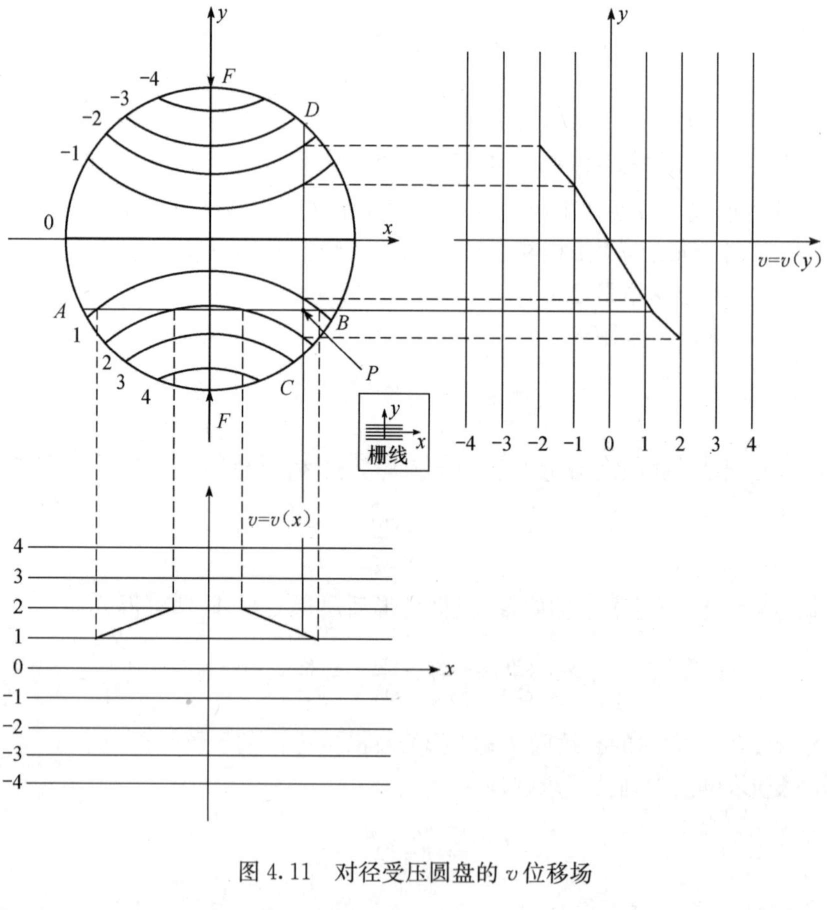

图 4.11　对径受压圆盘的 v 位移场

如要求圆盘上 P 点的应变,则过 P 点作分别平行于 x 轴和 y 轴的平行线 AB 和 CD,然后根据条纹级数绘制沿 AB 的位移曲线 $v=v(x)$ 和沿 CD 的位移曲线 $v=v(y)$,再由位移曲线求出 $\partial v/\partial x$ 和 $\partial v/\partial y$。

再将栅线沿 y 轴放置，圆盘对径受压后可得到表示 u 位移场的云纹条纹图，如图4.12所示。受到径向压缩的圆盘上各点沿 x 方向为拉应变。圆盘中心垂直条纹级数为0级，其他条纹级数如图4.12所示。

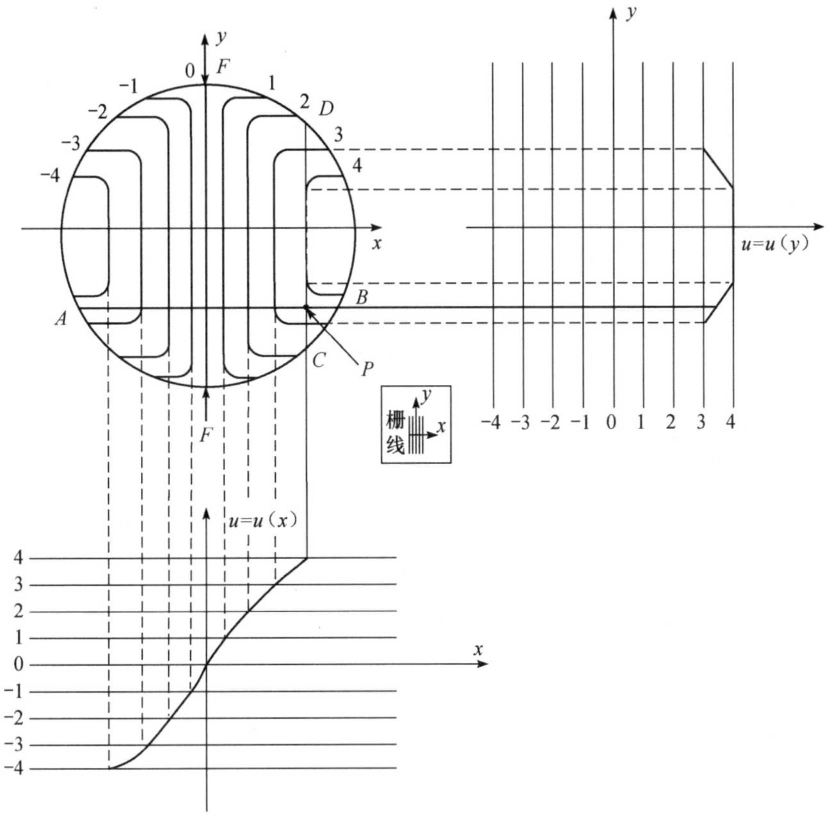

图4.12　对径受压圆盘的 u 位移场

根据条纹级数绘制沿 AB 的位移曲线 $u=u(x)$ 和沿 CD 的位移曲线 $u=u(y)$，再由位移曲线求出 $\partial u/\partial x$ 和 $\partial u/\partial y$。

把上述求得的 $\partial v/\partial x$、$\partial v/\partial y$、$\partial u/\partial x$ 和 $\partial u/\partial y$ 代入式(4.23)，就能求得 P 点的 ε_x、ε_y 和 γ_{xy}。采用同样的方法可求得圆盘上任意点的应变，进而得到对径受压圆盘的应变分布。

4.1.4　影像云纹离面位移测量

云纹除了用于测量物体的面内位移和应变，还可用于测量物体的表面等高线和离面位移。在面内云纹中，试件栅与参考栅互相叠合而形成云纹。在影像云纹(shadow moiré)中，试件栅并不是单独的栅，而是参考栅在光线照射下投射于物体表面而形成的参考栅的影像，其形状随物体表面的高低起伏而变化。

将参考栅放置于物体前面，设照明和观察方向与参考栅法线的夹角分别为 α 和 β，如图4.13所示。

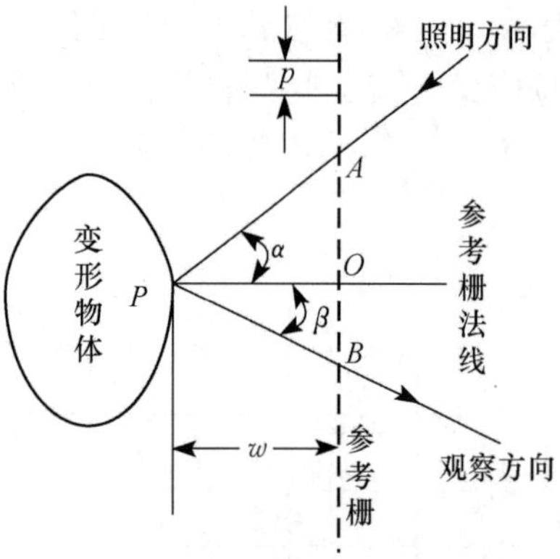

图 4.13　影像云纹测离面位移

照明光线透过参考栅上的 A 点射到物面上的 P 点，P 点为参考栅 A 点的影像。如果 A 点为透光部分，则 P 点为亮点。沿观察方向看 P 点，则看到该点与参考栅上的 B 点重合，如 B 点为透光部分，则得到一系列亮点组成的亮云纹。

根据图 4.13，有$\overline{AB}=np$，其中 p 为参考栅节距，n 为亮云纹级数，$n=0,1,2,\cdots$。设参考栅到物面上 P 点的距离$\overline{OP}=w$，则$\overline{AB}=w(\tan\alpha+\tan\beta)$。由此得 $np=w(\tan\alpha+\tan\beta)$，即物面上 P 点到参考栅的距离 w 可表示为

$$w=\frac{np}{\tan\alpha+\tan\beta} \tag{4.24}$$

由此可见，如果 $\alpha\neq0,\beta\neq0$，当 $n=0$ 时，有 $w=0$，这表明物面上与参考栅接触处的点对应 0 级云纹条纹。

采用影像云纹测量物体的表面等高线和离面位移通常有 4 种系统，即

(1) 平行照射与平行接收；

(2) 发散照射与汇聚接收；

(3) 平行照射与汇聚接收；

(4) 发散照射与平行接收。

下面对常用的前两种系统进行分析。

1. 平行照射与平行接收

如图 4.14 所示，平行入射光与参考栅法线的夹角为 α，平行反射光与参考栅法线平行，即 $\beta=0$，因此，式(4.24)可表示为

$$w=\frac{np}{\tan\alpha} \tag{4.25}$$

式中，α 为常数。

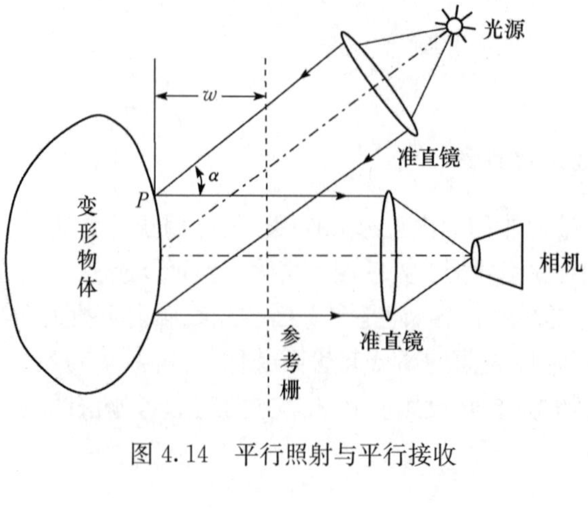

图 4.14　平行照射与平行接收

因此，云纹条纹级数确定后，根据已知的 p 和 α，即可求出物面各点到参考栅的距离 w，进而得到物面等高线分布。

在物体变形前后分别记录两张云纹条纹图，并进行相减处理，即可得到物体的离面位移场。设物体变形前后的物面等高线分别为 $w_0=n_0p/\tan\alpha$ 和 $w=np/\tan\alpha$。记录两张云纹条纹图后作相减处理，得离面位移

$$\Delta w=\frac{np}{\tan\alpha}-\frac{n_0p}{\tan\alpha}=\frac{(n-n_0)p}{\tan\alpha} \tag{4.26}$$

因此，两张云纹条纹图上对应物面某点的条纹级数确定后，即可通过式(4.26)确定物面上该点的离面位移。对物面上所有点进行类似处理，即可得到整个物面的离面位移分布。

2. 发散照射与汇聚接收

采用平行照射与平行接收，需要光源或相机与物体间的距离比物体尺寸大得多，或者需要在光源与物体间，以及相机与物体间放置孔径大小与物体尺寸相当的透镜，这样就限制了物体的尺寸不能太大。采用发散照射与汇聚接收，光源和相机与物体间可相距有限距离，物体尺寸大小只受覆盖在其上的参考栅尺寸的限制。

发散照射与汇聚接收系统如图 4.15 所示，由图得，$\tan\alpha=(L-x)/(D+w)$，$\tan\beta=x/(D+w)$，代入式(4.24)，得 $w=np(D+w)/L$，得

$$w=\frac{npD}{L-np} \tag{4.27}$$

考虑到 $np\ll L$，则式(4.27)可表示为

$$w=\frac{npD}{L} \tag{4.28}$$

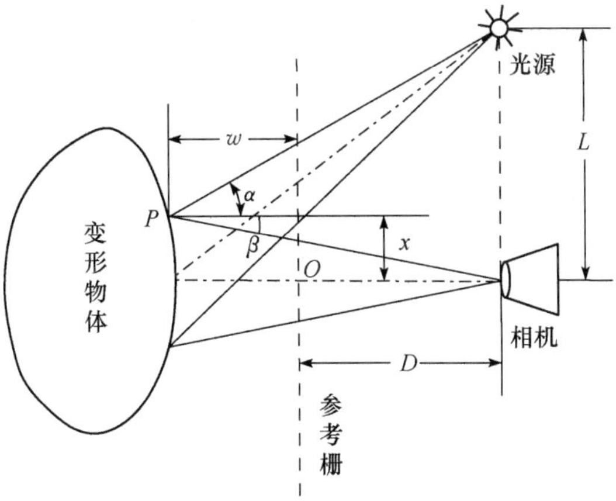

图 4.15　发散照射与汇聚接收

云纹条纹级数确定后，根据已知的 p、D 和 L 即可求出物面的等高线分布。

在物体变形前后分别记录两张云纹条纹图，并进行相减处理，可得离面位移

$$\Delta w = \frac{(n-n_0)pD}{L} \tag{4.29}$$

这一系统只需将覆盖物体的参考栅面积制作得较大，则被测物体的尺寸也可较大。

影像云纹由于无须单独制作试件栅，因而是测量物体表面等高线的简单实用方法。影像云纹所需的参考栅栅线密度随物体外形起伏程度而异。较大的起伏要用较稀的栅线，栅线密度比面内云纹使用的栅线密度要低得多。

4.1.5 反射云纹斜率测量

用反射云纹(reflection moiré)可以直接测量弯曲板的斜率(离面位移导数)，从斜率分布曲线再进行一次求导，就可求得弯曲板的曲率和扭率，进而得到弯曲板的弯矩和扭矩。

反射云纹测斜率如图 4.16 所示。光照射反射栅，经反射栅反射后再照射具有反射能力的弯曲板。板变形前，相机记录的是经板上 P 点反射的反射栅上 A 处的栅线；板变形后，记录的是反射栅上 B 处的栅线。如果两次栅线重合，则记录到云纹条纹，此时 $\overline{AB}=np$，其中 p 为反射栅节距，n 为亮云纹级数，$n=0,1,2,\cdots$。设反射栅到板的距离为 D，则 $\overline{AB}=D[\tan(\alpha+2\theta)-\tan\alpha]$。由此得 $np=D[\tan(\alpha+2\theta)-\tan\alpha]$，经过推导，得

$$\tan 2\theta = \frac{np}{D(1+\tan^2\alpha)+np} \tag{4.30}$$

考虑到 $\tan\alpha = x/D \ll 1$，且 $np \ll D$，式(4.30)可简化为

$$\tan 2\theta = \frac{np}{D} \tag{4.31}$$

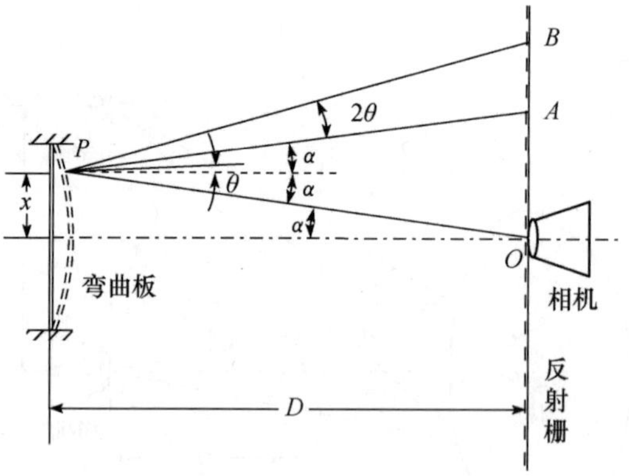

图 4.16　反射云纹测斜率

对于小变形，有 $\tan 2\theta \approx 2\partial w/\partial x$，则

$$\frac{\partial w}{\partial x} = \frac{np}{2D} \tag{4.32}$$

把板旋转 90°，同理可得

$$\frac{\partial w}{\partial y}=\frac{np}{2D} \tag{4.33}$$

式(4.32)和式(4.33)中 p 和 D 为已知,因此只要测得云纹条纹级数 n,即可求出斜率 $\partial w/\partial x$ 和 $\partial w/\partial y$。

4.2 云纹干涉

云纹干涉(moiré interferometry)是近年来发展起来的一种新的现代光测技术。它综合了云纹和全息干涉,既保留了云纹的简易性、全场性、实时性以及不受材料限制等优点,又同时大幅度地提高了测量灵敏度。云纹干涉是一种全场测量方法,它既可用于面内位移测量,也可用于应变测量。

云纹干涉的条纹形成机理与云纹不同,云纹利用低频栅线的几何叠加,而云纹干涉则利用光波干涉与光栅衍射。由于云纹所采用的栅线密度不可能很高,其测量灵敏度受到很大限制,所以在云纹干涉中引入了现代光栅技术,即在被测试件表面复制高密度衍射光栅,以大大提高变形测量的灵敏度,但其基本原理却不同于云纹,它通过由变形栅衍射的不同波前相互干涉而产生的条纹获取变形信息。

云纹干涉由于采用高密度衍射光栅作为试件栅,其测量灵敏度与全息干涉法和散斑干涉法相同,可达到光波波长量级。此外,这种方法还具有全场分析、实时观测、高反差条纹以及直接获取面内位移和应变等优点。

4.2.1 衍射光栅

衍射光栅由很多平行、等宽、等距的狭缝组成,产生反射衍射光波的称为反射光栅,产生透射衍射光波的称为透射光栅。在云纹干涉中一般采用反射光栅,但对于某些透明模型,也可采用透射光栅。反射光栅和透射光栅具有相同的光栅方程。当波长为 λ 的平行光束以入射角 α 照射光栅时,则衍射角 θ 满足光栅方程:

$$p(\sin\alpha+\sin\theta_m)=m\lambda \tag{4.34}$$

式中,p 为光栅节距;m 为衍射级数;θ_m 为第 m 级衍射角。

衍射光栅分为振幅栅和相位栅。振幅栅的 0 级衍射要比其他级的强很多,而云纹干涉通常并不需要 0 级衍射,而只需要 ±1 级衍射,因此这种光栅的效率较低。云纹干涉所用的光栅都是相位栅,它由平行等距的凹凸狭缝产生衍射。根据表面凹凸形状的不同和制作方式的不同,相位栅分为正型全息光栅和锯齿型闪耀光栅两种。但无论哪种光栅,它们的光栅方程都由式(4.34)表示,只是它们的各个级次的衍射光强分配不同而已。

1. 全息光栅

两束准直激光以一定的角度在空间相交时,在其相交的重叠区域将产生一个稳定的具有一定空间频率的空间虚栅,虚栅的节距 p 与激光波长 λ 和两束激光之间的夹角 2α 有关,并可表示为

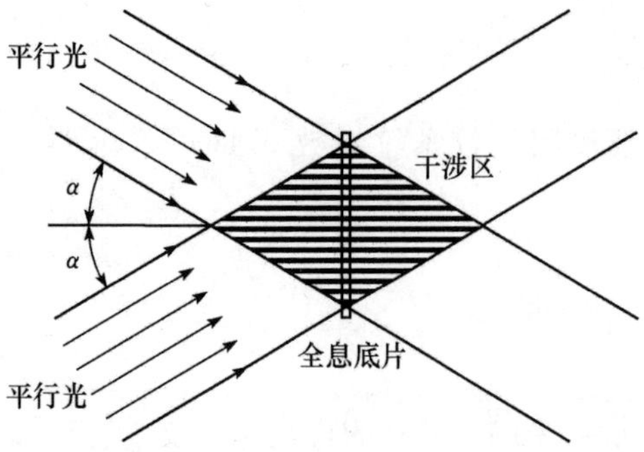

图 4.17　全息光栅的形成

$$p = \frac{\lambda}{2\sin\alpha} \tag{4.35}$$

将全息底片置于如图 4.17 所示的空间虚栅光场中，经曝光后，底片上将记录下光栅节距为 p 的平行等距干涉条纹，经过显影和定影后的全息底片在其曝光区域中含有银粒，而在未曝光的区域中银粒从乳胶上脱落。在全息底片干燥过程中有银粒的区域将限制乳胶收缩，无银粒的区域的乳胶收缩较多，这样便形成波浪形表面，这个波浪形表面便构成了节距为 p 的正弦相位型全息光栅。将这块光栅作为模板，便可用它在试件上复制相同节距的相位型试件栅。

2. 闪耀光栅

闪耀光栅的特点是能够将衍射光波的光强集中在 1 级光谱上，对于云纹干涉一般需要集中在±1 级光谱上。因此，闪耀光栅比全息光栅具有更高的衍射效率，并能更好地满足云纹干涉的需要。

闪耀光栅的衍射特性决定于光栅表面的沟槽形状。云纹干涉测量面内位移或应变时，采用对称沟槽的闪耀光栅，如图 4.18 所示。设沟槽斜面与光栅平面成 α 角，则与光栅法线方向成 2α 角的两束对称入射光波经光栅衍射后，最大相对光强的衍射方向垂直光栅平面。

闪耀光栅的原刻模板是用精密的刻划机和专门的钻石刀刻制出来的。刻制光栅模板不仅要严格地控制栅线节距，而且刀具的形状也要符合光栅沟槽的要求，以满足一定的光栅衍射特性。原刻模板很贵重，一般的闪耀光栅都是从原刻模板复制过来的。

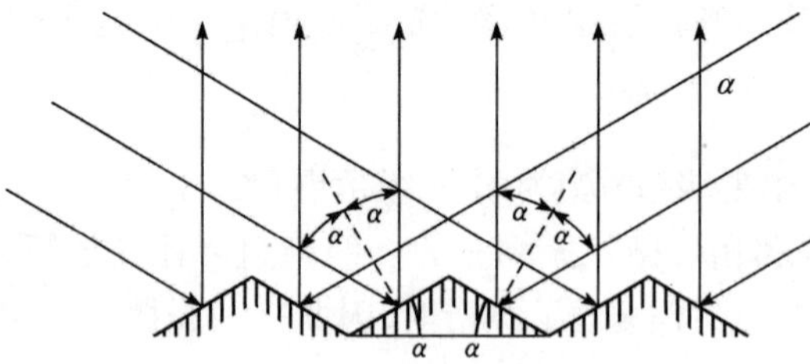

图 4.18　闪耀光栅

3. 试件栅复制

试件栅是用光栅模板复制的。光栅模板可以是全息光栅，也可以是闪耀光栅。作为光栅模板的全息光栅可以是在全息台上直接制成的正弦型相位栅，而作为光栅模板的闪耀光栅却不是原刻的锯齿型相位栅，而是由原刻光栅在严格工艺条件下复制成的，因为原刻光栅过于昂贵。

4.2.2 云纹干涉位移测量

1. 实时法测量面内位移

面内位移测试系统如图 4.19 所示。当两束对称入射平行光的入射角满足 $\alpha=\sin^{-1}(\lambda/p)$时，则在试件表面法线方向分别获得两束入射光波的+1 级衍射光波 O_1 和−1级衍射光波 O_2。如试件栅十分规整，试件也未受力，则两个衍射光波 O_1 和 O_2 为平面波，可分别表示为

$$
\begin{aligned}
O_1 &= a\exp\{i\varphi_1\} \\
O_2 &= a\exp\{i\varphi_2\}
\end{aligned}
\tag{4.36}
$$

式中，a 为光波振幅；φ_1 和 φ_2 分别为两光波相位，对于平面波 φ_1 和 φ_2 均为常数。

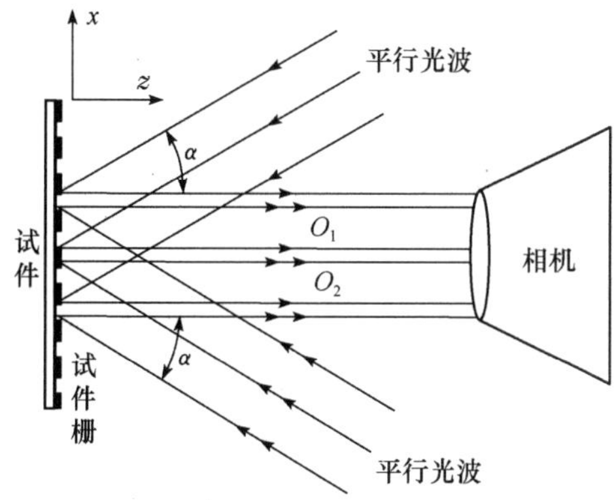

图 4.19　面内位移测试系统

试件受力发生变形，则平面波 O_1 和 O_2 变为与试件表面变形有关的翘曲波前，其相位将发生相应的变化。翘曲波前 O_1'和 O_2'可分别表示为

$$
\begin{aligned}
O_1' &= a\exp\{i(\varphi_1+\delta_1)\} \\
O_2' &= a\exp\{i(\varphi_2+\delta_2)\}
\end{aligned}
\tag{4.37}
$$

式中，δ_1 和 δ_2 为由试件表面变形而引起的相位变化。相位变化 δ_1 和 δ_2 与 x 和 z 方向的位移 $u(x,y)$和 $w(x,y)$有如下关系：

$$
\begin{aligned}
\delta_1 &= \frac{2\pi}{\lambda}[w(1+\cos\alpha)+u\sin\alpha] \\
\delta_2 &= \frac{2\pi}{\lambda}[w(1+\cos\alpha)-u\sin\alpha]
\end{aligned}
\tag{4.38}
$$

两束衍射光波经过成像系统后在照相底片上发生干涉，底片所记录的光强可表示为

$$
I=(O_1'+O_2')(O_1'+O_2')^*=2a^2[1+\cos(\varphi+\delta)] \tag{4.39}
$$

式中，$\varphi=\varphi_1-\varphi_2$ 为两束平面波 O_1 和 O_2 的初始相位差，为一常数，可等效于试件平移所产生的均匀相位；$\delta=\delta_1-\delta_2$ 为试件变形后两束翘曲衍射光波的相对相位变化。根据式(4.38)，得

$$\delta = \frac{4\pi}{\lambda} u \sin\alpha \tag{4.40}$$

为了获得另一面内位移分量 $v(x,y)$，应使试件栅和对称入射光波旋转 90°，则有

$$\delta = \frac{4\pi}{\lambda} v \sin\alpha \tag{4.41}$$

为了在一个试件上同时获得全部面内位移分量，通常在试件表面复制两组互相垂直的光栅，即正交光栅。正交相位光栅不仅能产生沿 x 和 y 方向的衍射光波，还可以产生沿+45°和−45°方向的衍射光波。沿+45°和−45°方向的衍射光波所形成的光栅节距 p' 与 x 和 y 方向的光栅节距 p 有关系：$p'=p/\sqrt{2}$。由此可见，采用正交光栅不仅可以获得沿 x 和 y 方向的面内位移分量 u 和 v，而且可以获得沿+45°和−45°方向的位移分量 d_{+45° 和 d_{-45°。

上述方法由于无须两次曝光就能实现实时测量，因而可用于动态问题的研究。云纹干涉具有灵敏度高、全场显示等优点。

2. 差载法测量面内位移

通常难以获得绝对准确的平面衍射光波，因此上述实时法的无应力±1 级衍射光波 O_1 和 O_2 的相位 φ_1 和 φ_2 不是常数，其相位差 $\varphi=\varphi_1-\varphi_2$ 也不是常数。当 φ 引起的误差不可忽略时，则需要采用差载方法测量面内位移。用这种方法可以获得无载和有载时的位移干涉条纹之差，从而消除无载时初始干涉条纹的影响。

为消除 φ 对位移条纹的影响，可旋转光波 O_1（或光波 O_2）或在光路中附加光楔，以便叠加一虚位移场 $f(x,y)$，则零载时的两个衍射光波分别为

$$\begin{aligned} O_1 &= a\exp\{\mathrm{i}(\varphi_1 + f)\} \\ O_2 &= a\exp\{\mathrm{i}\varphi_2\} \end{aligned} \tag{4.42}$$

对零载时两个衍射光波进行一次曝光，底片所记录的光强分布为

$$I_1 = (O_1 + O_2)(O_1 + O_2)^* = 2a^2[1 + \cos(\varphi + f)] \tag{4.43}$$

式中，$\varphi=\varphi_1-\varphi_2$。

试件受力产生变形，±1 级衍射光波将叠加由于表面变形而产生的相位变化 δ_1 和 δ_2，试件变形后的衍射光波可表示为

$$\begin{aligned} O'_1 &= a\exp\{\mathrm{i}(\varphi_1 + \delta_1 + f)\} \\ O'_2 &= a\exp\{\mathrm{i}(\varphi_2 + \delta_2)\} \end{aligned} \tag{4.44}$$

第二次曝光时，底片所记录的光强分布为

$$I_2 = (O'_1 + O'_2)(O'_1 + O'_2)^* = 2a^2[1 + \cos(\varphi + \delta + f)] \tag{4.45}$$

式中，$\delta=\delta_1-\delta_2$。

两次曝光的总光强分布为

$$I = I_1 + I_2 = 4a^2\left[1 + \cos\left(\varphi + \frac{\delta}{2} + f\right)\cos\frac{\delta}{2}\right] \tag{4.46}$$

由于附加虚位移 $f(x,y)$ 为快变化函数，式中的前一项余弦函数为一高频项，两次曝光底片经显影和定影处理后，置于滤波光路中，即可获得符合下列条件的暗条纹全场位移图

$$\cos\frac{\delta}{2}=0 \tag{4.47}$$

即

$$\delta=(2n+1)\pi \quad (n=0,\pm1,\pm2,\cdots) \tag{4.48}$$

式中，δ 不包含光栅畸变误差，它仅是由加载产生变形引起的两衍射光波的相位差，它只反映面内位移而不受离面位移的影响。把式(4.40)代入式(4.48)，得

$$u=\frac{(2n+1)\lambda}{4\sin\alpha} \quad (n=0,\pm1,\pm2,\cdots) \tag{4.49}$$

4.2.3　云纹干涉应变测量

1. 错位法测量应变

由于云纹干涉具有较高的灵敏度，能够获得较密的面内位移全场条纹图。将两张相同的面内位移条纹图重叠并相对错位 Δx 距离，便可获得沿 x 方向的面内位移导数，即应变场条纹。这个应变条纹图实际上是位移条纹图的云纹图，它含有位移条纹的干扰。为了获得反差好且不受位移条纹干扰的应变条纹图，可在光路中使入射的某一光波附加一虚位移场 $f(x,y)$。当试件栅变形后，其 ±1 级衍射波为

$$\begin{aligned}O_1&=a\exp\{\mathrm{i}(\varphi_1+\delta_1+f)\}\\O_2&=a\exp\{\mathrm{i}(\varphi_2+\delta_2)\}\end{aligned} \tag{4.50}$$

底片曝光所记录的光强分布为

$$I_1=(O_1+O_2)(O_1+O_2)^*=2a^2[1+\cos(\varphi+\delta+f)] \tag{4.51}$$

式中，$\varphi=\varphi_1-\varphi_2$；$\delta=\delta_1-\delta_2$。

将底片沿 x 方向错位 Δx，则第二次曝光所记录的光强分布为

$$I_2=2a^2\{1+\cos[\varphi(x+\Delta x,y)+\delta(x+\Delta x,y)+f]\} \tag{4.52}$$

式中，$\varphi(x+\Delta x,y)=\varphi(x,y)+[\partial\varphi(x,y)/\partial x]\Delta x$；$\delta(x+\Delta x,y)=\delta(x,y)+[\partial\delta(x,y)/\partial x]\Delta x$，即

$$I_2=2a^2\left\{1+\cos\left[\varphi+\delta+f+\left(\frac{\partial\varphi}{\partial x}+\frac{\partial\delta}{\partial x}\right)\Delta x\right]\right\} \tag{4.53}$$

两次曝光后的总光强分布为

$$I=I_1+I_2=4a^2\left\{1+\cos\left[\varphi+\delta+f+\frac{1}{2}\left(\frac{\partial\varphi}{\partial x}+\frac{\partial\delta}{\partial x}\right)\Delta x\right]\cos\left[\frac{1}{2}\left(\frac{\partial\varphi}{\partial x}+\frac{\partial\delta}{\partial x}\right)\Delta x\right]\right\} \tag{4.54}$$

式中，f 为快变化相位函数，相当于高频载波项。

将具有上述光强分布的底片置于滤波系统中，可以获得满足以下条件的暗条纹位

移场：

$$\cos\left[\frac{1}{2}\left(\frac{\partial\varphi}{\partial x}+\frac{\partial\delta}{\partial x}\right)\Delta x\right]=0 \tag{4.55}$$

若试件栅比较规整，其初始相位差 $\varphi=\varphi_1-\varphi_2$ 为常数，则 $\partial\varphi/\partial x=0$，因此式(4.55)可表示为

$$\cos\left(\frac{1}{2}\frac{\partial\delta}{\partial x}\Delta x\right)=0 \tag{4.56}$$

即

$$\frac{\partial\delta}{\partial x}\Delta x=(2n+1)\pi \quad (n=0,\pm1,\pm2,\cdots) \tag{4.57}$$

利用式(4.40)，得

$$\varepsilon_x=\frac{\partial u}{\partial x}=\frac{(2n+1)\lambda}{4\Delta x\sin\alpha} \quad (n=0,\pm1,\pm2,\cdots) \tag{4.58}$$

如试件栅为正交型光栅，将加载架和试件旋转 90°便可同样获得沿 y 方向的面内位移导数，即 ε_y 的应变条纹图。根据正交栅可以在 45°方向产生衍射光波的特性，只要将加载架和试件旋转 45°便可用上述方法获得 45°方向的应变全场条纹图。可见，采用正交栅作为试件栅时，便可以较容易地获得 ε_x、ε_y 和 $\varepsilon_{45°}$ 的全场应变条纹图。

2. 实时法测量应变

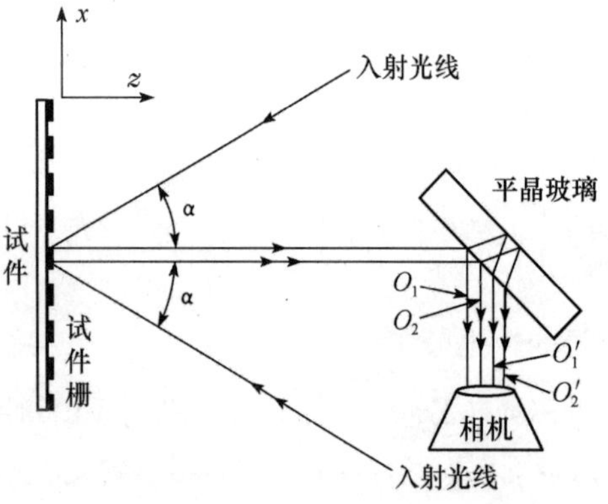

图 4.20　实时法应变测试系统

为了对全场应变进行实时测量，可在光路系统中放置一块平晶玻璃，如图 4.20 所示。当试件受力产生变形后，经试件栅衍射的带有位移信息的±1 级衍射光波经平晶玻璃的内外表面反射，被分解为错位量为 Δx 的光波 O_1、O_1'和 O_2、O_2'。设附加虚位移的线性函数为 $f(x,y)$，4 个光波可分别表示为

$$\begin{aligned}O_1&=a\exp\{\mathrm{i}(\varphi_1+\delta_1+f)\}\\ O_2&=a\exp\{\mathrm{i}(\varphi_2+\delta_2)\}\end{aligned} \tag{4.59}$$

和

$$\begin{aligned}O_1'&=a\exp\{\mathrm{i}(\varphi_1+\Delta\varphi_1+\delta_1+\Delta\delta_1+f)\}\\ O_2'&=a\exp\{\mathrm{i}(\varphi_2+\Delta\varphi_2+\delta_2+\Delta\delta_2)\}\end{aligned} \tag{4.60}$$

式中，$\Delta\varphi_i=\varphi_i(x+\Delta x,y)-\varphi_i(x,y)=(\partial\varphi_i/\partial x)\Delta x$；$\Delta\delta_i=\delta_i(x+\Delta x,y)-\delta_i(x,y)=(\partial\delta_i/\partial x)\Delta x$，其中 $i=1,2$。试件栅比较规整时，φ_i 为常数，故 $\Delta\varphi_i=(\partial\varphi_i/\partial x)\Delta x=0$。因此，底片曝光所记录的光强分布为

$$\begin{aligned}I&=(O_1+O_2+O_1'+O_2')(O_1+O_2+O_1'+O_2')^*\\ &=4a^2\left\{1+\cos\left(\varphi+\delta+f+\frac{\Delta\delta_1-\Delta\delta_2}{2}\right)\left[\cos\left(\frac{\Delta\delta_1-\Delta\delta_2}{2}\right)+\cos\left(\frac{\Delta\delta_1+\Delta\delta_2}{2}\right)\right]\right.\end{aligned}$$

$$+\cos\left(\frac{\Delta\delta_1-\Delta\delta_2}{2}\right)\cos\left(\frac{\Delta\delta_1+\Delta\delta_2}{2}\right)\Bigg\} \tag{4.61}$$

式中，$\varphi=\varphi_1-\varphi_2$；$\delta=\delta_1-\delta_2$。$\Delta\delta_1$ 和 $\Delta\delta_2$ 分别为

$$\begin{aligned}\Delta\delta_1&=\frac{2\pi\Delta x}{\lambda}\left[\frac{\partial w}{\partial x}(1+\cos\alpha)+\frac{\partial u}{\partial x}\sin\alpha\right]\\\Delta\delta_2&=\frac{2\pi\Delta x}{\lambda}\left[\frac{\partial w}{\partial x}(1+\cos\alpha)-\frac{\partial u}{\partial x}\sin\alpha\right]\end{aligned} \tag{4.62}$$

即

$$\begin{aligned}\Delta\delta_1-\Delta\delta_2&=\frac{4\pi\Delta x\sin\alpha}{\lambda}\frac{\partial u}{\partial x}\\\Delta\delta_1+\Delta\delta_2&=\frac{4\pi\Delta x(1+\cos\alpha)}{\lambda}\frac{\partial w}{\partial x}\end{aligned} \tag{4.63}$$

把式(4.63)代入式(4.61)，得

$$\begin{aligned}I=4a^2\Bigg\{&1+\cos\left(\varphi+\delta+f+C_1\frac{\partial u}{\partial x}\right)\left[\cos\left(C_1\frac{\partial u}{\partial x}\right)+\cos\left(C_2\frac{\partial w}{\partial x}\right)\right]\\&+\cos\left(C_1\frac{\partial u}{\partial x}\right)\cos\left(C_2\frac{\partial w}{\partial x}\right)\Bigg\}\end{aligned} \tag{4.64}$$

式中，$C_1=2\pi\Delta x\sin\alpha/\lambda$；$C_2=2\pi\Delta x(1+\cos\alpha)/\lambda$。

由此可知，光强分布中除附加虚位移的高频信息，还包含面内位移导数 $\partial u/\partial x$ 和离面位移导数 $\partial w/\partial x$ 的信息，是 $\partial u/\partial x$ 和 $\partial w/\partial x$ 两个信息的互相调制和叠加的结果。对于离面位移导数较小的情况，可以获得面内位移导数，即应变场的条纹图。上述分析说明，应变条纹图可以进行实时测量。

第 5 章　图像处理基础

5.1　图 像 概 念

5.1.1　图像及其分类

通常所说的图像(image),其含义十分广泛。图像既指艺术领域人或物的复制,如画像和塑像;也指光学领域人或物的复制,如镜像和影像;还指数学领域数据集合的映射,如图形和图片;甚至指并不存在的人或物的反映等。图像处理中所说的图像主要是指光学领域人或物的复制以及数学领域二维或多维数据集合的映射。

根据人眼视觉特性,图像分为可见图像(visible image)和不可见图像(invisible image)。人眼能够感知的图像称为可见图像,如照片(单幅图像)和电影(序列图像)等;反之,人眼不能感知的图像则称为不可见图像,如电磁波谱和温度分布等。不可见图像通常可以转化为可见图像,如红外热像技术可以把温度分布转变为可见图像。

根据图像坐标和图像亮度,图像分为模拟图像和数字图像。模拟图像是指坐标和亮度都具有连续性,如采用胶片记录的照片和幻灯片等;数字图像是指坐标和亮度均具有离散性,如数码照片和计算机图片等。

5.1.2　采样与量化

模拟图像经过采样和量化可以变成数字图像。所谓采样是指将模拟图像的连续空间坐标离散化为整数离散坐标。所谓量化是指把模拟图像的连续亮度分布离散化为整数离散灰度分布。如二值图像(binary image)的灰度级为 $2^1=2$,其每个像素的灰度值为 0(黑)或 1(白);8 位无符号整型灰度图像(grayscale image)的灰度级为 $2^8=256$,其每个像素的灰度值为 0(黑)、1、2、…、254 或 255(白)。

模拟图像只能采用光学方法进行处理,而不能直接采用数字方法进行处理,但是模拟图像通过采样和量化变成数字图像后,即可通过数字方法进行处理。

5.2　图像处理软件

MATLAB(matrix laboratory)是 MathWorks 公司开发的面向科学和工程计算的高级编程语言,具有编程简单和易学易用等优点。目前,MATLAB 的图像处理工具箱(image processing toolbox)和小波分析工具箱(wavelet toolbox)已广泛应用于图像处理。

目前,MATLAB 的常用版本之一是 R2012a,如图 5.1 所示。

图 5.1　MATLAB R2012a

图 5.2 所示为 MATLAB 命令窗口。MATLAB 命令窗口是用于输入 MATLAB 语句。

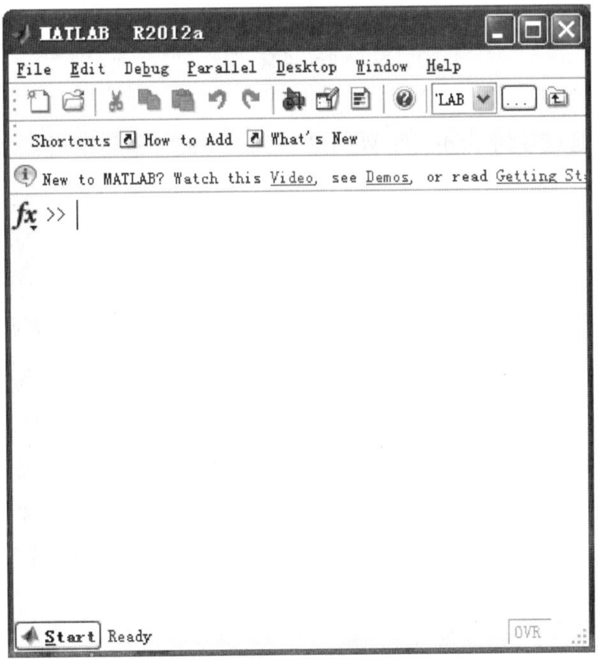

图 5.2　MATLAB 命令窗口

图 5.3 所示为 MATLAB 编辑窗口。编辑窗口是用于编写扩展名为 m 的 M 文件。M 文件是文本文件，通常包含两种类型：脚本(script)和函数(function)。

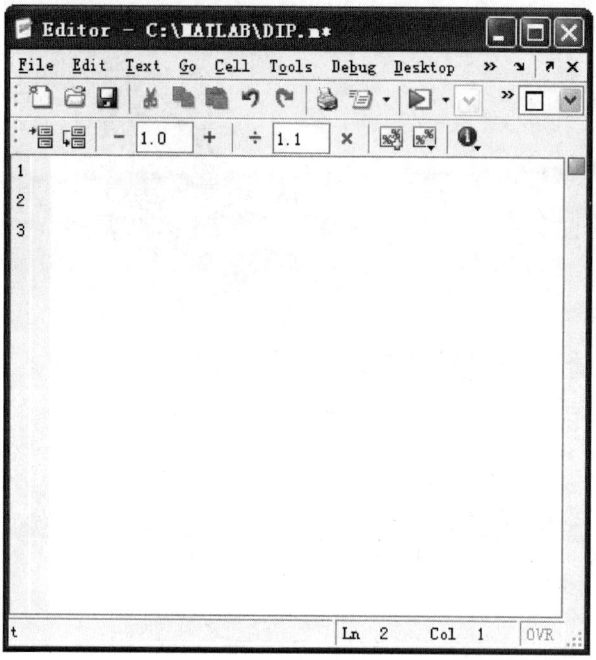

图 5.3　MATLAB 编辑窗口

5.3　图像表示

数字图像可以通过矩阵表示，如 M 行 N 列的二维数字图像可表示为

$$I=[I(m,n)]=\begin{bmatrix} I(1,1) & I(1,2) & \cdots & I(1,N) \\ I(2,1) & I(2,2) & \cdots & I(2,N) \\ & & \vdots & \\ I(M,1) & I(M,2) & \cdots & I(M,N) \end{bmatrix} \tag{5.1}$$

式中，(m,n)和 $I(m,n)$分别为像素坐标和像素灰度值，其中 $m\in[1,M]$，$n\in[1,N]$。

MATLAB 的基本数据结构是数组，数组就是一组实数或复数的有序集合。而图像正是亮度(或颜色)数据的实值有序集合，因此 MATLAB 非常适合表征图像。MATLAB 把灰度图像存储为 $M\times N$ 二维数组(矩阵)，矩阵元素对应于图像像素。真彩图像在 MATLAB 中存储为 $M\times N\times 3$ 三维数组，其中第三维方向的第 1 个面表示红色分量，第 2 个面表示绿色分量，第 3 个面表示蓝色分量。

5.3.1　像素坐标

在 MATLAB 中，像素被看成离散点，像素坐标只能取离散正整数值，坐标排序从上到下，从左到右，如图 5.4 所示。

像素坐标与 MATLAB 矩阵坐标具有一一对应关系，因此通过矩阵坐标可以读写图像像素值。如 MATLAB 中坐标为(3,2)的矩阵元素对应于第 3 行第 2 列的图像像素。

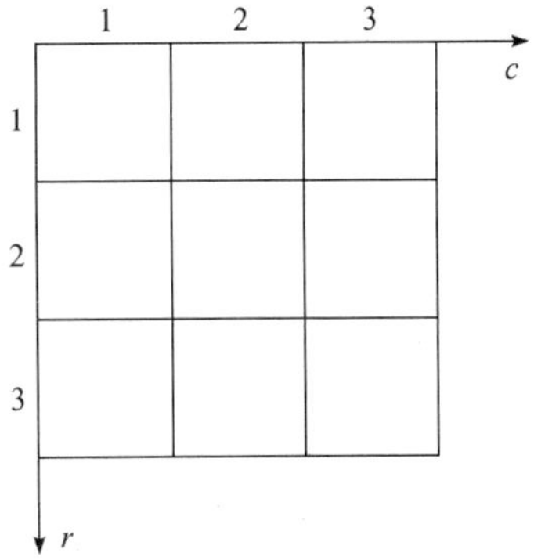

图 5.4　像素坐标

5.3.2　空间坐标

在空间坐标中，像素位置可用连续坐标(x,y)表示，如图 5.5 所示。在 MATLAB 中，x 坐标向右为正，y 坐标向下为正。

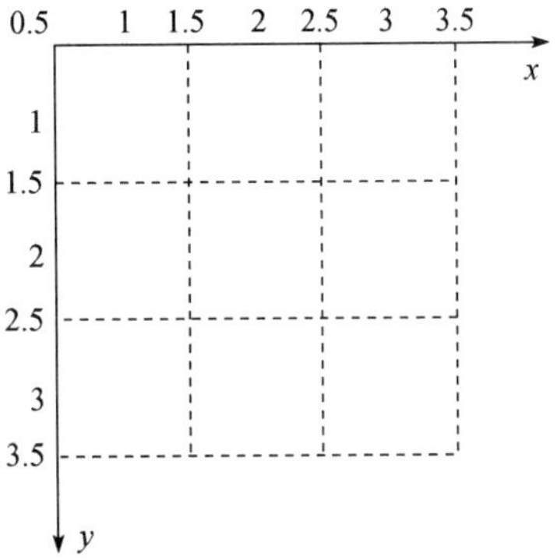

图 5.5　空间坐标

空间坐标与像素坐标之间具有对应关系，如像素坐标与像素中心所对应的空间坐标完全相同。然而，两种坐标之间也存在差别，如在像素坐标中左上角的坐标是(1,1)，而在空间坐标中左上角的坐标是(0.5,0.5)，引起这种差别的主要原因是像素坐标具有离散性，而空间坐标具有连续性。另外，在像素坐标中左上角的坐标始终是(1,1)，而在空间坐标中左上角的坐标可以指定任何值。

5.4　图像输入与输出

5.4.1　图像读出

MATLAB 利用 imread 函数从图像文件读出图像，其主要用法如下。

(1) A=imread(filename,format)，把灰度图像或彩色图像读到工作空间。A 为包含图像数据的数组。对于灰度图像，则 A 是 $M\times N$ 数组；对于真彩图像，则 A 是 $M\times N\times 3$数组；对于采用 CMYK 颜色空间表示的 TIFF 格式彩色图像，则 A 是 $M\times N\times 4$ 数组。

(2) [X,map]=imread(…)，把索引图像读到工作空间，其中 X 是图像矩阵，map 是颜色矩阵。

5.4.2　图像写入

MATLAB 利用 imwrite 函数把图像写入到图像文件，其主要用法如下。

(1) imwrite(A, filename, format)，把数组 A 写入图像文件。图像文件名为 filename，格式由 format 指定。A 可以是 $M\times N$(灰度图像)或 $M\times N\times 3$(真彩图像)数组。对于 TIFF 文件，A 可以是采用 CMYK 颜色空间的 $M\times N\times 4$ 数组。

(2) imwrite(X,map,filename,format),把索引图像 X 及其颜色矩阵 map 写入文件名为 filename 和格式为 format 的图像文件。

5.4.3 图像显示

MATLAB 利用 imshow 函数显示图像,其主要用法如下。

(1) imshow(I),在图像窗口显示灰度图像 I。

(2) imshow(I,[low high]),在图像窗口显示灰度图像 I,并指定灰度显示范围为[low high]。灰度等于或小于 low 值时显示为黑,灰度等于或大于 high 值时显示为白。如果用空矩阵[ ]代替[low high],则 imshow 将在最小灰度值和最大灰度值之间显示图像。

(3) imshow(RGB),显示真彩图像 RGB。

(4) imshow(BW),显示二值图像 BW。像素值 0 和 1 分别显示为黑和白。

(5) imshow(X,map),借助颜色矩阵 map 显示索引图像 X。颜色矩阵可以有任意行(但只有 3 列),每一行代表一种颜色,每行的 3 个元素分别表示红、绿和蓝,颜色值位于[0.0,1.0]。

(6) imshow(filename),显示图像文件,其中 imshow 函数将通过调用 imread 函数读取图像文件,但并不把图像数据读到 MATLAB 工作空间。

5.5 数据类型及其转换

5.5.1 数据类型

在 MATLAB 中,灰度图像和真彩图像的数据可以是 8 位无符号整型、16 位无符号整型、16 位带符号整型、单精度浮点型、双精度浮点型或逻辑型;索引图像可以是 8 位无符号整型、16 位无符号整型、双精度浮点型或逻辑型;二值图像只能是逻辑型。

5.5.2 数据类型转换

利用 MATLAB 提供的函数可以进行数据类型转换。

MATLAB 利用 im2uint8 函数把图像数据转换为 8 位无符号整型,其主要用法如下。

(1) A=im2uint8(I),灰度图像转换为 8 位无符号整型。

(2) A=im2uint8(RGB),真彩图像转换为 8 位无符号整型。

(3) A=im2uint8(BW),二值图像转换为 8 位无符号整型。

(4) A=im2uint8(X,'indexed'),索引图像转换为 8 位无符号整型。

MATLAB 利用 im2uint16 函数把图像数据转换为 16 位无符号整型,其主要用法如下。

(1) A=im2uint16(I),灰度图像转换为 16 位无符号整型。

(2) A=im2uint16(RGB),真彩图像转换为 16 位无符号整型。

(3) A=im2uint16(BW),二值图像转换为 16 位无符号整型。

(4) A=im2uint16(X,'indexed'),索引图像转换为 16 位无符号整型。

MATLAB 利用 im2int16 函数把图像数据转换为 16 位带符号整型,其主要用法如下。

(1) A=im2int16(I),灰度图像转换为 16 位带符号整型。

(2) A=im2int16(RGB),真彩图像转换为 16 位带符号整型。

(3) A=im2int16(BW),二值图像转换为 16 位带符号整型。

MATLAB 利用 im2single 函数把图像数据转换为单精度浮点型,其主要用法如下。

(1) A=im2single(I),灰度图像转换为单精度浮点型。

(2) A=im2single(RGB),真彩图像转换为单精度浮点型。

(3) A=im2single(BW),二值图像转换为单精度浮点型。

(4) A=im2single(X,'indexed'),索引图像转换为单精度浮点型。

MATLAB 利用 im2double 函数把图像数据转换为双精度浮点型,其主要用法如下。

(1) A=im2double(I),灰度图像转换为双精度浮点型。

(2) A=im2double(RGB),真彩图像转换为双精度浮点型。

(3) A=im2double(BW),二值图像转换为双精度浮点型。

(4) A=im2double(X,'indexed'),索引图像转换为双精度浮点型。

5.6　图像类型及其转换

5.6.1　图像类型

1. 二值图像

二值图像以逻辑数组存储,每个像素取值为 0(黑)或 1(白),如图 5.6 所示。

1	1	0	0	0	0
1	1	0	0	0	0
1	1	0	0	0	0
1	1	0	0	0	0
0	0	0	0	0	0
0	0	0	1	1	1

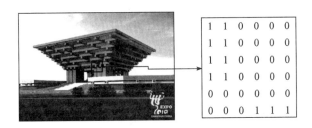

图 5.6　二值图像及其像素值

2. 灰度图像

灰度图像由一个数据矩阵组成,数据矩阵中的元素值表示图像像素的亮度值,如图

5.7 所示。矩阵数据可以是 8 位无符号整型、16 位无符号整型、16 位带符号整型、单精度浮点型或双精度浮点型。

125	114	25	17	14	15
131	109	26	18	15	13
128	117	24	17	16	17
109	88	23	16	18	14
25	21	16	12	9	11
28	31	13	90	92	54

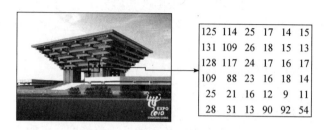

图 5.7　灰度图像及其像素值

对单精度浮点型或双精度浮点型，亮度值 0 表示黑，1 表示白。对 8 位无符号整型、16 位无符号整型或 16 位带符号整型，最小亮度表示黑，最大亮度表示白。

3. 索引图像

索引图像由一个图像矩阵和一个颜色矩阵组成。图像矩阵的像素值是颜色矩阵的索引。颜色矩阵是 3 列数组，其元素值为[0,1]的双精度浮点型，每一行的 3 个元素分别表示红、绿和蓝。像素颜色是由像素值所对应的 3 个颜色值确定。

如果图像矩阵是单精度型或双精度型，像素值 1 指向颜色矩阵中的第一行，2 指向第二行，以此类推。如果图像矩阵是逻辑型、8 位无符号整型或 16 位无符号整型，像素值 0 指向颜色值中的第一行，1 指向第二行，以此类推，如图 5.8 所示。

2对应第三行

154	144	2	207	121	12
40	144	167	207	121	190
40	120	167	207	121	12
120	132	28	121	55	12
167	28	121	12	190	112
167	129	12	9	46	54

0.0118	0.0078	0.0039
0.3294	0.5137	0.5686
0.3647	0.0314	0.0118
0.5647	0.8196	0.9647
0.0627	0.2510	0.2824
0.6941	0.2471	0.2157
⋮	⋮	⋮

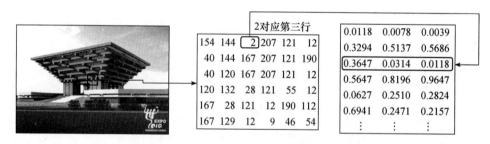

图 5.8　索引图像及其像素值到颜色值的映射

4. 真彩图像

真彩图像的像素由红、绿和蓝 3 种颜色值构成。MATLAB 把真彩图像存储为三维数组，第三维方向由红、绿和蓝 3 个颜色面组成，像素颜色由 3 种颜色值的组合确定。

MATLAB 把真彩图像存储为 24 位图像，红、绿和蓝各占 8 位，如图 5.9 所示。真彩图像可以是 8 位无符号整型、16 位无符号整型、单精度浮点型或双精度浮点型。单精度浮点型或双精度浮点型真彩图像，颜色分量(0,0,0)显示黑，(1,1,1)显示白。

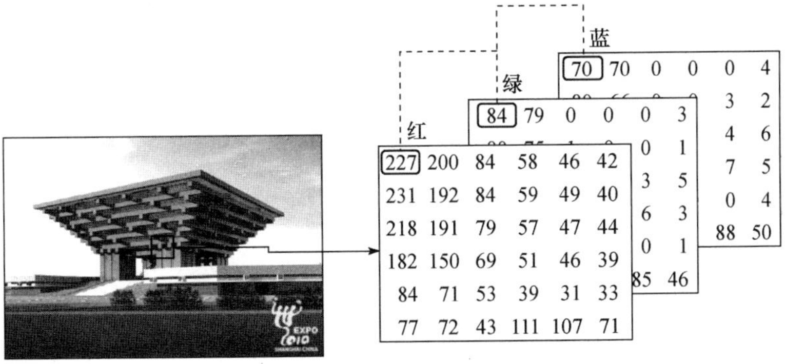

图 5.9　真彩图像及其颜色面

5.6.2　图像类型转换

在 MATLAB 中，一种类型的图像可以转换为另一种类型的图像。例如，如果要对索引图像进行滤波，则首先必须要把索引图像转换为真彩图像。MATLAB 提供了各种类型图像的转换函数。

1. 灰度、索引和真彩图像转换为二值图像

MATLAB 利用 im2bw 函数把灰度、索引和真彩图像转换为二值图像，其主要用法如下。

(1) A=im2bw(I,level)，灰度图像转换为二值图像。输入图像中灰度值大于 level (level 在[0,1]范围取值)的所有像素在输出图像中的灰度值都取 1(白)，其余灰度值都取 0(黑)。

(2) A=im2bw(X,map,level)，索引图像转换为二值图像。

(3) A=im2bw(RGB,level)，真彩图像转换为二值图像。

当输入图像不是灰度图像时，im2bw 函数先把图像转换为灰度图像，然后再把灰度图像转换为二值图像。

2. 索引图像转换为灰度图像

MATLAB 利用 ind2gray 函数把索引图像转换为灰度图像，其主要用法如下。

A=ind2gray(X,map)，索引图像转换为灰度图像，其中 ind2gray 函数将丢失色调(hue,I)和饱和度(saturation,Q)信息，而仅保留亮度(luminance,Y)信息。

3. 真彩图像转换为灰度图像

MATLAB 利用 rgb2gray 函数把真彩图像转换为灰度图像，其主要用法如下。

A=rgb2gray(RGB)，真彩图像转换为灰度图像，其中 rgb2gray 函数将丢掉色调和饱和度信息，而仅保留亮度信息。

4. 灰度和二值图像转换为索引图像

MATLAB 利用 gray2ind 函数把灰度和二值图像转换为索引图像，其主要用法如下。

(1) [X,map]=gray2ind(I,n),灰度图像转换为索引图像,其中 n 为颜色矩阵行数,在 $1\sim 2^{16}$取值,缺省时 n=64。

(2) [X,map]=gray2ind(BW,n),二值图像转换为索引图像,其中 n 为颜色矩阵行数,缺省时 n=2。

5. 索引图像转换为真彩图像

MATLAB 利用 ind2rgb 函数把索引图像转换为真彩图像,其主要用法如下。

A=ind2rgb(X,map),索引图像转换为真彩图像。

6. 真彩图像转换为索引图像

MATLAB 利用 rgb2ind 函数把真彩图像转换为索引图像,其主要用法如下。

[X,map]=rgb2ind(RGB,n),真彩图像转换为索引图像,其中 n 指定颜色数量,其值小于或等于 65,536。

7. 矩阵转换为灰度图像

MATLAB 利用 mat2gray 函数把矩阵转换为灰度图像,其主要用法如下。

A=mat2gray(M,[amin amax]),数据矩阵转换为灰度图像,其中,A 的取值范围在 0.0(黑)和 1.0(白)之间,[amin amax]是参照 M 而指定的数值范围,其分别对应 A 中的 0.0 和 1.0,当缺省时,[amin amax]分别为 M 中的最小值和最大值。

5.7　颜色模型及其转换

颜色由色调、饱和度和亮度等因素确定。色调与光的主波长有关。饱和度与单色光中掺入的白光程度有关,单色光的饱和度为 100%,白光的饱和度为 0%。亮度与光的强度有关。色调和饱和度的集合称为色度。颜色可用亮度和色度表示。

常用的 MATLAB 颜色模型包括 RGB 模型、HSV 模型、YIQ/NTSC 模型和 YCbCr 模型。

5.7.1　RGB 模型

RGB 模型通过红(R)、绿(G)和蓝(B)等 3 种基本色调(三基色)的相加混合进行颜色描述,如图 5.10 所示。

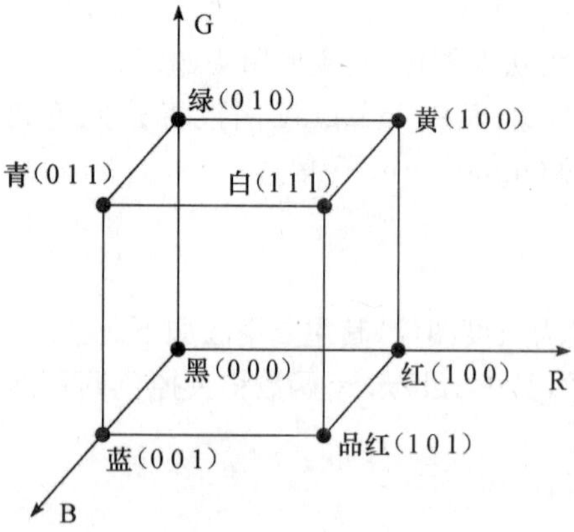

图 5.10　RGB 模型

不同比例的三基色相加混合可以产生其他颜色,因此 RGB 模型称为加色系统。

图 5.11 所示为 RGB 图像及其 3 个分量图像。图 5.11(a)为 RGB 图像,图 5.11(b)、图 5.11(c)和图 5.11(d)分别为红、绿和蓝 3 个分量图像。

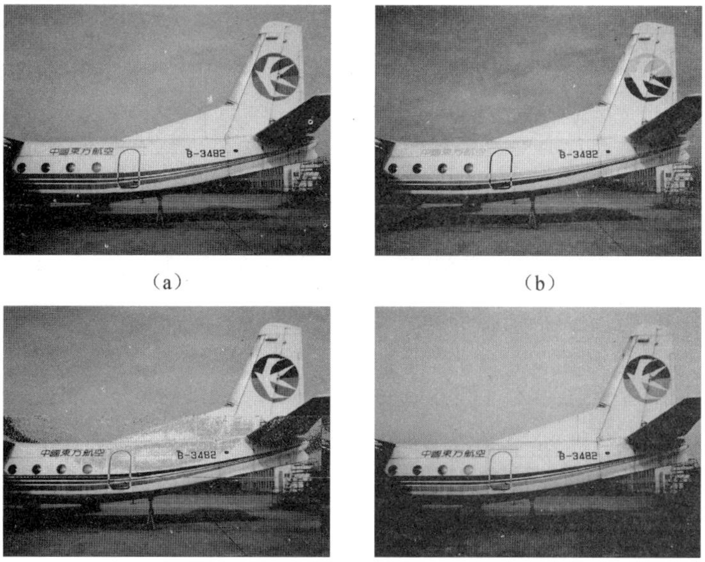

(a)　(b)　(c)　(d)

图 5.11　RGB 图像及其 3 个分量图像

5.7.2　HSV 模型及其转换

HSV 模型通过色调、饱和度和亮度等 3 个分量进行颜色描述。

图 5.12 所示为 HSV 图像及其 3 个分量图像。图 5.12(a)为 RGB 图像经过 rgb2hsv 函数转换后的 HSV 图像,图 5.12(b)、图 5.12(c)和图 5.12(d)分别为色调、饱和度和亮度 3 个分量图像。

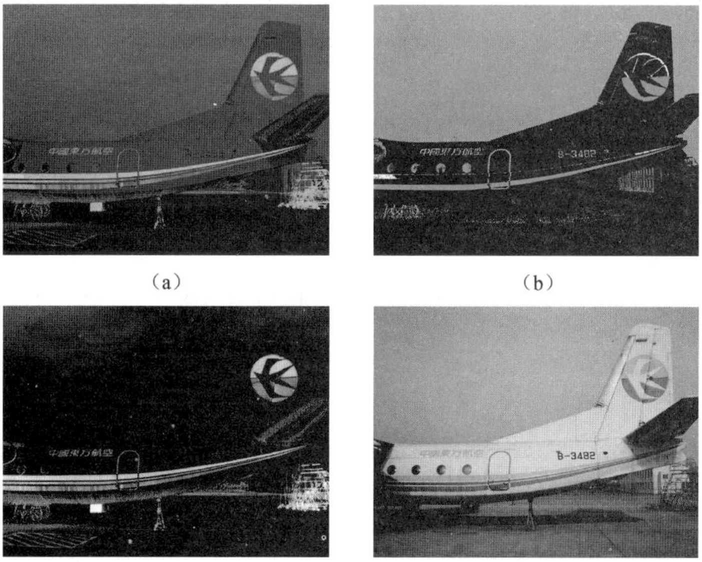

(a)　(b)　(c)　(d)

图 5.12　HSV 图像及其 3 个分量图像

MATLAB 采用 rgb2hsv 函数把 RGB 图像转换为 HSV 图像，或采用 hsv2rgb 函数把 HSV 图像转换为 RGB 图像，其主要用法如下。

(1) HSV=rgb2hsv(RGB)，把 RGB 图像转换为 HSV 图像，其中 RGB 和 HSV 都是 $M\times N\times 3$矩阵。RGB 和 HSV 的元素值都处于[0,1]。

RGB 模型在第三维方向的 3 个面分别表示红、绿和蓝分量，而 HSV 模型在第三维方向的 3 个面分别表示色调、饱和度和亮度分量。

(2) RGB=hsv2rgb(HSV)，把 HSV 图像转换为 RGB 图像。

5.7.3 YIQ/NTSC 模型及其转换

YIQ/NTSC 模型通过亮度、色调和饱和度等 3 个分量进行颜色描述。亮度 Y 表示灰度信息，而色调 I 和饱和度 Q 表示色度(chrominance)信息。

图 5.13 所示为 NTSC 图像及其 3 个分量图像。图 5.13(a)为 RGB 图像经过 rgb2ntsc 函数转换后的 NTSC 图像，图 5.13(b)、图 5.13(c)和图 5.13(d)分别为亮度(灰度)、色调和饱和度 3 个分量图像。

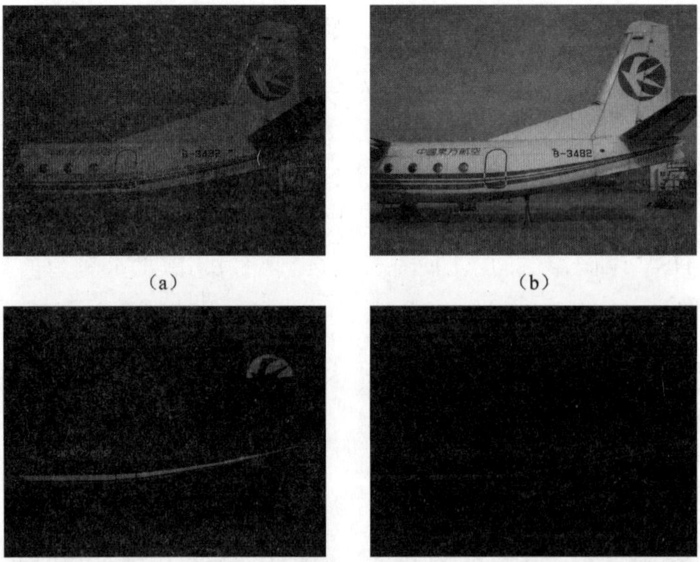

(a)　(b)　(c)　(d)

图 5.13　NTSC 图像及其 3 个分量图像

MATLAB 采用 rgb2ntsc 函数把 RGB 图像转换为 NTSC 图像或采用 ntsc2rgb 函数把 NTSC 图像转换为 RGB 图像，其主要用法如下。

(1) YIQ=rgb2ntsc(RGB)，把 RGB 图像转换为 NTSC 图像，其中 RGB 和 YIQ 都是 $M\times N\times 3$矩阵。RGB 和 YIQ 的元素值都处于[0,1]。

(2) RGB=ntsc2rgb(YIQ)，把 NTSC 图像转换为 RGB 图像。

在 MATLAB 中，rgb2gray 函数和 ind2gray 函数都是通过利用 rgb2ntsc 函数把彩色图像转换为灰度图像。

5.7.4　YCbCr 模型及其转换

YCbCr 模型通过亮度和色差(color difference,Cb 和 Cr)等 3 个分量进行颜色描述。色度(chrominance)信息通过色差分量 Cb 和 Cr 表示,其中 Cb 表示蓝色分量与参考值之差;Cr 表示红色分量与参考值之差。

图 5.14 所示为 YCbCr 图像及其 3 个分量图像。图 5.14(a)为 RGB 图像经过 rgb2ycbcr 函数转换后的 YCbCr 图像,图 5.14(b)、图 5.14(c)和图 5.14(d)分别为亮度、色差 Cb 和色差 Cr 等 3 个分量图像。

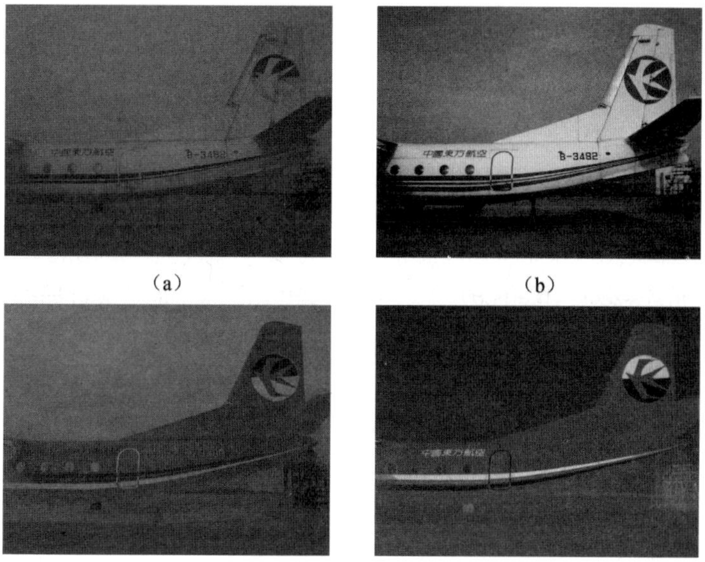

(a)　(b)　(c)　(d)

图 5.14　YCbCr 图像及其 3 个分量图像

MATLAB 采用 rgb2ycbcr 函数把 RGB 图像转换为 YCbCr 图像,或采用 ycbcr2rgb 函数把 YCbCr 图像转换为 RGB 图像,其主要用法如下。

(1) YCBCR=rgb2ycbcr(RGB),把 RGB 图像转换为 YCbCr 图像,其中 RGB 和 YCbCr 都是 $M\times N\times 3$ 矩阵。对于 8 位无符号整型图像,Y 的取值范围为[16,235],Cb 和 Cr 的取值范围为[16,240];对于 16 位无符号整型图像,Y 的取值范围为[4112,60 395],Cb 和 Cr 的取值范围为[4112,61 689];对于双精度浮点型图像,Y 的取值范围为[16/255,235/255],Cb 和 Cr 的取值范围为[16/255,240/255]。

(2) RGB=ycbcr2rgb(YCBCR),把 YCbCr 图像转换为 RGB 图像。

第 6 章　图像操作与分割

6.1　图 像 操 作

6.1.1　几何操作

1. 图像缩放

MATLAB 利用 imresize 函数缩放图像，其主要用法如下。

(1) B＝imresize(A,scale)，把图像 A 缩放 scale 倍。输入图像 A 可以是灰度图像、真彩图像或二值图像。如果 scale 在 0～1.0 取值，则缩小图像；如果 scale 大于 1.0，则放大图像。

(2) B＝imresize(A,[numrows numcols])，把图像 A 缩放到 numrows 行和 numcols 列。

(3) [⋯]＝imresize(⋯,method)，缩放图像，其中 method 是指最近邻插值'nearest'、双线性插值'bilinear'或双立方插值'bicubic'，缺省时是指双立方插值。

图 6.1 所示为图像缩放结果。图 6.1(a)为原始真彩图像，图 6.1(b)为缩小后的真彩图像。

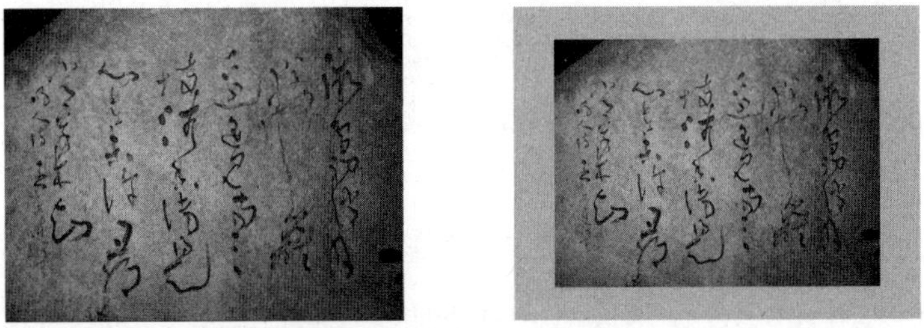

(a)　　　　(b)

图 6.1　图像缩放

2. 图像旋转

MATLAB 利用 imrotate 函数旋转图像，其主要用法如下。

(1) B＝imrotate(A,angle)，把图像 A 绕其中心旋转角度 angle。如果 angle 为正，则逆时针旋转；如果 angle 为负，则顺时针旋转。

(2) B＝imrotate(A,angle,method)，旋转图像，其中 method 可设定为最近邻插值'nearest'、双线性插值'bilinear'或双立方插值'bicubic'，缺省时是采用'nearest'。

(3) B＝imrotate(A,angle,method,bbox)，该函数旋转图像，其中 bbox 可设定为'crop'(输出图像与输入图像具有相同尺寸)或'loose'(输出图像完全包含输入图像，因此比输入图像大)，缺省时是指'loose'。

图 6.2 所示为图像旋转结果。图 6.2(a)为原始真彩图像,图 6.2(b)为逆时针旋转 45°后的真彩图像,其中的 bbox 设定为'crop'。

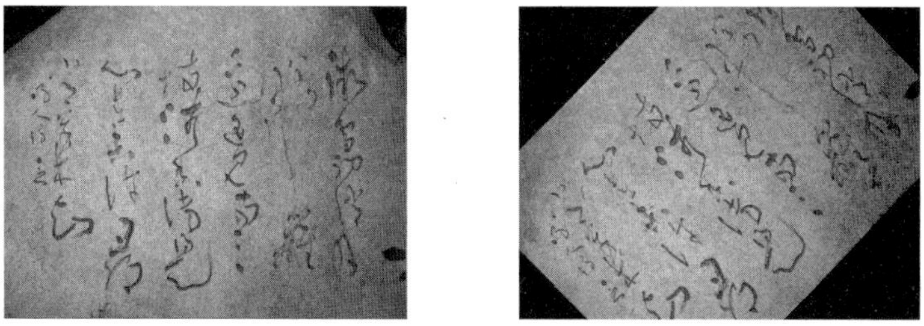

(a)　　(b)

图 6.2　图像旋转

3. 图像剪切

MATLAB 利用 imcrop 函数剪切图像,其主要用法如下。

(1) A=imcrop(I,rect),剪切图像,其中 rect 表示为[xmin ymin width height],用以确定剪切区域的位置和尺寸。

(2) A=imcrop(X,map,rect),剪切索引图像。

(3) [A rect]=imcrop(…),剪切图像,并把剪切区域的位置和尺寸返回到 rect 中。

图 6.3 所示为图像剪切结果。图 6.3(a)为原始真彩图像,图 6.3(b)为剪切后的真彩图像。

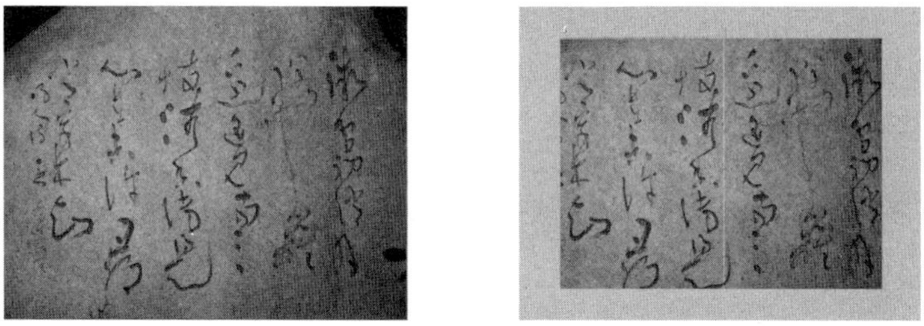

(a)　　(b)

图 6.3　图像剪切

6.1.2　算术操作

1. 图像相加

MATLAB 利用 imadd 函数进行图像相加,其主要用法如下。

Z=imadd(X,Y),数组 X 和 Y 相加后得到数组 Z,其中 X 和 Y 必须具有相同尺寸和相同数据类型。除非指定 Z 的数据类型,否则 Z 将具有与 X(或 Y)相同的数据类型。如果 X 和 Y 是逻辑型,则 Z 是双精度型。

如果 X 和 Y 是整型数组，那么 Z 中超出整型范围的数据将被截去超出部分。例如，当两个 8 位无符号整型数组 $X=\begin{bmatrix}0 & 100\\200 & 255\end{bmatrix}$ 和 $Y=\begin{bmatrix}100 & 150\\200 & 255\end{bmatrix}$ 相加时，由于 8 位无符号整型数据只能处于[0,255]范围，即如果相加后的数据超过 255 时则会被截断为 255，因此 X 和 Y 相加之后的数组 $Z=\begin{bmatrix}100 & 250\\255 & 255\end{bmatrix}$。上述数组相加的 M 文件为

```
X= uint8([0 100;200 255])
Y= uint8([100 150;200 255])
Z= imadd(X, Y)
```

运行结果为

```
Z =
    100   250
    255   255
```

数组类型为

Name	Size	Bytes	Class	Attributes
X	2×2	4	uint8	
Y	2×2	4	uint8	
Z	2×2	4	uint8	

为了避免数据被截断，可以指定输出数组 Z 的数据类型，如指定 Z 为 16 位无符号整型，则 X 和 Y 相加之后的数组 $Z=\begin{bmatrix}100 & 250\\400 & 510\end{bmatrix}$。上述数组相加的 M 文件为

```
X = uint8([0  100;200  255])
Y = uint8([100  150;200  255])
Z = imadd(X,Y,'uint16')
```

运行结果为

```
Z =
    100   250
    400   510
```

数组类型为

Name	Size	Bytes	Class	Attributes
X	2×2	4	uint8	
Y	2×2	4	uint8	
Z	2×2	8	uint16	

如果 X 和 Y 是逻辑型，当他们相加时，则 Z 是双精度型。例如，两个逻辑型数组 $X=\begin{bmatrix}0 & 0\\1 & 1\end{bmatrix}$ 和 $Y=\begin{bmatrix}0 & 1\\0 & 1\end{bmatrix}$ 相加后的数组 $Z=\begin{bmatrix}0 & 1\\1 & 2\end{bmatrix}$。上述数组相加的 M 文件为

```
X = logical([0 0;1 1])
Y = logical([0 1;0 1])
Z = imadd(X,Y)
```

运行结果为

```
Z =
    0  1
    1  2
```

数组类型为

Name	Size	Bytes	Class	Attributes
X	2×2	4	logical	
Y	2×2	4	logical	
Z	2×2	32	double	

图 6.4 所示为图像相加结果。图 6.4(a)和图 6.4(b)为原始真彩图像,图 6.4(c)为原始真彩图像相加后的真彩图像。

(a)　(b)　(c)

图 6.4　图像相加

2. 图像相减

MATLAB 利用 imsubtract 函数进行图像相减,其主要用法如下。

Z=imsubtract(X,Y),数组 X 和 Y 相减后得到数组 Z,其中 X 和 Y 必须具有相同尺寸和相同数据类型。除非 X(或 Y)是逻辑型时 Z 是双精度型,否则 Z 具有与 X(或 Y)相同的数据类型。

如果 X 是整型数组,那么超出整型范围的数据将被截断。例如,当两个 8 位无符号整型数组 $X=\begin{bmatrix}0 & 100\\200 & 255\end{bmatrix}$和 $Y=\begin{bmatrix}100 & 150\\200 & 255\end{bmatrix}$相减时,由于 8 位无符号整型数据只能处于[0,255]范围,即如果相减后的数据为负值时则会被截断为 0,因此 X 和 Y 相减之后的数组 $Z=\begin{bmatrix}0 & 0\\0 & 0\end{bmatrix}$。上述数组相减的 M 文件为

```
X = uint8([0  100;200  255])
```

```
Y = uint8([100  150;200  255])
Z = imsubtract(X,Y)
```

运行结果为

```
Z =
    0  0
    0  0
```

数组类型为

Name	Size	Bytes	Class	Attributes
X	2×2	4	uint8	
Y	2×2	4	uint8	
Z	2×2	4	uint8	

为了避免数据被截断,可以先把数组 X 和 Y 的数据类型由 8 位无符号整型转换为 16 位整型,则 X 和 Y 相减之后的数组 $Z=\begin{bmatrix}-100 & -50\\ 0 & 0\end{bmatrix}$。上述数组相减的 M 文件为

```
X = int16(uint8([0  100;200  255]))
Y = int16(uint8([100  150;200  255]))
Z = imadd(X,Y)
```

运行结果为

```
Z =
    -100  -50
       0    0
```

数组类型为

Name	Size	Bytes	Class	Attributes
X	2×2	8	uint16	
Y	2×2	8	uint16	
Z	2×2	8	uint16	

图 6.5 所示为图像相减结果。图 6.5(a)为原始真彩图像,图 6.5(b)为原始真彩图像亮度分量的背景图像,图 6.5(c)为原始真彩图像与亮度背景图像相减后的真彩图像。

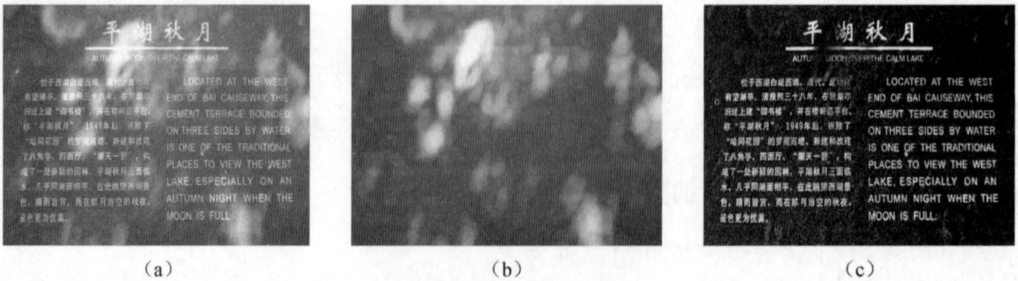

(a)　　(b)　　(c)

图 6.5　图像相减

3. 图像相乘

MATLAB 利用 immultiply 函数进行图像相乘，其主要用法如下。

Z=immultiply(X,Y)，数组 X 和 Y 的元素相乘后得到数组 Z。如果 X 和 Y 是具有相同尺寸和相同数据类型，那么 Z 具有与 X(或 Y)相同的尺寸和数据类型。如果 X(或 Y)是数值型而 Y(或 X)是逻辑型，那么 Z 具有与 X(或 Y)相同的尺寸和数据类型。

如果 X 和 Y 是整型数组，那么超出整型范围的数值将被截断。

图 6.6 所示为图像相乘结果。图 6.6(a)和图 6.6(b)为原始真彩图像，图 6.6(c)为原始真彩图像相乘后的真彩图像。

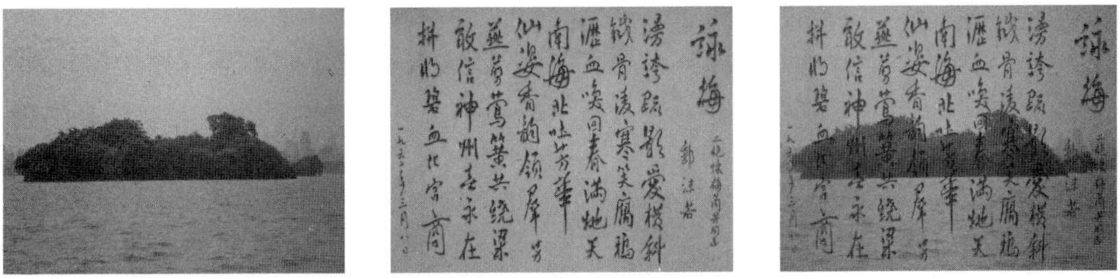

(a)　　(b)　　(c)

图 6.6　图像相乘

4. 图像相除

MATLAB 利用 imdivide 函数进行图像相除，其主要用法如下。

Z=imdivide(X,Y)，数组 X 和 Y 的元素相除后得到数组 Z，其中 X 和 Y 具有相同大小和相同数据类型。Z 具有与 X(或 Y)相同的尺寸和数据类型。

如果 X 和 Y 是整型数组，那么超出整型范围的数据将被截断，同时小数值将四舍五入到最近整数。

图 6.7 所示为图像相除结果。图 6.7(a)和图 6.7(b)为原始真彩图像，图 6.7(c)为原始真彩图像相除后的真彩图像。

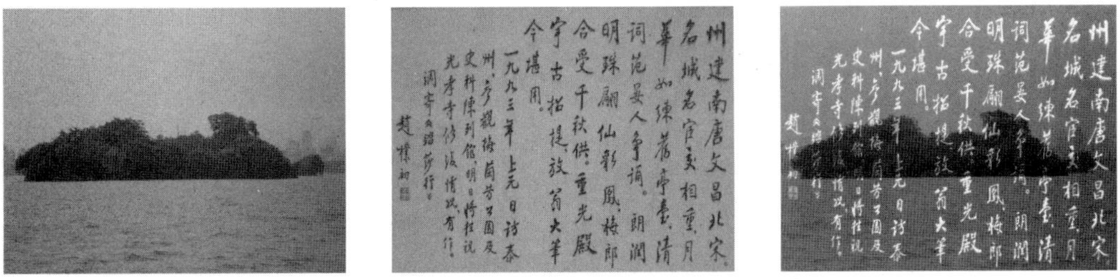

(a)　　(b)　　(c)

图 6.7　图像相除

5. 图像线性组合

MATLAB 利用 imlincomb 函数进行图像线性组合，其主要用法如下。

(1) Z=imlincomb(K1,A1,K2,A2,…,Kn,An)，计算线性组合数组 K1×A1+K2×

A2+…+Kn×An，其中 K1，K2，…，Kn 是双精度型实数，A1，A2，…，An 是具有相同尺寸和数据类型的数组。数组 Z 的尺寸和数据类型与 A1 相同。

(2) Z=imlincomb(K1，A1，K2，A2，…，Kn，An，K)，计算计算线性组合数组，其中 K 是双精度型实数。

(3) Z=imlincomb(…，output_class)，计算线性组合数组，其中 output_class 表示数组 Z 的数据类型。

如果 Z 是整型数组，那么超出整型范围的数值将被截断。

6.2 图像分割

图像分割就是根据图像的灰度、颜色、纹理和边缘等特征把图像分为不同区域。感兴趣的区域称为目标或对象，其余部分则称为背景。

6.2.1 阈值分割

阈值分割是一种简单实用的图像分割方法。该方法把灰度大于阈值的区域转换为白，灰度值为 1；灰度小于或等于阈值的区域转换为黑，灰度值为 0。

MATLAB 利用 im2bw 函数根据设定的阈值把灰度、索引和真彩图像分割为二值图像，其主要用法如下。

(1) A=im2bw(I，thresh)，灰度图像分割为二值图像。输入图像中灰度值大于阈值 thresh(thresh 在[0，1]范围取值)的所有像素在输出图像中的灰度值都取 1(白)，其余灰度值都取 0(黑)。

(2) A=im2bw(X，map，thresh)，索引图像分割为二值图像。

(3) A=im2bw(RGB，thresh)，真彩图像分割为二值图像。

图 6.8 所示为图像阈值分割结果。图 6.8(a)为原始灰度图像，图 6.8(b)为原始灰度图像经过阈值分割后的二值图像。为了提取石块上的文字，因此文字是目标，石块是背景。文字与石块的灰度值不同，通过把阈值设定在文字灰度与石块灰度之间，进而可以提取出石块上的文字。

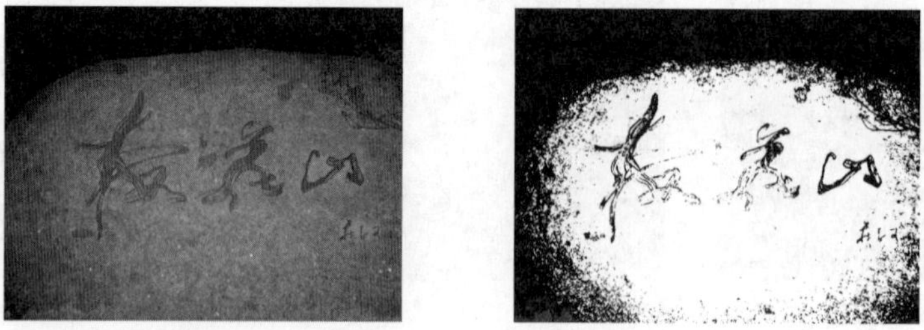

(a)　　(b)

图 6.8　阈值分割

6.2.2 边缘检测

具有不同灰度的两个区域之间存在灰度不连续，灰度不连续对应图像边缘，因此边缘是指图像上灰度不连续的点形成的轨迹。在图像边缘处，灰度一阶导数取极值，灰度二阶导数取零值。利用一阶导数极值或二阶导数零值可以检测图像边缘。

MATLAB 利用 edge 函数识别图像边缘，寻找图像上灰度快速变化的位置。取灰度图像或二值图像作为输入，返回相同尺寸的二值图像，在返回图像中对应图像边缘的灰度为 1，其余为 0。

1. Sobel 方法

(1) BW=edge(I,'sobel')，指定采用 Sobel 方法，缺省时也是采用 Sobel 方法。

(2) BW=edge(I,'sobel',thresh)，指定采用 Sobel 方法的阈值 thresh，edge 函数将忽略不比 thresh 强的边缘。如果不指定 thresh，或 thresh 取空，即[ ]，那么 edge 函数自动选择阈值。

(3) BW=edge(I,'sobel',thresh,direction)，指定检测方向 direction，direction 包括水平、垂直或双向，缺省时是指双向。

(4) [BW,thresh]=edge(I,'sobel',…)，同时返回阈值 thresh。

图 6.9 所示为采用 Sobel 方法得到的图像边缘检测结果。图 6.9(a)为原始灰度图像，图 6.9(b)为原始灰度图像经过边缘检测后的二值图像。

(a) (b)

图 6.9 边缘检测(Sobel 方法)

2. Prewitt 方法

(1) BW=edge(I,'prewitt')，指定采用 Prewitt 方法，缺省时采用 Sobel 方法。

(2) BW=edge(I,'prewitt',thresh)，指定采用 Prewitt 方法的阈值 thresh，edge 函数将忽略不比 thresh 强的边缘。如果不指定 thresh，或 thresh 取空，即[ ]，那么 edge 函数自动选择阈值。

(3) BW=edge(I,'prewitt',thresh,direction)，指定检测方向 direction，direction 包括水平、垂直或双向，缺省时是指双向。

(4) [BW,thresh]=edge(I,'prewitt',…)，同时返回阈值 thresh。

图 6.10 所示为采用 Prewitt 方法得到的图像边缘检测结果。图 6.10(a)为原始灰度

图像,图 6.10(b)为原始灰度图像经过边缘检测后的二值图像。

(a)　　(b)

图 6.10　边缘检测(Prewitt 方法)

3. Roberts 方法

(1) BW=edge(I,'roberts'),指定采用 Roberts 方法,缺省时采用 Sobel 方法。

(2) BW=edge(I,'roberts',thresh),指定采用 Roberts 方法的阈值 thresh,edge 函数将忽略不比 thresh 强的边缘。如果不指定 thresh,或 thresh 取空,即[ ],那么 edge 函数自动选择阈值。

(3) [BW,thresh]=edge(I,'roberts',…),同时返回阈值 thresh。

图 6.11 所示为采用 Roberts 方法得到的图像边缘检测结果。图 6.11(a)为原始灰度图像,图 6.11(b)为原始灰度图像经过边缘检测后的二值图像。

(a)　　(b)

图 6.11　边缘检测(Roberts 方法)

4. Laplacian of Gaussian 方法

(1) BW=edge(I,'log'),指定采用 Laplacian of Gaussian(LoG)方法,缺省时采用 Sobel 方法。

(2) BW=edge(I,'log',thresh),指定采用 LoG 方法的阈值 thresh,edge 函数将忽略不比 thresh 强的边缘。如果不指定 thresh,或 thresh 取空,即[ ],那么 edge 函数自动

选择阈值。如果指定阈值为 0，输出图像将包含封闭等值线，因为输出图像包含了输入图像上所有零值。

(3) BW＝edge(I, 'log', thresh, sigma)，指定 LoG 滤波器的标准偏差 sigma(缺省时 sigma＝2)和滤波器尺寸 n×n(n＝ceil(sigma×3)×2＋1)，其中 ceil(…)表示向正方向取整。

(4) [BW, thresh]＝edge(I, 'log', …)，同时返回阈值 thresh。

图 6.12 所示为采用 Laplacian of Gaussian 方法得到的图像边缘检测结果。图 6.12(a)为原始灰度图像，图 6.12(b)为原始灰度图像经过边缘检测后的二值图像。

(a)　　(b)

图 6.12　边缘检测(Laplacian of Gaussian 方法)

5. Zero-Cross 方法

(1) BW＝edge(I, 'zerocross', thresh, h)，采用 zero-cross 方法和滤波器 h。如果阈值 thresh 是空，即[ ]，那么 edge 函数自动选择阈值。如果指定阈值为 0，输出图像将包含封闭等值线，因为输出图像包含了输入图像上所有零值。

(2) [BW, thresh]＝edge(I, 'zerocross', …)，同时返回阈值 thresh。

图 6.13 所示为采用 zero-cross 方法得到的图像边缘检测结果。图 6.13(a)为原始灰度图像，图 6.13(b)为原始灰度图像经过边缘检测后的二值图像。

(a)　　(b)

图 6.13　边缘检测(zero-cross 方法)

6. Canny 方法

(1) BW＝edge(I,'canny'),指定采用 Canny 方法,缺省时采用 Sobel 方法。

(2) BW＝edge(I,'canny',thresh),指定采用 Canny 方法的阈值 thresh。其中 thresh 是两元素矢量,第一元素表示低阈值;第二元素表示高阈值。如果指定阈值 thresh 为标量,该标量值为高阈值,标量的 0.4 倍为低阈值。如果不指定 thresh,或 thresh 取空,即[ ],那么 edge 函数自动选择高、低阈值。

(3) BW＝edge(I,'canny',thresh,sigma),采用 Canny 方法,指定 Gaussian 滤波器的标准偏差 sigma(缺省时 sigma=$\sqrt{2}$),滤波器尺寸根据 sigma 自动选择。

(4) [BW,thresh]＝edge(I,'canny',…),同时返回两元素矢量阈值 thresh。

图 6.14 所示为采用 Canny 方法得到的图像边缘检测结果。图 6.14(a)为原始灰度图像,图 6.14(b)为原始灰度图像经过边缘检测后的二值图像。

(a)　　(b)

图 6.14　边缘检测(Canny 方法)

6.2.3　边界跟踪

MATLAB 利用 bwboundaries 函数进行二值图像边界跟踪,其主要用法如下。

(1) B＝bwboundaries(BW),跟踪二值图像的目标外边界和目标内的孔洞边界。B 是 $P\times1$ 数组,其中 P 是目标和孔洞数量。数组中每个单元都是 $Q\times2$ 矩阵,其中矩阵每行都包含边界像素的行和列坐标,Q 是对应区域的边界像素数量。

(2) B＝bwboundaries(BW,conn),跟踪图像边界,其中 conn 指定边界跟踪的连通性。当 conn 等于 4 时,采用 4 连通邻域;当 conn 等于 8 或缺省时,采用 8 连通邻域。

(3) B＝bwboundaries(BW,conn,options),跟踪图像边界,其中 options 可以指定为 holes 或 noholes。当指定为 holes 或缺省时,表示同时搜索目标和孔洞的边界;当指定为 noholes 时,表示仅搜索目标边界。

(4) [B,L]＝bwboundaries(…),跟踪图像边界,其中 L 为表征连通区域的二维非负整数标记矩阵,数值为 0 的元素表示背景。

图 6.15 所示为图像边界跟踪结果。图 6.15(a)为原始灰度图像,图 6.15(b)为原始灰度图像经过区域跟踪后的目标标记图像,图 6.15(c)为原始灰度图像经过区域跟踪后

的目标和孔洞边界图像。

（a）　　（b）　　（c）

图 6.15　边界跟踪

第 7 章　图像变换与滤波

7.1　图 像 变 换

7.1.1　离散傅里叶变换

1. 一维离散傅里叶变换

MATLAB 利用 fft 函数通过快速算法实现一维离散傅里叶变换，其主要用法如下。

(1) Y=fft(X)，通过快速算法进行一维离散傅里叶变换，其中 X 和 Y 具有相同尺寸。如果 X 是矩阵，那么 fft 函数对矩阵的每列分别进行傅里叶变换。如果 X 是多维数组，那么 fft 函数沿第一个非单元素维方向进行傅里叶变换。例如

$$X=[1\quad 2]\text{，则 } Y=[3\quad -1]$$

$$X=\begin{bmatrix}1 & 2\\ 3 & 4\end{bmatrix}\text{，则 } Y=\begin{bmatrix}4 & 6\\ -2 & -2\end{bmatrix}$$

$$X(:,:,1)=[1\quad 2],X(:,:,2)=[3\quad 4]\text{，则 } Y(:,:,1)=[3\quad -1],Y(:,:,2)=[7\quad -1]$$

图 7.1 所示为一维离散傅里叶变换结果。图 7.1(a)为原始灰度图像，图 7.1(b)为原始灰度图像经过一维傅里叶变换(列变换)后的频谱图像。

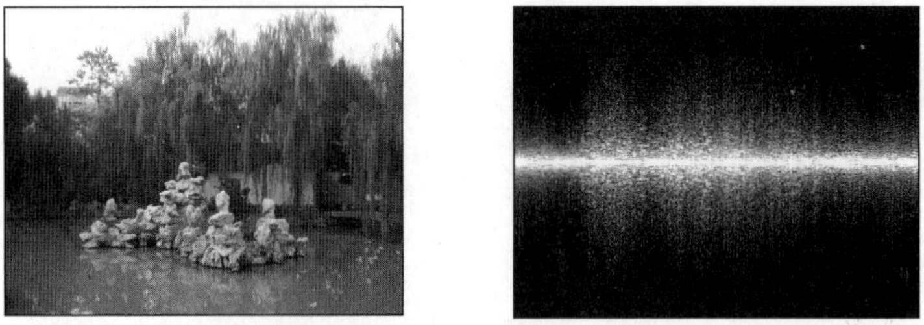

(a)　　　　(b)

图 7.1　一维离散傅里叶变换

(2) Y=fft(X,n)，通过快速算法进行一维离散傅里叶变换，其中 n 为指定的变换点数。如果 X 沿第一个非单个元素维方向的长度小于 n，则 X 沿该方向的尾部用 0 填充，使该方向的长度等于 n。如果 X 沿第一个非单个元素维方向的长度大于 n，则 X 沿该方向的数据被截断，使该方向的长度等于 n。

(3) Y=fft(X,[],dim)和 Y=fft(X,n,dim)，沿第 dim 维方向进行离散傅里叶变换。

图 7.2 所示为一维离散傅里叶变换结果。图 7.2(a)为原始灰度图像，图 7.2(b)为原始灰度图像经过一维傅里叶变换(沿第二维方向变换)后的频谱图像。

(a)　　(b)

图 7.2　一维离散傅里叶变换

2. 二维离散傅里叶变换

(1) Y=fft2(X),通过快速算法进行二维离散傅里叶变换,其中 X 和 Y 具有相同尺寸。例如

$$X=\begin{bmatrix}1 & 2\\3 & 4\end{bmatrix},\text{则 } Y=\begin{bmatrix}10 & -2\\-4 & 0\end{bmatrix}$$

(2) Y=fft2(X,m,n),通过快速算法进行二维离散傅里叶变换,其中 m 和 n 表示变换前把 X 截断或填充到尺寸为 m×n 的矩阵。变换后的矩阵尺寸为 m×n。

图 7.3 所示为二维离散傅里叶变换结果。图 7.3(a)为原始灰度图像,图 7.3(b)为原始灰度图像经过二维傅里叶变换后的频谱图像。

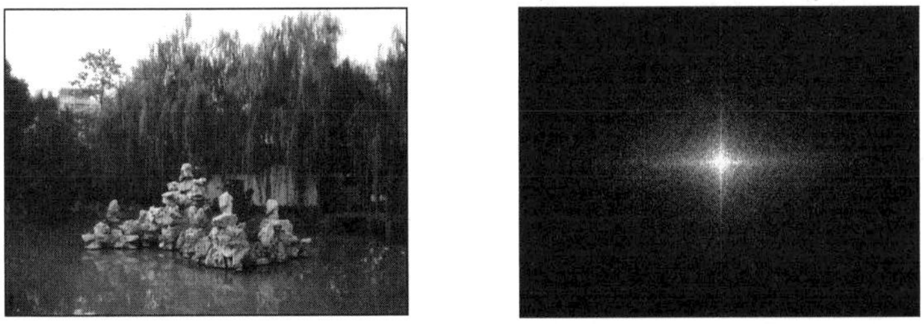

(a)　　(b)

图 7.3　二维离散傅里叶变换

3. 多维离散傅里叶变换

(1) Y=fftn(X),通过快速算法进行多维离散傅里叶变换,其中 X 和 Y 具有相同尺寸。例如

$$X(:,:,1)=\begin{bmatrix}1\ 2\\3\ 4\end{bmatrix},X(:,:,2)=\begin{bmatrix}5\ 6\\7\ 8\end{bmatrix},\text{则 } Y(:,:,1)=\begin{bmatrix}36 & -4\\-8 & 0\end{bmatrix},Y(:,:,2)=\begin{bmatrix}-16 & 0\\0 & 0\end{bmatrix}$$

(2) Y=fftn(X,siz),通过快速算法进行多维离散傅里叶变换,其中 siz 表示变换前把 X 截断或填充到尺寸为 siz 的多维数组。变换后的多维数组尺寸为 siz。

7.1.2 离散傅里叶反变换

1. 一维离散傅里叶反变换

MATLAB 利用 ifft 函数通过快速算法实现一维离散傅里叶反变换，其主要用法如下。

(1) Y=ifft(X)，通过快速算法进行一维离散傅里叶反变换，其中 X 和 Y 具有相同尺寸。如果 X 是矩阵，那么 ifft 函数对矩阵每列分别进行傅里叶反变换。如果 X 是多维数组，那么 ifft 函数沿第一个非单个元素维方向进行傅里叶变换。例如

$$X = [3\ -1]，则\ Y = [1\ 2]$$

$$X = \begin{bmatrix} 4 & 6 \\ -2 & -2 \end{bmatrix}，则\ Y = \begin{bmatrix} 1 & 2 \\ 3 & 4 \end{bmatrix}$$

$$X(:,:,1) = [3\ -1],X(:,:,2) = [7\ -1]，则\ Y(:,:,1) = [1\ 2],Y(:,:,2) = [3\ 4]$$

图 7.4 所示为一维离散傅里叶反变换结果。图 7.4(a)为频谱图像，图 7.4(b)为频谱图像经过一维傅里叶反变换(列反变换)后的灰度图像。

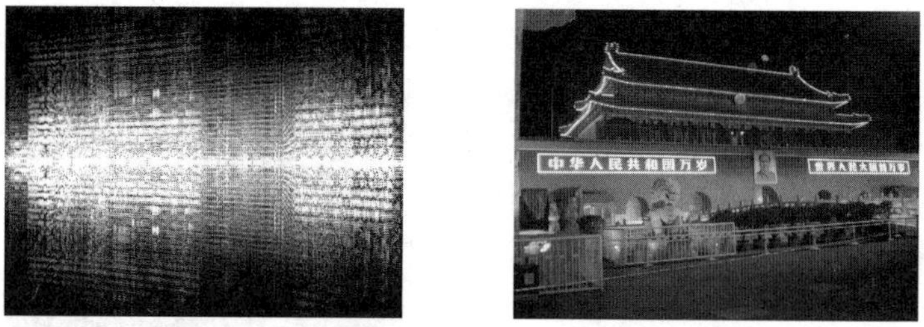

(a)　　(b)

图 7.4　一维离散傅里叶反变换

(2) Y=ifft(X,n)，通过快速算法进行一维离散傅里叶反变换，其中 n 为指定的变换点数。

(3) Y=ifft(X,[],dim)和 Y=ifft(X,n,dim)，沿第 dim 维方向进行离散傅里叶反变换。

图 7.5 所示为一维离散傅里叶反变换结果。图 7.5(a)为频谱图像，图 7.5(b)为频谱图像经过一维傅里叶反变换(沿第二维方向反变换)后的灰度图像。

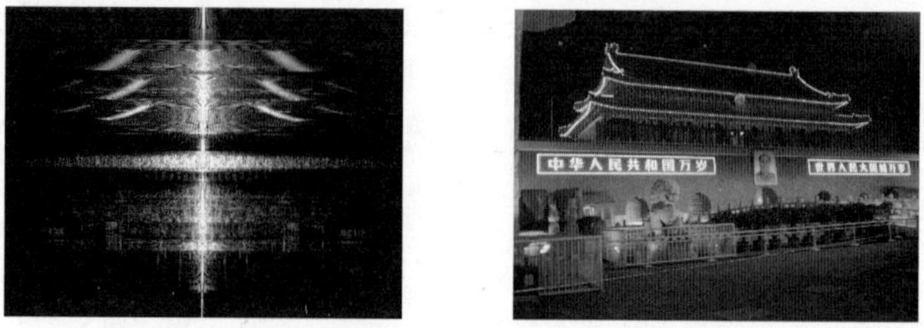

(a)　　(b)

图 7.5　一维离散傅里叶反变换

2. 二维离散傅里叶反变换

(1) Y=ifft2(X),通过快速算法进行二维离散傅里叶反变换,其中 X 和 Y 具有相同尺寸。例如

$$X=\begin{bmatrix}10 & -2\\ -4 & 0\end{bmatrix},\text{则 } Y=\begin{bmatrix}1 & 2\\ 3 & 4\end{bmatrix}$$

(2) Y=ifft2(X,m,n),通过快速算法进行二维离散傅里叶反变换,其中 m 和 n 表示返回矩阵的尺寸为 m×n。

图 7.6 所示为二维离散傅里叶反变换结果。图 7.6(a)为频谱图像,图 7.6(b)为频谱图像经过二维傅里叶反变换后的灰度图像。

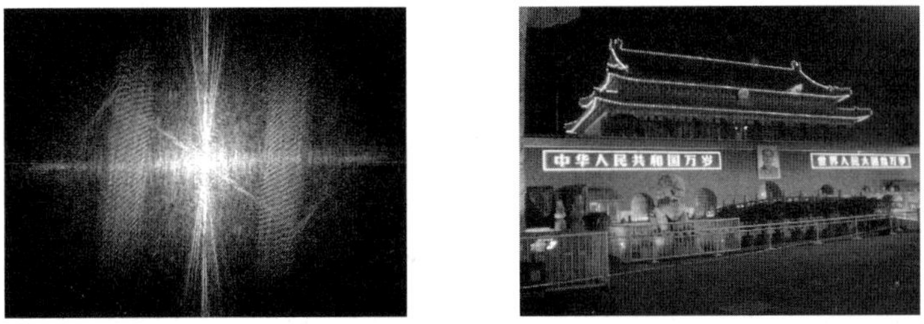

(a) (b)

图 7.6 二维离散傅里叶反变换

3. 多维离散傅里叶反变换

(1) Y=ifftn(X),通过快速算法进行多维离散傅里叶反变换,其中 X 和 Y 具有相同尺寸。例如

$$X(:,:,1)=\begin{bmatrix}36 & -4\\ -8 & 0\end{bmatrix},X(:,:,2)=\begin{bmatrix}-16 & 0\\ 0 & 0\end{bmatrix},\text{则 } Y(:,:,1)=\begin{bmatrix}1 & 2\\ 3 & 4\end{bmatrix},$$

$$Y(:,:,2)=\begin{bmatrix}5 & 6\\ 7 & 8\end{bmatrix}$$

(2) Y=ifftn(X,siz),通过快速算法进行多维离散傅里叶反变换,其中 siz 表示变换前把 X 截断或填充到尺寸为 siz 的多维数组。变换后的多维数组尺寸为 siz。

7.1.3 频谱移动

MATLAB 利用 fftshift 函数把零频分量移到频谱中心,其主要用法如下。

(1) Y=fftshift(X),重新排列 fft、fft2 和 fftn 等函数的输出频谱,把零频分量移到频谱中心。如果 X 为矢量,fftshift(X)把 X 的左半与右半交换;如果 X 为矩阵,fftshift(X)把 X 的第一象限与第三象限交换,第二象限与第四象限交换;如果 X 为高维数组,fftshift(X)在每一维方向把 X 的两个半空间交换。例如

$$X=[1\ 2\ 3\ 4\ 5],\text{则 } Y=[4\ 5\ 1\ 2\ 3]$$

$$X=\begin{bmatrix}1 & 2 & 3 & 4 & 5\\ 6 & 7 & 8 & 9 & 10\end{bmatrix},\text{则 } Y=\begin{bmatrix}9 & 10 & 6 & 7 & 8\\ 4 & 5 & 1 & 2 & 3\end{bmatrix}$$

$$X(:,:,1)=\begin{bmatrix}1&2&3\\4&5&6\end{bmatrix},X(:,:,2)=\begin{bmatrix}7&8&9\\10&11&12\end{bmatrix},$$

则
$$Y(:,:,1)=\begin{bmatrix}12&10&11\\9&7&8\end{bmatrix},Y(:,:,2)=\begin{bmatrix}6&4&5\\3&1&2\end{bmatrix}$$

(2) Y＝fftshift(X,dim)，在第 dim 维方向进行 fftshift 操作。

MATLAB 利用 ifftshift 函数把零频分量从频谱中心移开，其主要用法如下。

(1) Y＝ifftshift(X)，把矢量 X 的左半与右半交换；对于矩阵 X，ifftshift(X) 把 X 的第一象限与第三象限交换，第二象限与第四象限交换；如果 X 是高维数组，ifftshift(X) 在每一维方向把 X 的两个半空间交换。例如

$$X=[1\quad 2\quad 3\quad 4\quad 5]，则\ Y=[3\quad 4\quad 5\quad 1\quad 2]$$

$$X=\begin{bmatrix}1&2&3&4&5\\6&7&8&9&10\end{bmatrix}，则\ Y=\begin{bmatrix}8&9&10&6&7\\3&4&5&1&2\end{bmatrix}$$

$$X(:,:,1)=\begin{bmatrix}1&2&3\\4&5&6\end{bmatrix},X(:,:,2)=\begin{bmatrix}7&8&9\\10&11&12\end{bmatrix},$$

则
$$Y(:,:,1)=\begin{bmatrix}11&12&10\\8&9&7\end{bmatrix},Y(:,:,2)=\begin{bmatrix}5&6&4\\2&3&1\end{bmatrix}$$

(2) Y＝ifftshift(X,dim)，在第 dim 维方向进行 ifftshift 操作。

注意，对于行列均为偶数矩阵 X，则 ifftshift(fftshift(X))＝fftshift(fftshift(X))＝X；否则 ifftshift(fftshift(X))＝X，但 fftshift(fftshift(X))≠X。

7.1.4 离散余弦变换

1. 一维离散余弦变换

MATLAB 利用 dct 函数实现一维离散余弦变换，其主要用法如下。

(1) Y＝dct(X)，进行一维离散余弦变换，其中 X 和 Y 具有相同尺寸。如果 X 是矩阵，那么 dct 函数对矩阵每列进行余弦变换。例如

$$X=[1\quad 2]，则\ Y=[2.1213\quad -0.7071]$$

$$X=\begin{bmatrix}1&2\\3&4\end{bmatrix}，则\ Y=\begin{bmatrix}2.8284&4.2426\\-1.4142&-1.4142\end{bmatrix}$$

图 7.7 所示为一维离散余弦变换结果。图 7.7(a)为原始灰度图像，图 7.7(b)为原始灰度图像经过一维余弦变换(列变换)后的频谱图像。

(2) Y＝dct(X,n)，进行一维离散余弦变换，其中 n 为指定的变换点数。

2. 二维离散余弦变换

MATLAB 利用 dct2 函数实现二维离散余弦变换，其主要用法如下。

(1) Y＝dct2(X)，进行二维离散余弦变换，其中 X 和 Y 具有相同尺寸。例如

$$X=\begin{bmatrix}1&2\\3&4\end{bmatrix}，则\ Y=\begin{bmatrix}5.0000&-1.0000\\-2.0000&0\end{bmatrix}$$

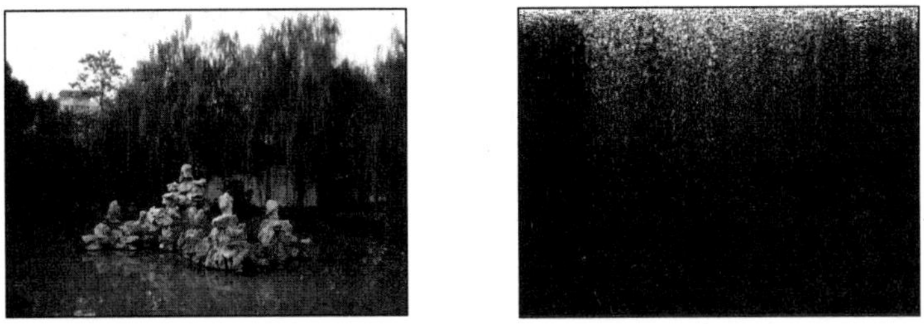

(a)　(b)

图 7.7　一维离散余弦变换

图 7.8 所示为二维离散余弦变换结果。图 7.8(a)为原始灰度图像,图 7.8(b)为原始灰度图像经过二维余弦变换后的频谱图像。

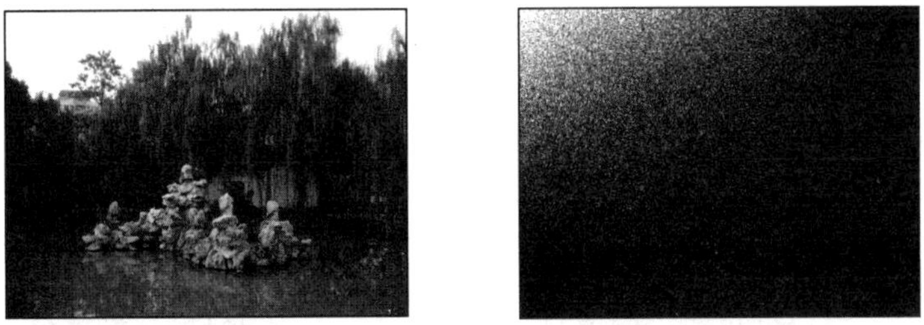

(a)　(b)

图 7.8　二维离散余弦变换

(2) Y=dct2(X,m,n)或 Y=dct2(X,[m n]),进行二维离散余弦变换,其中 m 和 n 表示变换前把 X 截断或填充 0 到尺寸为 m×n 的矩阵。变换后的矩阵尺寸为 m×n。

7.1.5　离散余弦反变换

1. 一维离散余弦反变换

MATLAB 利用 idct 函数实现一维离散余弦反变换,其主要用法如下。

(1) Y=idct(X),进行一维离散余弦反变换,其中 X 和 Y 具有相同尺寸。如果 X 是矩阵,那么 idct 函数对矩阵每列进行余弦反变换。例如

$$X=[2.1213\quad -0.7071],\text{则 } Y=[1.0000\quad 2.0000]$$

$$X=\begin{bmatrix}2.8284 & 4.2426\\ -1.4142 & -1.4142\end{bmatrix},\text{则 } Y=\begin{bmatrix}1.0000 & 2.0000\\ 3.0000 & 4.0000\end{bmatrix}$$

图 7.9 所示为一维离散余弦反变换结果。图 7.9(a)为频谱图像,图 7.9(b)为频谱图像经过一维余弦反变换(列反变换)后的灰度图像。

(2) Y=idct(X,n),进行一维离散余弦反变换,其中 n 为指定的变换点数。

2. 二维离散余弦反变换

MATLAB 利用 idct2 函数实现二维离散余弦反变换,其主要用法如下。

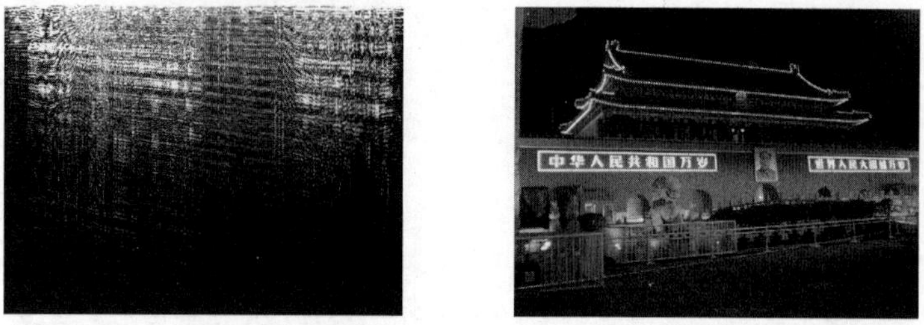

(a)　　(b)

图 7.9　一维离散余弦反变换

(1) Y=idct2(X),进行二维离散余弦变换,其中 X 和 Y 具有相同尺寸。例如

$$X=\begin{bmatrix}5.0000 & -1.0000\\ -2.0000 & 0\end{bmatrix},\text{则 } Y=\begin{bmatrix}1.0000 & 2.0000\\ 3.0000 & 4.0000\end{bmatrix}$$

图 7.10 所示为二维离散余弦反变换结果。图 7.10(a)为频谱图像,图 7.10(b)为频谱图像经过二维余弦反变换后的灰度图像。

(a)　　(b)

图 7.10　二维离散余弦反变换

(2) Y=idct2(X,m,n)或 Y=idct2(X,[m n]),进行二维离散余弦反变换,其中 m 和 n 表示变换前把 X 截断或填充 0 到尺寸为 m×n 的矩阵。变换后的矩阵尺寸为 m×n。

7.1.6　二维离散小波变换

1. 单层一维离散小波变换

MATLAB 利用 dwt 函数进行单层一维离散小波分解,其主要用法如下。

(1) [cA,cD]=dwt(X,'wname'),通过输入矢量 X 的一维小波分解计算近似系数矢量 cA 和细节系数矢量 cD,其中小波名 wname 可选如下:

(a) Daubechies:db1/haar,db2,…,db45;

(b) Coiflets:coif1,coif2,…,coif5;

(c) Symlets:sym2,sym3,…,sym45;

(d) Discrete Meyer:dmey;

(e) Biorthogonal:bior1.1,bior1.3,bior1.5,bior2.2,bior2.4,bior2.6,bior2.8,…;

(f) Reverse Biorthogonal: rbio1.1, rbio1.3, rbio1.5, rbio2.2, rbio2.4, rbio2.6, rbio2.8,…。

(2) [cA,cD]=dwt(X,Lo_D,Hi_D),采用指定的滤波器进行一维小波分解,其中 Lo_D 和 Hi_D 分别为进行小波分解的低通和高通滤波器(Lo_D 和 Hi_D 必须具有相同长度)。

2. 单层二维离散小波变换

MATLAB 利用 dwt2 函数进行单层二维离散小波分解,其主要用法如下。

(1) [cA,cH,cV,cD]=dwt2(X,'wname'),通过输入矩阵 X 的二维小波分解计算近似系数矩阵 cA(近似分量)和细节系数矩阵 cH(水平分量)、cV(垂直分量)和 cD(对角分量),其中 wname 是指小波名。

图 7.11 所示为单层二维离散小波变换结果。图 7.11(a)为原始灰度图像,图 7.11(b)为原始灰度图像经过单层二维小波变换后的近似系数(cA)和细节系数(cH、cV 和 cD)图像。

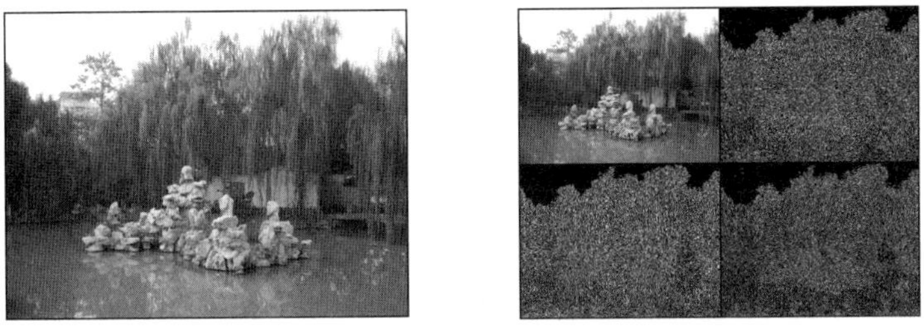

(a)　(b)

图 7.11　二维离散小波变换

(2) [cA,cH,cV,cD]=dwt2(X,Lo_D,Hi_D),采用指定的小波分解滤波器进行二维小波分解,其中 Lo_D 和 Hi_D 分别为进行小波分解的低通和高通滤波器(Lo_D 和 Hi_D 必须具有相同长度)。

3. 多层一维离散小波变换

MATLAB 利用 wavedec 函数进行多层二维离散小波分解,其主要用法如下。

(1) [C,L]=wavedec(X,N,'wname'),利用名为 wname 的小波进行矢量 X 的 N 级小波分解,其中 C 为分解矢量、L 为簿记矢量和 N 为正整数。

(2) [C,L]=wavedec(X,N,Lo_D,Hi_D),采用指定的小波分解滤波器进行一维小波分解,其中 Lo_D 和 Hi_D 分别为进行小波分解的低通和高通滤波器(Lo_D 和 Hi_D 必须具有相同长度)。

4. 多层二维离散小波变换

MATLAB 利用 wavedec2 函数进行多层二维离散小波分解,其主要用法如下。

(1) [C,S]=wavedec2(X,N,'wname'),利用名为 wname 的小波进行矩阵 X 的 N 级小波分解。分解矢量 C 排列为 C=[A(N) H(N) V(N) D(N) H(N−1) V(N−1) D(N−1)… H(1) V(1) D(1)],其中 A 为近似系数、H 为水平细节系数、V 为垂直细节系数和 D 为对角细节系数。相应的簿记矩阵 S:S(1,:)为 N 级分解的近似系数矩阵尺寸;S(i,:)为在 N

级分解中第 i 级分解的细节系数的尺寸。N 必须是正整数。

(2) [C,S]=wavedec2(X,N,Lo_D,Hi_D),采用指定的小波分解滤波器进行二维小波分解,其中 Lo_D 和 Hi_D 分别为进行小波分解的低通和高通滤波器(Lo_D 和 Hi_D 必须具有相同长度)。

7.1.7 二维离散小波反变换

1. 单层一维离散小波反变换

MATLAB 利用 idwt 函数进行单层一维离散小波重构,其主要用法如下。

(1) X=idwt(cA,cD,'wname'),基于近似系数矢量 cA 和细节系数矢量 cD,采用名为 wname 的小波计算单层重构近似系数矢量 X。

(2) X=idwt(cA,cD,Lo_R,Hi_R),采用指定的滤波器进行一维小波重构,其中 Lo_D和 Hi_D 分别为进行小波重构的低通和高通滤波器(Lo_D 和 Hi_D 必须具有相同长度)。

(3) X=idwt(cA,[],…),基于近似系数矢量 cA 计算单层重构近似系数矢量 X。

(4) X=idwt2([],cD,…),基于细节系数矢量 cD 计算单层重构细节系数矢量 X。

2. 单层二维离散小波反变换

MATLAB 利用 idwt2 函数进行单层二维离散小波重构,其主要用法如下。

(1) X=idwt2(cA,cH,cV,cD,'wname'),基于近似系数矩阵 cA 和细节系数矩阵 cH、cV 和 cD,采用名为 wname 的小波计算单层重构近似系数矩阵 X。

图 7.12 所示为单层二维离散小波反变换结果。图 7.12(a)为近似系数(cA)和细节系数(cH、cV 和 cD)图像,图 7.12(b)为近似系数(cA)和细节系数(cH、cV 和 cD)图像经过单层二维小波反变换后的灰度图像。

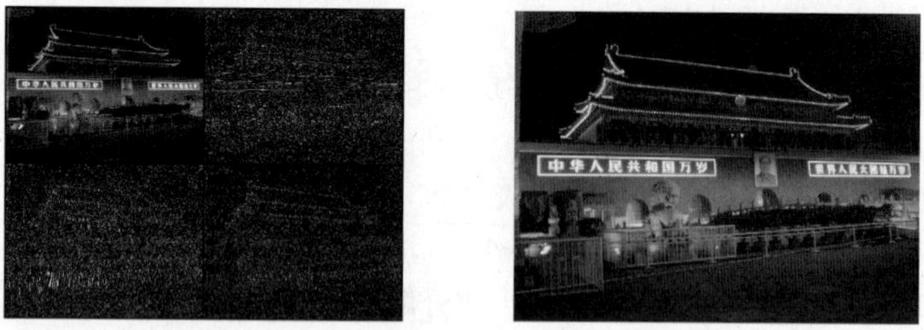

(a) (b)

图 7.12 二维离散小波反变换

(2) X=idwt2(cA,cH,cV,cD,Lo_R,Hi_R),采用指定的滤波器进行二维小波重构,其中 Lo_D 和 Hi_D 分别为进行小波重构的低通和高通滤波器(Lo_D 和 Hi_D 必须具有相同长度)。

(3) X=idwt2(cA,[],[],[],…),基于近似系数矩阵 cA 计算单层重构近似系数矩阵 X。

图 7.13 所示为单层二维离散小波反变换结果。图 7.13(a)为近似系数(cA)图像，图 7.13(b)为近似系数(cA)图像经过单层二维小波反变换后的灰度图像。

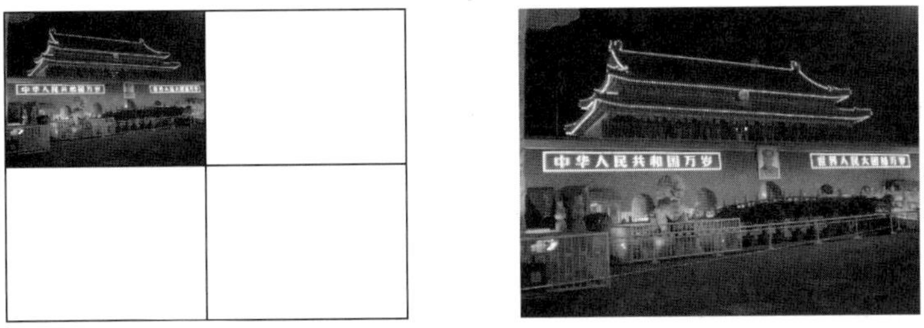

（a）　　（b）

图 7.13　二维离散小波反变换

(4) X=idwt2([],cH,[],[],…)、X=idwt2([],[],cV,[],…)和 X=idwt2([],[],[],cD,…)，分别为基于水平、垂直和对角细节系数矩阵 cH、cV 和 cD 计算单层重构细节系数矩阵 X。

图 7.14 所示为单层二维离散小波反变换结果。图 7.14(a)为细节系数(cH、cV 和 cD)图像，图 7.14(b)为细节系数(cH、cV 和 cD)图像经过单层二维小波反变换后的灰度图像。

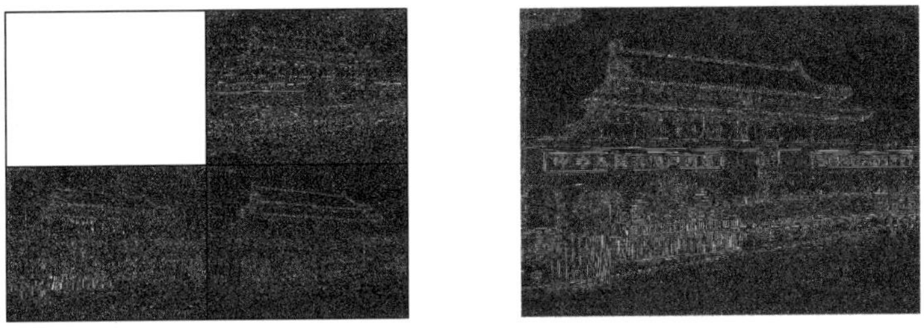

（a）　　（b）

图 7.14　二维离散小波反变换

3. 多层一维离散小波反变换

MATLAB 利用 waverec 函数进行多层一维离散小波重构，其主要用法如下。

(1) X=waverec(C,L,'wname')，基于小波分解结构[C,L]进行矢量 X 的多层小波重构，其中 wname 是小波名。

(2)X=waverec(C,L,Lo_R,Hi_R)，基于小波分解结构[C,L]进行矢量 X 的多层小波重构，其中 Lo_R 和 Hi_R 分别为进行小波重构的低通和高通滤波器。

4. 多层二维离散小波反变换

MATLAB 利用 waverec2 函数进行多层二维离散小波重构，其主要用法如下。

(1) X=waverec2(C,S,'wname')，基于小波分解结构[C,S]进行矩阵 X 的多层小波重构，其中 wname 是小波名。

(2) X=waverec2(C,S,Lo_R,Hi_R)，基于小波分解结构[C,S]进行矩阵 X 的多层小波重构，其中 Lo_R 和 Hi_R 分别为进行小波重构的低通和高通滤波器。

7.2 图 像 滤 波

7.2.1 空域平滑滤波

1. 均值滤波

均值滤波可以通过相关或卷积实现。相关和卷积都是邻域操作,输出像素为其邻域输入像素的加权和。相关计算的权重矩阵称为相关核;卷积计算的权重矩阵称为卷积核。相关和卷积的主要差别在于权重矩阵不同,相关核在计算中并不进行旋转,而卷积核由相关核旋转 180°得到。

MATLAB 利用 filter2 函数在空域对图像进行二维滤波,其主要用法如下。

(1) Y=filter2(h,X),通过二维相关在空域采用滤波器 h 对 X 进行二维滤波,其中 X 和 Y 具有相同尺寸。例如

$$X=\begin{bmatrix}11&12&13&14&15&16\\21&22&23&24&25&26\\31&32&73&84&35&36\\41&42&43&44&45&46\\51&52&53&54&55&56\end{bmatrix},\quad h=\frac{1}{9}\begin{bmatrix}1&1&1\\1&1&1\\1&1&1\end{bmatrix},$$

则 $$Y=\begin{bmatrix}7.3333&11.3333&12.0000&12.6667&13.3333&9.1111\\14.3333&26.4444&33.0000&34.0000&30.5556&17.0000\\21.0000&36.4444&43.0000&44.0000&40.5556&23.6667\\27.6667&46.4444&53.0000&54.0000&50.5556&30.3333\\20.6667&31.3333&32.0000&32.6667&33.3333&22.4444\end{bmatrix}$$

(2) Y=filter2(h,X,shape),通过二维相关在空域采用滤波器 h 对 X 进行二维滤波。如果 shape 指定为 full,则 Y 尺寸大于 X;如果 shape 指定为 same 或缺省,则 Y 尺寸等于 X;如果 shape 指定为 valid,则 Y 尺寸小于 X。

图 7.15 所示为均值滤波结果。图 7.15(a)为原始灰度图像,图 7.15(b)为原始灰度图像经过均值滤波后的灰度图像。

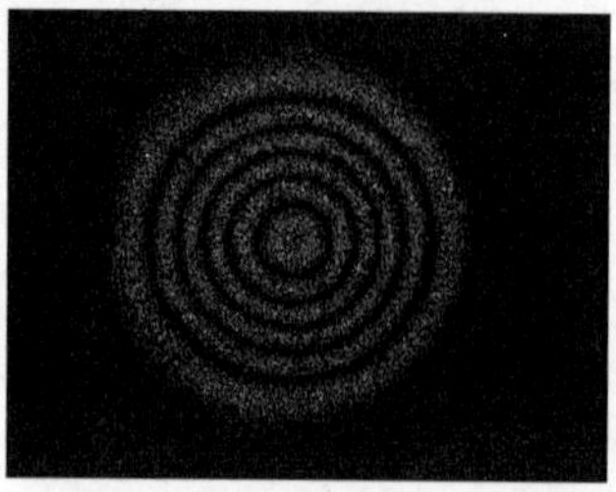

(a)

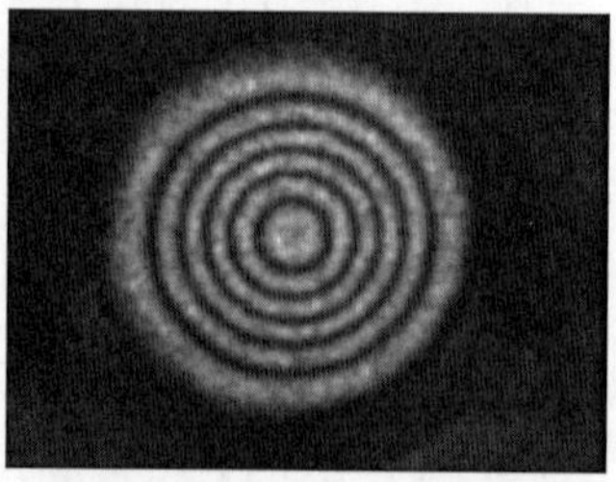

(b)

图 7.15 均值滤波结果

2. 中值滤波

与均值滤波相比,中值滤波在降低噪声的同时可以保护图像边缘。输出像素为其邻域输入像素的中值。

MATLAB 利用 medfilt2 函数在空域对图像进行二维数字滤波,其主要用法如下。

(1) B=medfilt2(A),在空域采用 3×3 模板(即缺省模板)对 X 进行二维滤波,其中 X 和 Y 具有相同尺寸。例如

$$X=\begin{bmatrix}11&12&13&14&15&16\\21&22&23&24&25&26\\31&32&73&84&35&36\\41&42&43&44&45&46\\51&52&53&54&55&56\end{bmatrix},\quad 则\ Y=\begin{bmatrix}0&12&13&14&15&0\\12&22&23&24&25&16\\22&32&42&43&36&26\\32&43&52&53&46&36\\0&42&43&44&45&0\end{bmatrix}$$

(2) Y=medfilt2(Y,[m n]),在空域采用 m×n 模板对 X 进行二维滤波,其中 X 和 Y 具有相同尺寸。

图 7.16 所示为中值滤波结果。图 7.16(a)为原始灰度图像,图 7.16(b)为原始灰度图像经过中值滤波后的灰度图像。

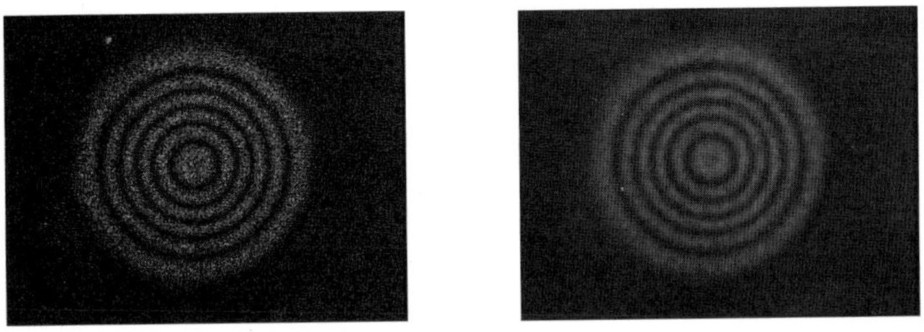

(a)　　　　(b)

图 7.16　中值滤波结果

3. 自适应滤波

MATLAB 利用 wiener2 函数对图像进行二维自适应滤波,其主要用法如下。

(1) [Y,noise]=wiener2(X,[m n]),采用 m×n 模板(缺省时,[m n]=[3 3])对图像进行自适应滤波,其中 noise 是返回的滤波前图像的加性噪声。例如

$$X=\begin{bmatrix}11&12&13&14&15&16\\21&22&23&24&25&26\\31&32&73&84&35&36\\41&42&43&44&45&46\\51&52&53&54&55&56\end{bmatrix},[m\ n]=[3\ 3],$$

$$
\text{则 } Y=\begin{bmatrix} 7.3333 & 11.3333 & 12.0000 & 12.6667 & 13.3333 & 9.1111 \\ 14.3333 & 26.4444 & 28.2198 & 29.3898 & 29.4382 & 17.0000 \\ 21.0000 & 36.4444 & 50.1243 & 52.0256 & 40.5556 & 23.6667 \\ 30.6744 & 46.4444 & 53.0000 & 54.0000 & 50.5556 & 35.7266 \\ 32.5847 & 38.5368 & 39.8655 & 41.1793 & 42.4792 & 38.6736 \end{bmatrix},\text{noise}=330.9350
$$

(2) J=wiener2(I,[m n],noise),采用 m×n 模板对图像进行自适应滤波,其中 noise 是指定图像的加性噪声。

图 7.17 所示为自适应滤波结果。图 7.17(a)为原始灰度图像,图 7.17(b)为原始灰度图像经过自适应滤波后的灰度图像。

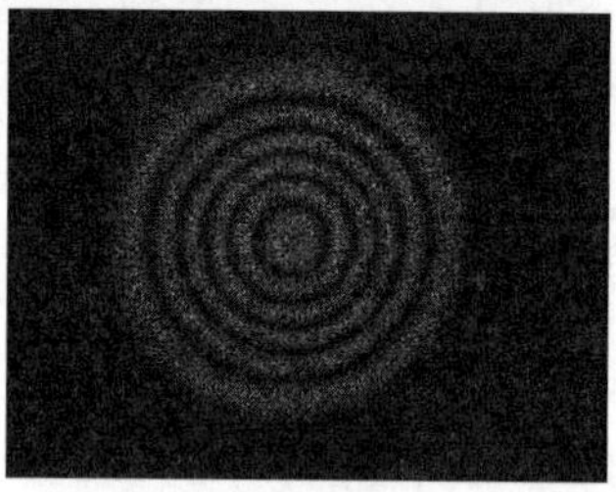

(a)

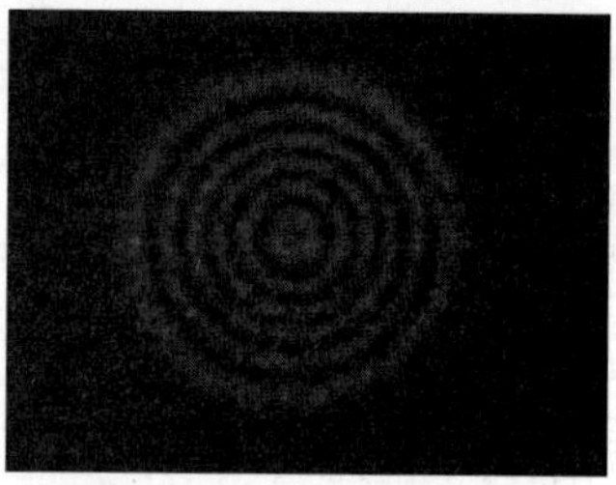

(b)

图 7.17　自适应滤波结果

7.2.2　频域低通滤波

MATLAB 在频域没有提供二维低通滤波的传递函数,但通过 MATLAB 语言可以编写频域二维低通滤波的传递函数。

1. 理想低通滤波

利用 MATLAB 语言,频域二维理想低通滤波的传递函数构造如下。

(1) 离散傅里叶变换:H(1:M,1:N)=zeros;

```
for i=1:M
  for j=1:N
    if sqrt((i-(M+1)/2)^2+(j-(N+1)/2)^2)<=D
      H(i,j)=ones;
    end
  end
end
```

(2) 离散余弦变换:H(1:M,1:N)=zeros;

```
for i=1:M
  for j=1:N
    if sqrt(i^2+j^2)<=D
      H(i,j)=ones;
```

```
            end
          end
        end
```

其中，M 和 N 分别为传递函数的行数和列数，D 为截止频率。

图 7.18 所示为理想低通滤波结果。图 7.18(a)为原始灰度图像，图 7.18(b)为原始灰度图像经过傅里叶变换理想低通滤波后的灰度图像，图 7.18(c)为原始灰度图像经过余弦变换理想低通滤波后的灰度图像。

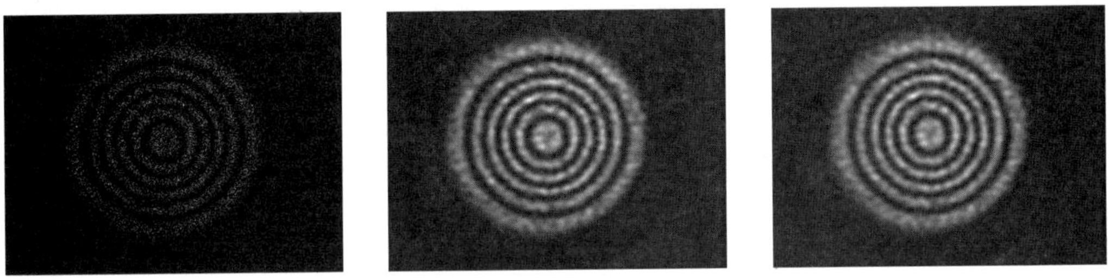

(a)　　(b)　　(c)

图 7.18　理想低通滤波结果

2. 巴特沃思低通滤波

利用 MATLAB 语言，频域二维巴特沃思(Butterworth)低通滤波的传递函数构造如下：

(1) 离散傅里叶变换：

```
H(1:M,1:N)=zeros;
for i=1:M
  for j=1:N
    H(i,j)=1/(1+(sqrt((i-(M+1)/2)^2
              +(j-(N+1)/2)^2)/D)^(2*n));
  end
end
```

(2) 离散余弦变换：

```
H(1:M,1:N)=zeros;
for i=1:M
  for j=1:N
    H(i,j)=1/(1+(sqrt(i^2+j^2)/D)^(2*n));
  end
end
```

其中，M 和 N 分别为传递函数的行数和列数，D 为截止频率，n 为阶数。

图 7.19 所示为巴特沃思低通滤波结果。图 7.19(a)为原始灰度图像，图 7.19(b)为原始灰度图像经过傅里叶变换巴特沃思低通滤波后的灰度图像，图 7.19(c)为原始灰度图像经过余弦变换巴特沃思低通滤波后的灰度图像。

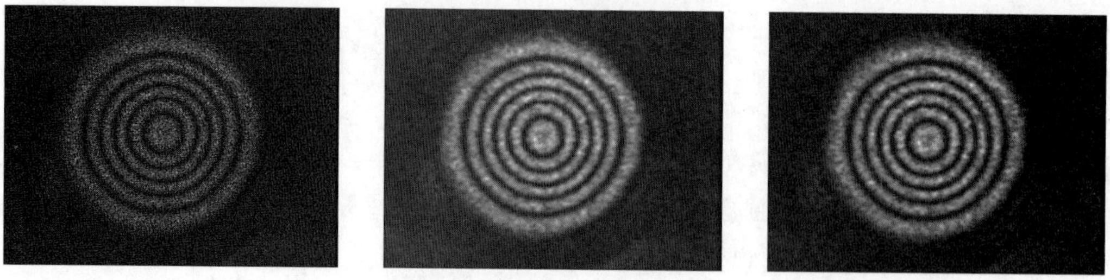

(a)　　　　(b)　　　　(c)

图 7.19　巴特沃思低通滤波结果

3. 指数低通滤波

利用 MATLAB 语言，频域二维指数低通滤波的传递函数构造如下：

(1) 离散傅里叶变换：

```
H(1:M,1:N)=zeros;
for i=1:M
  for j=1:N
    H(i,j)=exp(-((i-(M+1)/2)^2+(j-(N+1)/2)^
        2)/(2*D^2));
  end
end
```

(2) 离散余弦变换：

```
H(1:M,1:N)=zeros;
for i=1:M
  for j=1:N
    H(i,j)=exp(-(i^2+j^2)/(2*D^2));
  end
end
```

其中，M 和 N 分别为传递函数的行数和列数，D 为截止频率。

图 7.20 所示为指数低通滤波结果。图 7.20(a)为原始灰度图像，图 7.20(b)为原始灰度图像经过傅里叶变换指数低通滤波后的灰度图像，图 7.20(c)为原始灰度图像经过余弦变换指数低通滤波后的灰度图像。

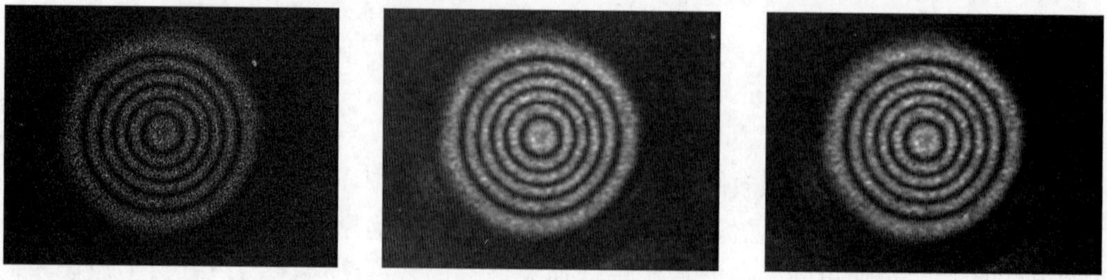

(a)　　　　(b)　　　　(c)

图 7.20　指数低通滤波结果

7.2.3　小波低通滤波

1. 小波分解

MATLAB 利用 wavedec2 函数进行多层二维离散小波分解，其主要用法如下。

(1) [C,S]=wavedec2(X,N,'wname')，进行矩阵 X 的 N 级小波分解，其中 wname 为小波名。

(2) [C,S]=wavedec2(X,N,Lo_D,Hi_D)，采用小波分解滤波器进行二维小波分解，其中 Lo_D 和 Hi_D 分别为进行小波分解的低通和高通滤波器。

2. 阈值计算

MATLAB 利用 wdcbm2 函数计算阈值，其主要用法如下。

[THR,NKEEP]=wdcbm2(C,S,ALPHA,M)，返回阈值 THR 和系数个数 NKEEP，其中 ALPHA 和 M 为大于 1 的实数。典型情况下进行图像压缩时取 ALPHA=1.5，进行图像降噪时取 ALPHA=3。通常情况下 M 的取值范围为[prod(S(1,:)),6prod(S(1,:))]，缺省时 M=prod(S(1,:))。

3. 小波重构

MATLAB 利用 wdencmp 函数进行图像降噪(或压缩)，并在降噪(或压缩)后进行多层二维离散小波重构，其主要用法如下。

XC=wdencmp('lvd',C,S,'wname',N,THR,SORH)，进行图像降噪，并在降噪后进行小波重构，其中 lvd 表示与层有关的阈值选项，SORH 选's'表示软阈值，选'h'表示硬阈值。

图 7.21 所示为小波变换低通滤波结果。图 7.21(a)为原始灰度图像，图 7.21(b)为原始灰度图像经过小波变换低通滤波后的灰度图像。

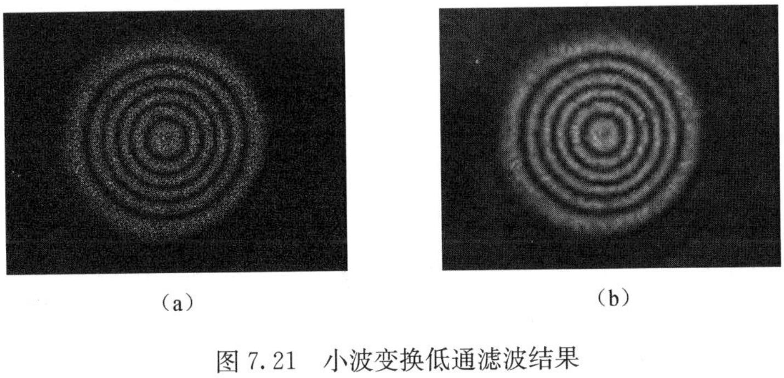

(a)　　(b)

图 7.21　小波变换低通滤波结果

第 8 章　变形相位检测

全息干涉、散斑干涉和云纹干涉等现代光测技术所记录的是两束相干光波相互干涉而形成的干涉条纹。干涉条纹表示相位等值线，即同一条纹中心线上各点具有相同的相位值，相邻条纹中心线之间具有相同的相位差。在现代光测技术中，待测量(如位移)与干涉条纹图的相位分布直接相关，因此从干涉条纹提取相位信息就显得极其重要。

传统相位检测方法需要进行条纹中心定位和条纹级数确定，以便得到干涉条纹图上条纹中心所在位置各点的相位。传统相位检测方法往往会引起较大的测量误差，原因有二：一是亮度极值位置未必就处在条纹中心线上；二是通过插值才能确定相邻条纹之间各点的相位。

为了弥补传统相位检测方法的不足，对相位检测技术进行了广泛研究，提出了多种相位检测方法。在现代光测技术中，最常用的相位检测方法是相移干涉技术。相移干涉技术不需要进行条纹中心定位和条纹级数确定，即可直接得到干涉条纹图像上各点的相位分布。

8.1　相 移 干 涉

相移干涉(phase-shifting interferometry)对相位分布直接进行测量，它使两束相干光波中的一列光波(如参考光波)的相位作步进式或连续式变化，通过分析和处理所采集的干涉条纹图，即可获取被测物体的相位分布。

以相移干涉为代表的相位检测技术可以克服传统相位检测方法的缺点。相移干涉所具有的主要优点包括①能够精确获取干涉条纹图上任意一点的相位；②低对比度的干涉条纹图仍可得到有效测量结果；③条纹少于一条仍可采用相移干涉进行测量。

根据引入相移方式的不同，相移干涉分为时间相移和空间相移。时间相移是指在时间序列上采集图像，在各帧图像之间形成固定的相位差。空间相移是指在空间序列上采集图像，在空间不同位置之间形成固定的相位差。

8.1.1　时间相移

时间相移最早由 Carré 于 1966 年提出，当时是用来确定两个电信号的相位差。Carré 提出的算法(即 Carré 算法)目前仍然是现代光测技术中最常用的算法之一。1974 年 Bruning 将时间相移用于透镜质量的检验，并详细描述了时间相移的基本原理。Bruning 采用压电传感器(piezoelectric transducer，PZT)作为相移驱动元件，推动平面反射镜移动，以改变参考光波的光程。目前在现代光测中，压电传感器是实现相移的最常用元件。

1. 时间相移装置

在时间相移技术中，需要通过相移来实现两束相干光波之间的相位差值的改变。相移装置主要有移动反射镜、倾斜玻璃板、移动衍射光栅和旋转波片等，如图 8.1 所示。

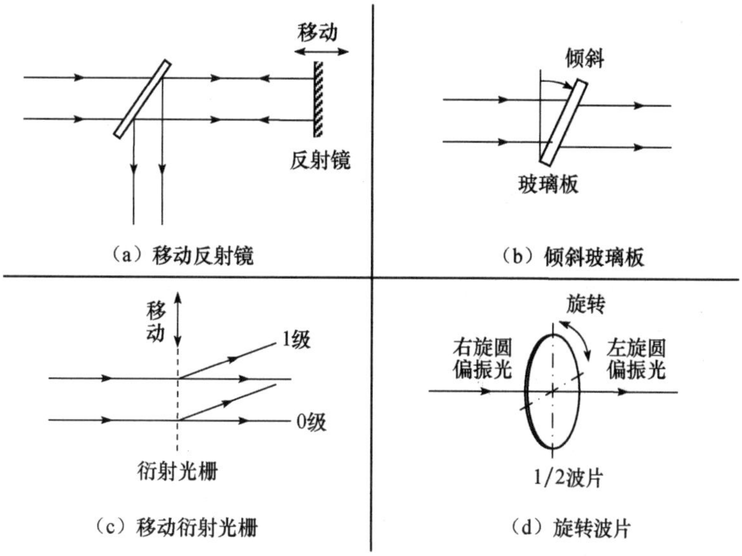

图 8.1　时间相移装置

相比之下，通过压电传感器推动反射镜产生相移的技术非常成熟，操作灵活方便、移动精度高、位移范围大、可嵌入能力强等，因此，在现代光测技术中通常选用由压电传感器推动的反射镜作为相移装置。

2. 时间相移原理

在现代光测技术中，两束相干光波相互干涉而在记录面上形成的强度分布可表示为

$$I(x,y) = I_0(x,y)[1+V(x,y)\cos\delta(x,y)] \tag{8.1}$$

式中，$I_0(x,y)$为干涉条纹图的背景强度；$V(x,y)$为干涉条纹的对比度（或调制度）；$\delta(x,y)$为待测相位。

当干涉条纹图通过 CCD(charge coupled device)或 CMOS(complementary metal oxide semiconductor)采样并量化为数字图像时，电子噪声和散斑噪声等都会影响干涉条纹图的强度分布，因此综合考虑这些影响因素之后，干涉条纹图的强度分布可表示为

$$I(x,y) = A(x,y) + B(x,y)\cos\delta(x,y) \tag{8.2}$$

式中，$A(x,y)$和 $B(x,y)$分别为干涉条纹图的背景强度和调制强度。上式中的 $I(x,y)$是已知量，但 $A(x,y)$、$B(x,y)$和 $\delta(x,y)$均为未知量，即上式含有 3 个未知量，因此若上式可解，则至少要有 3 个独立方程，才能确定待测相位 $\delta(x,y)$。

时间相移在时间序列上采集图像，在各幅图像之间形成已知相位差，通过采集至少 3 幅图像，即可联解方程组而得到待测相位分布。时间相移分为步进相移和连续相移两种。前者的相移量是步进式的，在干涉条纹图采集过程中保持不变；后者的相移量在干涉条纹图采集过程中是连续变化的。

1) 步进相移

对于步进相移，每采集一幅干涉条纹图后，需要进行精确相移，然后再进行下一幅干涉条纹图的采集。设第 n 幅干涉条纹图的相移量为α_n，则 CCD 采集的干涉条纹图的强度

分布为

$$I_n(x,y)=A(x,y)+B(x,y)\cos[\delta(x,y)+\alpha_n](n=1,2,\cdots,N;N\geqslant 3) \quad (8.3)$$

式中，$I_n(x,y)$和 α_n 为已知量，只有 $A(x,y)$、$B(x,y)$和 $\delta(x,y)$为未知量，因此通过引进不同的相移量 α_n，构造至少 3 个方程，从而确定待测相位 $\delta(x,y)$。

2) 连续相移

在相移连续变化的同时，CCD 连续记录干涉条纹图。设每一幅干涉条纹图在记录时间内的相位变化为 $\Delta\alpha$，则第 n 幅干涉条纹图记录到的平均强度分布为

$$\begin{aligned}I_n(x,y)&=\frac{1}{\Delta\alpha}\int_{\alpha_n-\Delta\alpha/2}^{\alpha_n+\Delta\alpha/2}\{A(x,y)+B(x,y)\cos[\delta(x,y)+\alpha(t)]\}\mathrm{d}\alpha(t)\\&=A(x,y)+\operatorname{sinc}\left(\frac{\Delta\alpha}{2}\right)B(x,y)\cos[\delta(x,y)+\alpha_n]\end{aligned} \quad (8.4)$$

式中

$$\operatorname{sinc}\left(\frac{\Delta\alpha}{2}\right)=\sin\left(\frac{\Delta\alpha}{2}\right)\Big/\left(\frac{\Delta\alpha}{2}\right)$$

比较式(8.4)和式(8.3)可知，连续相移与步进相移相比，仅干涉强度表达式中的条纹对比度不同而已。连续相移降低了条纹对比度，但随之带来的好处是抑制了随机噪声。

3. 时间相移算法

在时间相移中，根据相移次数的不同，分为三步算法、四步算法和五步算法等。目前，三步算法和四步算法在现代光测技术中应用最为广泛。

1) 三步算法

设 3 次相移量依次为 α_1、α_2、α_3 时，则 3 幅干涉条纹图的强度分布可表示为

$$\begin{aligned}I_1(x,y)&=A(x,y)+B(x,y)\cos[\delta(x,y)+\alpha_1]\\I_2(x,y)&=A(x,y)+B(x,y)\cos[\delta(x,y)+\alpha_2]\\I_3(x,y)&=A(x,y)+B(x,y)\cos[\delta(x,y)+\alpha_3]\end{aligned} \quad (8.5)$$

联立求解，得干涉条纹图的相位分布为

$$\begin{aligned}&\frac{(\cos\alpha_2-\cos\alpha_3)-(\sin\alpha_2-\sin\alpha_3)\tan\delta(x,y)}{(2\cos\alpha_1-\cos\alpha_2-\cos\alpha_3)-(2\sin\alpha_1-\sin\alpha_2-\sin\alpha_3)\tan\delta(x,y)}\\&=\frac{I_2(x,y)-I_3(x,y)}{2I_1(x,y)-I_2(x,y)-I_3(x,y)}\end{aligned} \quad (8.6)$$

上式是三步算法的一般表达式。

(1) 如果 3 次相移量依次为 0、$\pi/3$ 和 $2\pi/3$(相移增量为 $\pi/3$)，则干涉条纹图的相位分布为

$$\delta(x,y)=\arctan\frac{2I_1(x,y)-3I_2(x,y)+I_3(x,y)}{\sqrt{3}[I_2(x,y)-I_3(x,y)]} \quad (8.7)$$

(2) 如果 3 次相移量依次为 0、$\pi/2$ 和 π(相移增量为 $\pi/2$)，则干涉条纹图的相位分

布为

$$\delta(x,y)=\arctan\frac{I_1(x,y)-2I_2(x,y)+I_3(x,y)}{I_1(x,y)-I_3(x,y)} \tag{8.8}$$

(3) 如果3次相移量依次为0、2π/3和4π/3(相移增量为2π/3),则干涉条纹图的相位分布为

$$\delta(x,y)=\arctan\frac{\sqrt{3}[I_3(x,y)-I_2(x,y)]}{2I_1(x,y)-I_2(x,y)-I_3(x,y)} \tag{8.9}$$

2) 四步算法

(1) 如果4次相移量依次为π/4、3π/4、5π/4和7π/4(相移增量为π/2),则4幅干涉条纹图的强度分布可表示为

$$\begin{aligned}
I_1(x,y)&=A(x,y)+B(x,y)\cos[\delta(x,y)+\pi/4]\\
I_2(x,y)&=A(x,y)+B(x,y)\cos[\delta(x,y)+3\pi/4]\\
I_3(x,y)&=A(x,y)+B(x,y)\cos[\delta(x,y)+5\pi/4]\\
I_4(x,y)&=A(x,y)+B(x,y)\cos[\delta(x,y)+7\pi/4]
\end{aligned} \tag{8.10}$$

联立求解,得干涉条纹图的相位分布为

$$\delta(x,y)=\arctan\frac{[I_2(x,y)-I_4(x,y)]+[I_1(x,y)-I_3(x,y)]}{[I_2(x,y)-I_4(x,y)]-[I_1(x,y)-I_3(x,y)]} \tag{8.11}$$

(2) 如果4次相移量依次为0、π/3、2π/3和π(相移增量为π/3),则4幅干涉条纹图的强度分布可表示为

$$\begin{aligned}
I_1(x,y)&=A(x,y)+B(x,y)\cos\delta(x,y)\\
I_2(x,y)&=A(x,y)+B(x,y)\cos[\delta(x,y)+\pi/3]\\
I_3(x,y)&=A(x,y)+B(x,y)\cos[\delta(x,y)+2\pi/3]\\
I_4(x,y)&=A(x,y)+B(x,y)\cos[\delta(x,y)+\pi]
\end{aligned} \tag{8.12}$$

联立求解,得干涉条纹图的相位分布为

$$\delta(x,y)=\arctan\frac{I_1(x,y)-I_2(x,y)-I_3(x,y)+I_4(x,y)}{\sqrt{3}[I_2(x,y)-I_3(x,y)]} \tag{8.13}$$

(3) 如果4次相移量依次为0、π/2、π和3π/2(相移增量为π/2),则4幅干涉条纹图的强度分布可表示为

$$\begin{aligned}
I_1(x,y)&=A(x,y)+B(x,y)\cos\delta(x,y)\\
I_2(x,y)&=A(x,y)+B(x,y)\cos[\delta(x,y)+\pi/2]\\
I_3(x,y)&=A(x,y)+B(x,y)\cos[\delta(x,y)+\pi]\\
I_4(x,y)&=A(x,y)+B(x,y)\cos[\delta(x,y)+3\pi/2]
\end{aligned} \tag{8.14}$$

联立求解,得干涉条纹图的相位分布为

$$\delta(x,y)=\arctan\frac{I_4(x,y)-I_2(x,y)}{I_1(x,y)-I_3(x,y)} \tag{8.15}$$

(4) 如果 4 次相移量依次为 $-\pi/2$、0、$\delta(x,y)$ 和 $\delta(x,y)+\pi/2$，其中 $\delta(x,y)$ 是因物体变形而产生的相位变化，则 4 幅干涉条纹图的强度分布可表示为

$$\begin{aligned} I_1(x,y) &= A(x,y)+B(x,y)\cos[\varphi(x,y)-\pi/2] \\ I_2(x,y) &= A(x,y)+B(x,y)\cos\varphi(x,y) \\ I_3(x,y) &= A(x,y)+B(x,y)\cos[\varphi(x,y)+\delta(x,y)] \\ I_4(x,y) &= A(x,y)+B(x,y)\cos[\varphi(x,y)+\delta(x,y)+\pi/2] \end{aligned} \tag{8.16}$$

式中，$\varphi(x,y)$ 为随机相位差。

联立求解，由上式得与物体变形有关的相位变化为

$$\delta(x,y) = 2\arctan\frac{I_3(x,y)-I_2(x,y)}{I_4(x,y)-I_1(x,y)} \tag{8.17}$$

这种四步算法特别适合进行散斑干涉条纹图的相位提取。

3) 五步算法

如果 5 次相移量依次为 0、$\pi/2$、π、$3\pi/2$ 和 2π（相移增量为 $\pi/2$），则 5 幅干涉条纹图的强度分布可表示为

$$\begin{aligned} I_1(x,y) &= A(x,y)+B(x,y)\cos\delta(x,y) \\ I_2(x,y) &= A(x,y)+B(x,y)\cos[\delta(x,y)+\pi/2] \\ I_3(x,y) &= A(x,y)+B(x,y)\cos[\delta(x,y)+\pi] \\ I_4(x,y) &= A(x,y)+B(x,y)\cos[\delta(x,y)+3\pi/2] \\ I_5(x,y) &= A(x,y)+B(x,y)\cos[\delta(x,y)+2\pi] \end{aligned} \tag{8.18}$$

联立求解，得干涉条纹图的相位分布为

$$\delta(x,y) = \arctan\frac{7[I_4(x,y)-I_2(x,y)]}{4I_1(x,y)-I_2(x,y)-6I_3(x,y)-I_4(x,y)+4I_5(x,y)} \tag{8.19}$$

4) Carré 算法

如果 4 次相移量依次为 -3α、$-\alpha$、α 和 3α（相移增量为 2α，但 α 未知），则 4 幅干涉条纹图的强度分布可表示为

$$\begin{aligned} I_1(x,y) &= A(x,y)+B(x,y)\cos[\delta(x,y)-3\alpha] \\ I_2(x,y) &= A(x,y)+B(x,y)\cos[\delta(x,y)-\alpha] \\ I_3(x,y) &= A(x,y)+B(x,y)\cos[\delta(x,y)+\alpha] \\ I_4(x,y) &= A(x,y)+B(x,y)\cos[\delta(x,y)+3\alpha] \end{aligned} \tag{8.20}$$

联立求解，得干涉条纹图的相位分布为

$$\delta(x,y) = \arctan\left\{\tan\beta\frac{[I_2(x,y)-I_3(x,y)]+[I_1(x,y)-I_4(x,y)]}{[I_2(x,y)+I_3(x,y)]-[I_1(x,y)+I_4(x,y)]}\right\} \tag{8.21}$$

式中，β 可通过下式得到

$$\tan^2\beta = \frac{3[I_2(x,y)-I_3(x,y)]-[I_1(x,y)-I_4(x,y)]}{[I_2(x,y)-I_3(x,y)]+[I_1(x,y)-I_4(x,y)]} \tag{8.22}$$

5）最小二乘算法

一般而言，无论相移量 α_n 和相移次数 $N(N\geqslant 3)$ 为多少，都能求出相位分布。但是当相移次数 $N(N\geqslant 3)$ 确定之后，适当选择相移量可以减小测量误差。研究表明，当相移量

$$\alpha_n = 2\pi(n-1)/N \quad (n=1,2,\cdots,N)$$

时，测量误差达到最小。

对应于第 n 步相移干涉条纹图的强度分布可重写为

$$I_n(x,y) = A(x,y) + B(x,y)\cos[\delta(x,y)+\alpha_n] = a + b\cos\alpha_n + c\sin\alpha_n \quad (8.23)$$

式中，$a=A(x,y)$；$b=B(x,y)\cos\delta(x,y)$；$c=-B(x,y)\sin\delta(x,y)$。通过考虑上式具有最小误差，进而可获得 a、b 和 c 的最佳值。

干涉条纹图的实际强度分布 $I_n(x,y)$ 与其对应的理想强度分布之间的偏差的平方和可表示为

$$E(x,y) = \sum\{I_n(x,y) - [a + b\cos\alpha_n + c\sin\alpha_n]\}^2 \quad (8.24)$$

根据最小二乘原理，要得到最佳测量结果，上式应取极小值。以 a、b 和 c 的最佳结果为目标函数进行最小二乘拟合，上式分别对 a，b 和 c 求偏导数，并令其偏导数等于零，则

$$\begin{bmatrix} N & \sum\cos\alpha_n & \sum\sin\alpha_n \\ \sum\cos\alpha_n & \sum\cos^2\alpha_n & \sum\cos\alpha_n\sin\alpha_n \\ \sum\sin\alpha_n & \sum\cos\alpha_n\sin\alpha_n & \sum\sin^2\alpha_n \end{bmatrix} \begin{bmatrix} a \\ b \\ c \end{bmatrix} = \begin{bmatrix} \sum I_n(x,y) \\ \sum I_n(x,y)\cos\alpha_n \\ \sum I_n(x,y)\sin\alpha_n \end{bmatrix} \quad (8.25)$$

由此可得

$$\delta(x,y) = \arctan\left[-\frac{\sum I_n(x,y)\sin\alpha_n}{\sum I_n(x,y)\cos\alpha_n}\right] \quad (8.26)$$

上式即为采用最小二乘算法得到的相位计算公式。

4. 时间相移应用

图 8.2 所示为采用三步相移得到的干涉条纹图，其中图 8.2(a)、图 8.2(b)和图 8.2(c)的相移量依次为 0、$\pi/2$ 和 π。

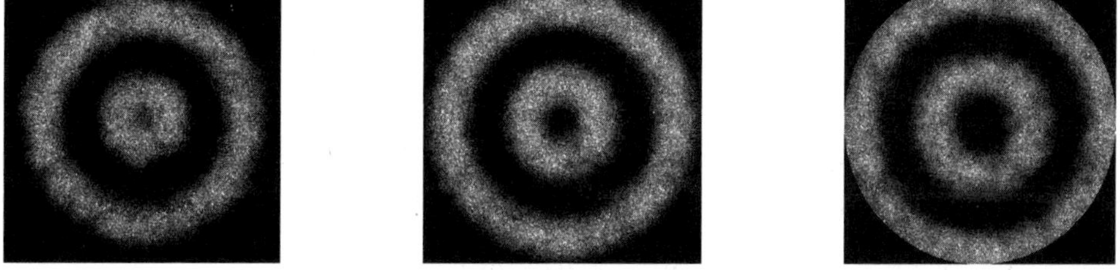

(a)　(b)　(c)

图 8.2　干涉条纹图

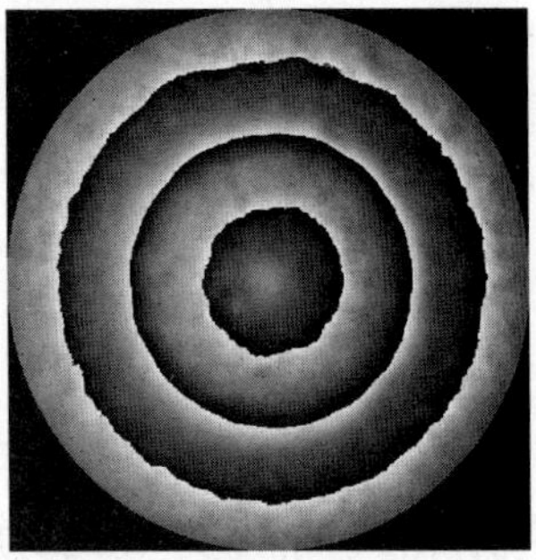

图 8.3 包裹相位分布图

图 8.3 所示为上述 3 幅干涉条纹图通过三步算法得到的包裹相位分布图，相位分布区间为 $-\pi/2 \sim \pi/2$。

8.1.2 空间相移

空间相移分为步进空间相移和连续空间相移。步进空间相移是采用 3 个或 3 个以上 CCD 同时采集相移干涉条纹图，进而可得到任何一点的相位分布。然而，这种采用多个 CCD 同时采集干涉条纹图的方法，不但提高了图像采集系统的成本，而且增加了图像采集系统的复杂性，因此这种方法的应用受到一定的限制，在现代光测技术中很少采用。连续空间相移，即在空间相移中引入载波，因此这种方法也称为空间载波(spatial carrier)法。空间载波法通过一幅干涉条纹图就可以得到相位分布，所以空间载波法特别适合研究动态问题。

1. 空间载波装置

空间载波可以通过多种装置产生，如光波倾斜、偏振编码和光栅移动等，但最简单的载波引入方式是倾斜参考光波。

2. 载波频率选择

引入空间载波后，干涉条纹图所记录的强度分布可表示为

$$I(x,y) = A(x,y) + B(x,y)\cos[\delta(x,y) + 2\pi f x] \tag{8.27}$$

式中，f 为沿 x 方向(载波方向)所施加的线性空间载波；$\delta(x,y)$ 为待测相位。

干涉条纹图由 CCD 记录并存储为数字图像，其第(i,j)像素记录的强度为

$$I(x_i,y_j) = A(x_i,y_j) + B(x_i,y_j)\cos[\delta(x_i,y_j) + 2\pi f x_i] \tag{8.28}$$

式中，$i=1,2,\cdots,M$；$j=1,2,\cdots,N$。其中 $M\times N$ 为 CCD 的像素。

载波频率可按下述要求进行选择：①若采用三步相移算法，则相邻条纹中心间距等于 CCD 相邻像素中心间距的 3 倍，即沿 x 方向(载波方向)的相邻像素之间由载波引入的相位差为 $2\pi/3$；②若采用四步相移算法，则相邻条纹中心间距等于 CCD 相邻像素中心间距的 4 倍，即沿 x 方向(载波方向)的相邻像素之间由载波引入的相位差为 $\pi/2$。

3. 空间载波原理

1) 三步算法

假设第(i,j)、$(i+1,j)$和$(i+2,j)$等相邻像素具有相同的背景强度、条纹对比度和待测相位，则第(i,j)、$(i+1,j)$和$(i+2,j)$像素的强度分别为

$$\begin{aligned}
I(x_i,y_j) &= A(x_i,y_j) + B(x_i,y_j)\cos[\delta(x_i,y_j) + 2\pi f x_i] \\
I(x_{i+1},y_j) &= A(x_i,y_j) + B(x_i,y_j)\cos[\delta(x_i,y_j) + 2\pi f(x_i + \Delta x)] \\
I(x_{i+2},y_j) &= A(x_i,y_j) + B(x_i,y_j)\cos[\delta(x_i,y_j) + 2\pi f(x_i + 2\Delta x)]
\end{aligned} \tag{8.29}$$

式中，Δx 为 CCD 沿 x 方向（载波方向）相邻像素的中心间距；$2\pi f x_i$ 为第(i,j)像素处的载波相位。其中，$i=1,2,\cdots,M-2$；$j=1,2,\cdots,N$。

采用三步算法，沿 x 方向的相邻像素之间由载波引入的相位差为 $2\pi/3$，即 $2\pi f\Delta x=2\pi/3$，则由上式得

$$\begin{aligned} I(x_i,y_j) &= A(x_i,y_j)+B(x_i,y_j)\cos[\delta(x_i,y_j)+2\pi f x_i] \\ I(x_{i+1},y_j) &= A(x_i,y_j)+B(x_i,y_j)\cos[\delta(x_i,y_j)+2\pi f x_i+2\pi/3] \\ I(x_{i+2},y_j) &= A(x_i,y_j)+B(x_i,y_j)\cos[\delta(x_i,y_j)+2\pi f x_i+4\pi/3] \end{aligned} \tag{8.30}$$

联立求解，得相位表达式为

$$\delta(x_i,y_j)=\arctan\left\{\frac{\sqrt{3}[I(x_{i+2},y_j)-I(x_{i+1},y_j)]}{2I(x_i,y_j)-I(x_{i+1},y_j)-I(x_{i+2},y_j)}\right\}-2\pi f x_i \tag{8.31}$$

通过上式即可求得干涉条纹图各点的相位分布。

2）四步算法

假设第(i,j)、$(i+1,j)$、$(i+2,j)$和$(i+3,j)$等相邻像素具有相同的背景强度、条纹对比度和待测相位，则第(i,j)、$(i+1,j)$、$(i+2,j)$和$(i+3,j)$像素的强度分别为

$$\begin{aligned} I(x_i,y_j) &= A(x_i,y_j)+B(x_i,y_j)\cos[\delta(x_i,y_j)+2\pi f x_i] \\ I(x_{i+1},y_j) &= A(x_i,y_j)+B(x_i,y_j)\cos[\delta(x_i,y_j)+2\pi f(x_i+\Delta x)] \\ I(x_{i+2},y_j) &= A(x_i,y_j)+B(x_i,y_j)\cos[\delta(x_i,y_j)+2\pi f(x_i+2\Delta x)] \\ I(x_{i+3},y_j) &= A(x_i,y_j)+B(x_i,y_j)\cos[\delta(x_i,y_j)+2\pi f(x_i+3\Delta x)] \end{aligned} \tag{8.32}$$

式中，$i=1,2,\cdots,M-3$；$j=1,2,\cdots,N$。

采用四步算法，如果沿 x 方向的相邻像素之间由载波引入的相位差为 $\pi/2$，即 $2\pi f\Delta x=\pi/2$，则由上式得

$$\begin{aligned} I(x_i,y_j) &= A(x_i,y_j)+B(x_i,y_j)\cos[\delta(x_i,y_j)+2\pi f x_i] \\ I(x_{i+1},y_j) &= A(x_i,y_j)+B(x_i,y_j)\cos[\delta(x_i,y_j)+2\pi f x_i+\pi/2] \\ I(x_{i+2},y_j) &= A(x_i,y_j)+B(x_i,y_j)\cos[\delta(x_i,y_j)+2\pi f x_i+\pi] \\ I(x_{i+3},y_j) &= A(x_i,y_j)+B(x_i,y_j)\cos[\delta(x_i,y_j)+2\pi f x_i+3\pi/2] \end{aligned} \tag{8.33}$$

联立求解，得

$$\delta(x_i,y_j)=\arctan\left[\frac{I(x_{i+3},y_j)-I(x_{i+1},y_j)}{I(x_i,y_j)-I(x_{i+2},y_j)}\right]-2\pi f x_i \tag{8.34}$$

通过上式同样可确定干涉条纹图各点的相位分布。

显然，无论是三步算法还是四步算法，空间载波法只需一幅载波干涉条纹图即可得到全场相位分布信息。

4. 空间载波应用

图 8.4 所示为空间载波实验结果，其中图 8.4(a)是调制干涉条纹分布，图 8.4(b)是调制包裹相位分布。

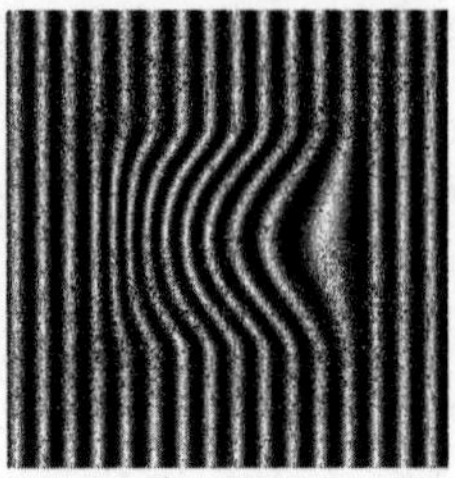

(a)

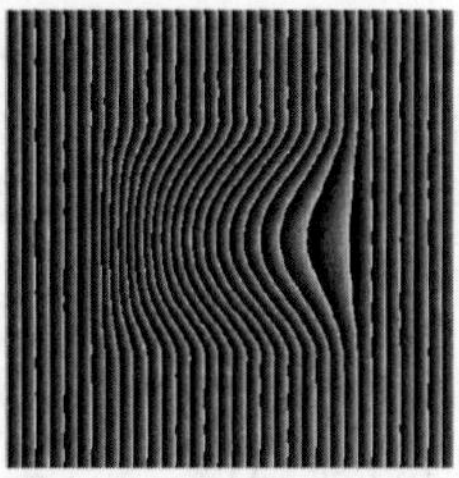

(b)

图 8.4　空间载波实验结果

8.2　相位展开

采用相移干涉,所得到的相位分布可表示为

$$\delta(x,y) = \arctan \frac{S(x,y)}{C(x,y)} \tag{8.35}$$

式中表示的相位分布处于$-\pi/2 \sim \pi/2$,即$\delta(x,y)$是位于$-\pi/2 \sim \pi/2$的包裹相位(wrapped phase)。

根据$S(x,y)$和$C(x,y)$的正负号,式(8.35)所表示的位于$-\pi/2 \sim \pi/2$的包裹相位可以通过如下变换扩展到$0 \sim 2\pi$:

$$\delta(x,y) = \begin{cases} \delta(x,y) & (S(x,y) \geqslant 0, C(x,y) > 0) \\ \pi/2 & (S(x,y) > 0, C(x,y) = 0) \\ \delta(x,y) + \pi & (C(x,y) < 0) \\ 3\pi/2 & (S(x,y) < 0, C(x,y) = 0) \\ \delta(x,y) + 2\pi & (S(x,y) < 0, C(x,y) > 0) \end{cases} \tag{8.36}$$

经过相位扩展,相位分布区间已由$-\pi/2 \sim \pi/2$变为$0 \sim 2\pi$,此时所得到的相位分布是位于$0 \sim 2\pi$的包裹相位。

显然,利用式(8.36)经过相位扩展后所得到的相位分布$\delta(x,y)$仍然是包裹相位,因此要得到连续相位分布则需要对包裹相位$\delta(x,y)$进行相位展开(phase unwrapping)。利用二维相位展开算法,如果相邻像素之间的相位差达到或超过π,则通过增加或减少2π的整数倍相位,就可消除相位的不连续性。展开相位(unwrapped phase)与位于$0 \sim 2\pi$的包裹相位之间的关系可表示为

$$\delta_u(x,y) = \delta(x,y) + 2\pi n(x,y) \tag{8.37}$$

式中,$n(x,y)$为整数。

图 8.5 所示为时间相移相位分布图,其中图 8.5(a)和图 8.5(b)为包裹相位图,其相位区间分别为$-\pi/2 \sim \pi/2$和$0 \sim 2\pi$,图 8.5(c)为连续相位图或展开相位图。

图 8.6 所示为空间载波相位分布图,其中图 8.6(a)是调制包裹相位分布,图 8.6(b)是调制连续相位分布,图 8.6(c)是变形连续相位分布。

图 8.5　时间相移相位分布图

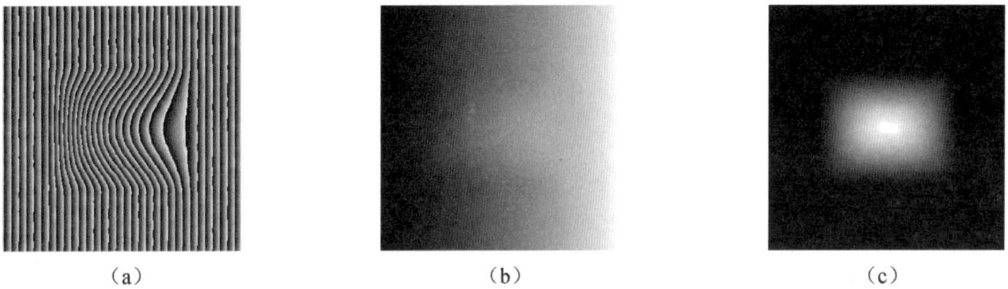

图 8.6　空间载波相位分布图

第 9 章　干涉图像处理

在现代光测技术中所得到的干涉条纹图像往往含有严重的噪声，为了得到表征物体变形的相位分布，则需要对干涉条纹图像进行处理。干涉图像处理是指采用一定算法对光测图像进行诸如操作、分割、变换和滤波等方面的处理，从而获得所需要的干涉图像。

目前，傅里叶变换、余弦变换和小波变换等图像变换技术以及空域平滑滤波、频域低通滤波、同态低通滤波和小波低通滤波等图像滤波技术已广泛应用于现代光测技术领域的干涉图像处理。

9.1 图 像 变 换

当数字图像阵列很大时，若直接在空域进行处理，计算量将会很大。为了减小计算量，此时可以采用频域处理方法，即通过图像变换，如离散傅里叶变换（discrete Fourier transform，DFT）、离散余弦变换（discrete cosine transform，DCT）和离散小波变换（discrete wavelet transform，DWT）等，将图像从空域变换到频域，在频域对图像进行处理，处理结果再从频域反变换到空域，进而得到所需要的图像。

9.1.1 离散傅里叶变换

离散傅里叶变换描述了离散信号的空域表示与频域表示之间的关系，是信号处理的有效工具之一，对频谱分析、卷积与相关运算、滤波处理、功率谱分析和传递函数建模等的快速计算起到了关键作用。利用离散傅里叶变换的空域与频域分析方法可解决很多图像处理问题，因而离散傅里叶变换在数字图像处理领域具有广泛应用。

1. 离散傅里叶变换原理

1）一维离散傅里叶变换

设 $f(x)$ 是在时域上等间隔采样得到的 M 点离散信号，其中 x 是离散实变量，即 $x=0,1,\cdots,M-1$，则一维离散傅里叶变换定义为

$$F(u)=\sum_{x=0}^{M-1}f(x)\exp\left\{-\mathrm{i}2\pi\frac{xu}{M}\right\}\quad(u=0,1,\cdots,M-1)\tag{9.1}$$

式中，u 为离散频率变量；$\exp\left\{-\mathrm{i}2\pi\frac{xu}{M}\right\}$ 为变换核。

一维离散傅里叶反变换定义为

$$f(x)=\frac{1}{M}\sum_{u=0}^{M-1}F(u)\exp\left\{\mathrm{i}2\pi\frac{xu}{M}\right\}\quad(x=0,1,\cdots,M-1)\tag{9.2}$$

式中，$\exp\left\{\mathrm{i}2\pi\dfrac{xu}{M}\right\}$为反变换核。

2）二维离散傅里叶变换

设 $f(x,y)$是在空域上等间隔采样得到的 $M\times N$ 的二维离散信号，其中 x、y 是离散实变量，则二维离散傅里叶变换定义为

$$F(u,v)=\sum_{x=0}^{M-1}\sum_{y=0}^{N-1}f(x,y)\exp\left\{-\mathrm{i}2\pi\left(\frac{xu}{M}+\frac{yv}{N}\right)\right\}\quad\begin{pmatrix}u=0,1,\cdots,M-1\\ v=0,1,\cdots,N-1\end{pmatrix}\tag{9.3}$$

式中，u、v 为离散频率变量。

二维离散傅里叶反变换定义为

$$f(x,y)=\frac{1}{MN}\sum_{u=0}^{M-1}\sum_{v=0}^{N-1}F(u,v)\exp\left\{\mathrm{i}2\pi\left(\frac{xu}{M}+\frac{yv}{N}\right)\right\}\quad\begin{pmatrix}x=0,1,\cdots,M-1\\ y=0,1,\cdots,N-1\end{pmatrix}\tag{9.4}$$

2. 快速傅里叶变换原理

在数字图像处理中，当图像阵列较大时，直接采用离散傅里叶变换往往具有很大的计算量。为了减小计算量，提出了快速傅里叶变换(fast Fourier transform，FFT)。快速傅里叶变换就是将离散傅里叶变换的乘法运算转变为加(减)法运算。快速傅里叶变换的提出为离散傅里叶变换的广泛应用奠定了基础。

1）一维快速傅里叶变换

设变换核表示为

$$W_M^{xu}=\exp\left\{-\mathrm{i}2\pi\frac{xu}{M}\right\}\tag{9.5}$$

则一维离散傅里叶变换可表示为

$$F(u)=\sum_{x=0}^{M-1}f(x)W_M^{xu}\quad(u=0,1,\cdots,M-1)\tag{9.6}$$

上式表明，每计算一个 $F(u)$，需要进行 M 次乘法和($M-1$)次加法。对 M 个采样点，则要进行 M^2 次乘法和 $M(M-1)$次加法。当 M 很大时，计算量将非常大。如果将偶数项和奇数项分开，则式(9.6)可表示为

$$F(u)=\sum_{x=0}^{M/2-1}f(2x)W_M^{2xu}+\sum_{x=0}^{M/2-1}f(2x+1)W_M^{(2x+1)u}\quad(u=0,1,\cdots,M/2-1)\tag{9.7}$$

利用 $W_M^{2xu}=W_{M/2}^{xu}$，得

$$F(u)=\sum_{x=0}^{M/2-1}f(2x)W_{M/2}^{xu}+W_M^u\sum_{x=0}^{M/2-1}f(2x+1)W_{M/2}^{xu}\quad(u=0,1,\cdots,M/2-1)\tag{9.8}$$

设 $F_{\mathrm{e}}(u)=\sum\limits_{x=0}^{M/2-1}f(2x)W_{M/2}^{xu}$ 和 $F_{\mathrm{o}}(u)=\sum\limits_{x=0}^{M/2-1}f(2x+1)W_{M/2}^{xu}$，则式(9.8)可表示为

$$F(u)=F_{\mathrm{e}}(u)+W_M^uF_{\mathrm{o}}(u)\quad(u=0,1,\cdots,M/2-1)\tag{9.9}$$

式中，$F_{\mathrm{e}}(u)$和 $F_{\mathrm{o}}(u)$分别为偶数项和奇数项；u 的取值范围为(0,1,…,$M/2-1$)，而不是

$(0,1,\cdots,M-1)$，因此还需要考虑取值范围$(M/2,M/2+1,\cdots,M-1)$的情况。

在$(M/2,M/2+1,\cdots,M-1)$范围的$F(u+M/2)$可表示为

$$F(u+M/2)=\sum_{x=0}^{M/2-1}f(2x)W_M^{2x(u+M/2)}+\sum_{x=0}^{M/2-1}f(2x+1)W_M^{(2x+1)(u+M/2)}\quad(u=0,1,\cdots,M/2-1)\tag{9.10}$$

利用$W_M^{2xu}=W_{M/2}^{xu}$、$W_M^{xM}=1$和$W_M^{M/2}=-1$，得

$$\begin{aligned}F(u+M/2)&=\sum_{x=0}^{M/2-1}f(2x)W_{M/2}^{xu}-W_M^u\sum_{x=0}^{M/2-1}f(2x+1)W_{M/2}^{xu}\\&=F_e(u)-W_M^uF_o(u)\quad(u=0,1,\cdots,M/2-1)\end{aligned}\tag{9.11}$$

上述表明，快速傅里叶变换首先将原函数分为偶数项和奇数项，然后不断将偶数项和奇数项相加(减)，进而得到所需要的结果。快速傅里叶变换的步骤是：第1步，将1个M点的离散傅里叶变换转化为2个$M/2$点的离散傅里叶变换；第2步，将2个$M/2$点的离散傅里叶变换转化为4个$M/4$点的离散傅里叶变换；依次类推。

2）二维快速傅里叶变换

二维离散傅里叶变换可表示为

$$F(u,v)=\sum_{x=0}^{M-1}\sum_{y=0}^{N-1}f(x,y)W_M^{xu}W_N^{yv}\quad\begin{pmatrix}u=0,1,\cdots,M-1\\v=0,1,\cdots,N-1\end{pmatrix}\tag{9.12}$$

式中，$W_M^{xu}=\exp\left\{-\mathrm{i}2\pi\dfrac{xu}{M}\right\}$；$W_N^{yv}=\exp\left\{-\mathrm{i}2\pi\dfrac{yv}{N}\right\}$。

另外，式(9.12)还可分别表示为

$$F(u,v)=\sum_{x=0}^{M-1}\left[\sum_{y=0}^{N-1}f(x,y)W_N^{yv}\right]W_M^{xu}\quad\begin{pmatrix}u=0,1,\cdots,M-1\\v=0,1,\cdots,N-1\end{pmatrix}\tag{9.13}$$

或

$$F(u,v)=\sum_{y=0}^{N-1}\left[\sum_{x=0}^{M-1}f(x,y)W_M^{xu}\right]W_N^{yv}\quad\begin{pmatrix}u=0,1,\cdots,M-1\\v=0,1,\cdots,N-1\end{pmatrix}\tag{9.14}$$

上式表明，二维快速傅里叶变换可以转化为两次一维快速傅里叶变换，即可先对图像矩阵的各列(或行)取快速傅里叶变换，然后再对各行(或列)取快速傅里叶变换。因此经过两次一维快速傅里叶变换，即可实现二维快速傅里叶变换。

3. 离散傅里叶变换应用

离散傅里叶变换应用于数字图像处理的基本思路是将数字图像从空域变换到频域，然后在频域中利用低通滤波(low-pass filtering)、高通滤波(high-pass filtering)或带通滤波(band-pass filtering)等对数字图像进行处理。

图9.1所示为离散傅里叶变换在现代光测技术中的应用。图9.1(a)和图9.1(b)为对应于物体变形前后的两幅单曝光数字散斑图；图9.1(c)为散斑图经过离散傅里叶变换后得到的傅里叶频谱分布；图9.1(d)为所设计的理想带通滤波器；图9.1(e)为带通滤波后的傅

里叶频谱分布；图 9.1(f)为经过离散傅里叶反变换后得到的离面位移导数的等值条纹图。

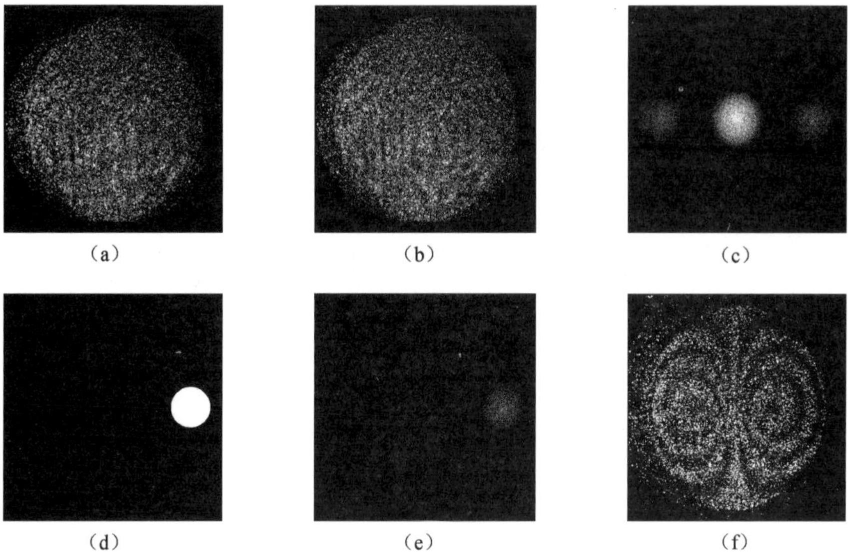

图 9.1　傅里叶变换的应用

9.1.2　离散余弦变换

尽管离散傅里叶变换在信号处理和图像处理中获得了广泛应用，但离散傅里叶变换要涉及复数运算，因此运算量较大，复数运算量相当于实数的两倍。为了克服傅里叶变换的上述问题，提出了离散余弦变换。离散余弦变换是以一组不同频率和不同幅值的余弦函数之和来近似表征一幅图像，实际上它是傅里叶变换的实数部分，因此离散余弦变换的运算量较小。

1. 离散余弦变换原理

1) 一维离散余弦变换

设 $f(x)$为一维实数离散序列，其中 $x=0,1,\cdots,M-1$，则一维离散余弦变换定义为

$$F(u)=C(u)\sum_{x=0}^{M-1}f(x)\cos\left[\frac{\pi(2x+1)u}{2M}\right]\quad(u=0,1,\cdots,M-1)\tag{9.15}$$

式中，u 为离散频率变量；$C(u)=\begin{cases}1/\sqrt{M} & (u=0)\\ \sqrt{2/M} & (u=1,2,\cdots,M-1)\end{cases}$。

一维离散余弦反变换定义为

$$f(x)=C(x)\sum_{u=0}^{M-1}F(u)\cos\left[\frac{\pi(2x+1)u}{2M}\right]\quad(x=0,1,\cdots,M-1)\tag{9.16}$$

式中，$C(x)=\begin{cases}1/\sqrt{M} & (x=0)\\ \sqrt{2/M} & (x=1,2,\cdots,M-1)\end{cases}$。

显然，对于离散余弦变换，其变换和反变换具有相同的变换核。

2）二维离散余弦变换

设 $f(x,y)$为二维实数离散序列，其中 $x=0,1,\cdots,M-1$；$y=0,1,\cdots,N-1$，则二维离散余弦变换定义为

$$F(u,v)=C(u)C(v)\sum_{x=0}^{M-1}\sum_{y=0}^{N-1}f(x,y)\cos\left[\frac{\pi(2x+1)u}{2M}\right]\cdot\cos\left[\frac{\pi(2y+1)v}{2N}\right]$$

$$(u=0,1,\cdots,M-1;v=0,1,\cdots,N-1) \tag{9.17}$$

式中，$C(u)=\begin{cases}1/\sqrt{M} & (u=0)\\ \sqrt{2/M} & (u=1,2,\cdots,M-1)\end{cases}$；$C(v)=\begin{cases}1/\sqrt{N} & (v=0)\\ \sqrt{2/N} & (v=1,2,\cdots,N-1)\end{cases}$。

二维离散余弦反变换定义为

$$F(x,y)=C(x)C(y)\sum_{u=0}^{M-1}\sum_{v=0}^{N-1}f(u,v)\cos\left[\frac{\pi(2x+1)u}{2M}\right]\cdot\cos\left[\frac{\pi(2y+1)v}{2N}\right]$$

$$(x=0,1,\cdots,M-1;y=0,1,\cdots,N-1) \tag{9.18}$$

式中，$C(x)=\begin{cases}1/\sqrt{M} & (x=0)\\ \sqrt{2/M} & (x=1,2,\cdots,M-1)\end{cases}$；$C(y)=\begin{cases}1/\sqrt{N} & (y=0)\\ \sqrt{2/N} & (y=1,2,\cdots,N-1)\end{cases}$。

2. 离散余弦变换应用

离散余弦变换同离散傅里叶变换一样，将数字图像从空域变换到频域，然后在频域中对数字图像进行处理。离散余弦变换在现代光测技术中的主要应用是进行图像滤波和图像压缩。

图 9.2 所示为离散余弦变换在现代光测技术中的应用。图 9.2(a)和图 9.2(b)为对

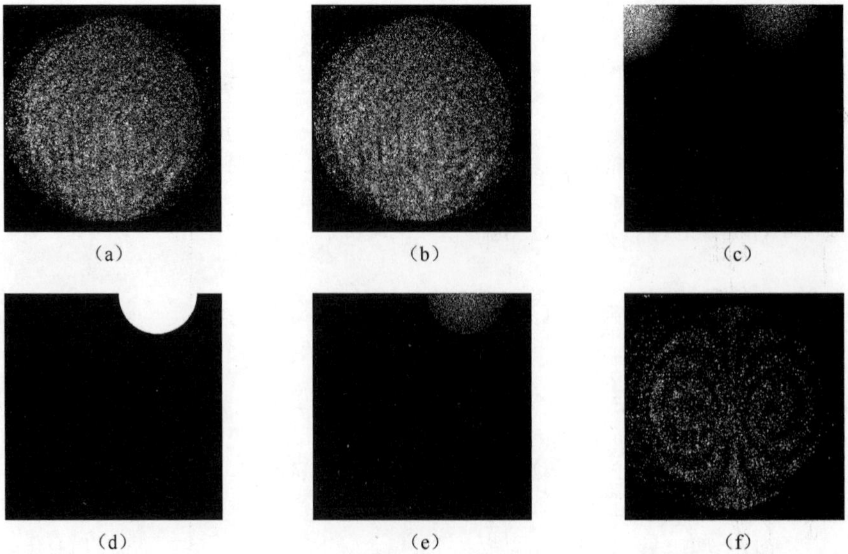

图 9.2　余弦变换的应用

应于物体变形前后的两幅单曝光数字散斑图；图 9.2(c)为数字散斑图经过离散余弦变换后得到的频谱分布；图 9.2(d)为带通滤波器；图 9.2(e)为滤波后的频谱；图 9.2(f)为经过离散余弦反变换后得到的离面位移导数的等值条纹图。

9.1.3　离散小波变换

傅里叶变换自提出以来一直是信号分析和图像处理的重要工具。然而，傅里叶变换无法处理非平稳信息。因此，寻找新的变换技术，使之能够处理非平稳信息就成为新的研究热点。小波变换(wavelet transform，WT)正是在这样的需求背景下发展起来的变换技术。

与傅里叶变换相比，小波变换是时(空)域和频域的局域变换，能更有效地提取和分析局部信息。小波变换能够将信号和图像按小波分解，根据需要确定分解层次，可以有效控制计算量。另外，小波变换具有缩放(scaling)和平移(shifting)功能，可以产生不同尺度的信号和图像。小波变换因具有上述这些优点而在信号和图像处理领域具有广泛应用。

1. 连续小波变换原理

1) 一维连续小波变换

小波(wavelet)是通过对基本小波进行缩放和平移而得到。基本小波是指均值为零的有限振荡波形，满足条件

$$\begin{aligned} &\int_{-\infty}^{\infty}\psi(x)\mathrm{d}x = 0 \\ &C_\psi = \int_{-\infty}^{\infty}\frac{|\hat{\psi}(\omega)|^2}{|\omega|}\mathrm{d}\omega < \infty \end{aligned} \tag{9.19}$$

式中，$\hat{\psi}(\omega)=\int_{-\infty}^{\infty}\psi(x)\exp\{-\mathrm{i}\omega x\}\mathrm{d}x$；$C_\psi$ 是与 ψ 有关的常数。一维连续小波函数可表示为

$$\psi_{a,b}(x) = \frac{1}{\sqrt{a}}\psi\left(\frac{x-b}{a}\right)(a,b\in\mathbf{R},a>0) \tag{9.20}$$

一维连续小波变换(continuous wavelet transform，CWT)定义为

$$W(a,b) = \int_{-\infty}^{\infty}f(x)\psi_{a,b}^{*}(x)\mathrm{d}x(a,b\in\mathbf{R},a>0) \tag{9.21}$$

式中，* 表示复共轭。其反变换(inverse continuous wavelet transform，ICWT)定义为

$$f(x) = \frac{1}{C_\psi}\int_0^{\infty}\int_{-\infty}^{\infty}W(a,b)\psi_{a,b}(x)\frac{\mathrm{d}a\mathrm{d}b}{a^2} \tag{9.22}$$

式中，$C_\psi = \int_{-\infty}^{\infty}\frac{|\hat{\psi}(\omega)|^2}{|\omega|}\mathrm{d}\omega$。

2) 二维连续小波变换

二维连续小波函数定义为

$$\psi_{a,b,c}(x,y) = \frac{1}{a}\psi\left(\frac{x-b}{a},\frac{y-c}{a}\right)(a,b,c\in\mathbf{R},a>0) \tag{9.23}$$

二维连续小波变换定义为

$$W(a,b,c)=\int_{-\infty}^{\infty}f(x,y)\psi_{a,b,c}^{*}(x,y)\mathrm{d}x\mathrm{d}y\quad(a,b,c\in\mathbf{R},a>0)\tag{9.24}$$

其反变换定义为

$$f(x,y)=\frac{1}{C_{\psi}}\int_{0}^{\infty}\int_{-\infty}^{\infty}\int_{-\infty}^{\infty}W(a,b,c)\psi_{a,b,c}(x,y)\frac{\mathrm{d}a\mathrm{d}b\mathrm{d}c}{a^{3}}\tag{9.25}$$

式中，$C_{\psi}=\int_{-\infty}^{\infty}\int_{-\infty}^{\infty}\frac{|\hat{\psi}(\omega_1,\omega_2)|^2}{|\omega_1^2+\omega_2^2|}\mathrm{d}\omega_1\mathrm{d}\omega_2$。

2. 离散小波变换原理

1）一维离散小波变换

设尺度因子 $a=2^j$ 和平移因子 $b=ka=k2^j$，则一维离散小波函数可表示为

$$\psi_{j,k}(x)=\frac{1}{\sqrt{2^j}}\psi\left(\frac{1}{2^j}x-k\right)\quad(j,k\in\mathbf{Z})\tag{9.26}$$

式中，$\psi_{0,0}(x)=\psi(x)$。则一维离散小波变换(discrete wavelet transfor，DWT)定义为

$$W(j,k)=\int_{-\infty}^{\infty}f(x)\psi_{j,k}^{*}(x)\mathrm{d}x\quad(j,k\in\mathbf{Z})\tag{9.27}$$

其反变换(inverse discrete wavelet transform，IDWT)定义为

$$f(x)=\sum_{-\infty}^{\infty}\sum_{-\infty}^{\infty}W(j,k)\psi_{j,k}(x)\quad(j,k\in\mathbf{Z})\tag{9.28}$$

2）二维离散小波变换

将一维离散小波变换推广到二维，即可得到二维离散小波变换。设 $\varphi_{j,k}(x)$和 $\varphi_{j,l}(y)$是一维离散尺度函数，$\psi_{j,k}(x)$和 $\psi_{j,l}(y)$是相应的一维离散小波函数，则二维离散小波函数为

$$\begin{aligned}\varphi_{\mathrm{A}}(x,y)&=\varphi_{j,k}(x)\varphi_{j,l}(y)\\\psi_{\mathrm{H}}(x,y)&=\varphi_{j,k}(x)\psi_{j,l}(y)\\\psi_{\mathrm{V}}(x,y)&=\psi_{j,k}(x)\varphi_{j,l}(y)\\\psi_{\mathrm{D}}(x,y)&=\psi_{j,k}(x)\psi_{j,l}(y)\end{aligned}\quad(j,k,l\in\mathbf{Z})\tag{9.29}$$

式中，$\varphi_{\mathrm{A}}(x,y)$为二维离散尺度函数；$\psi_{\mathrm{H}}(x,y)$、$\psi_{\mathrm{V}}(x,y)$和 $\psi_{\mathrm{D}}(x,y)$为分别与水平、垂直和对角细节对应的二维离散小波函数。

二维离散小波变换可以转化为两次一维离散小波变换，首先对图像矩阵的各行进行离散小波变换，然后再对各列进行离散小波变换。经过两次一维离散小波变换，即可实现二维离散小波变换，如图 9.3 所示。二维离散小波变换将二维数字图像在不同尺度上进行分解(decomposition)，分解结果包括近似分量 cA、水平细节分量 cH、垂直细节分量 cV 和对角细节分量 cD。

图中，[2↓1]表示对列降样(downsample columns)，保留偶数列；[1↓2]表示对行降样

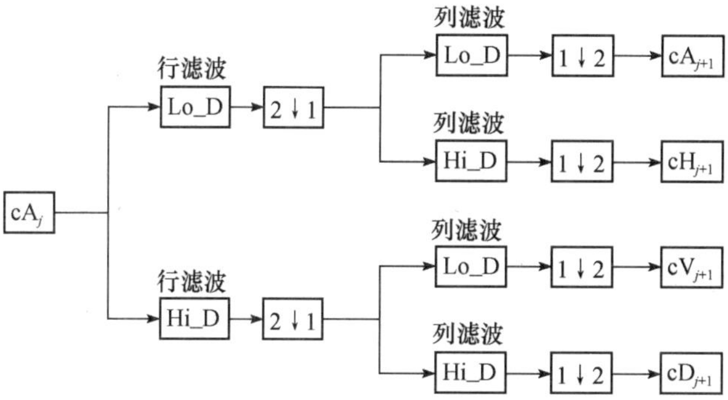

图 9.3　二维小波分解示意图

(downsample rows),保留偶数行。

二维离散小波反变换是利用二维小波变换结果在不同尺度上进行二维数字图像重构(reconstruction)。二维离散小波反变换也可以转化为两次一维离散小波反变换,首先对图像矩阵的各列进行离散小波反变换,然后再对各行进行离散小波反变换。经过两次一维离散小波反变换,即可实现二维离散小波反变换,如图 9.4 所示。

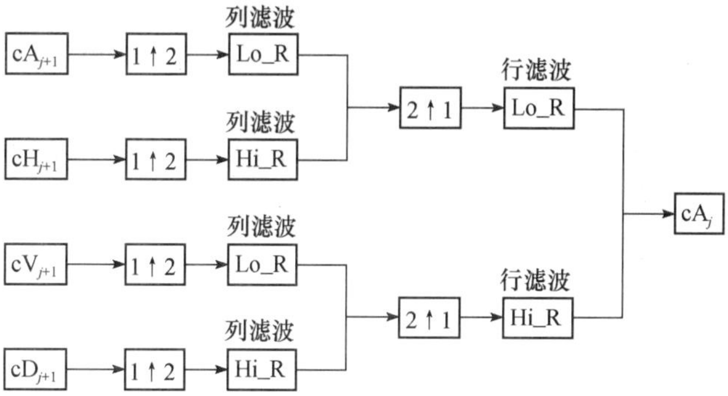

图 9.4　二维小波重构示意图

图中,1↑2表示对行升样(upsample rows),奇数行插入 0;2↑1表示对列升样(upsample columns),奇数列插入 0。

对二维图像进行单层(single-level)离散二维小波变换,可产生 1 个近似(approximation)子图 cA1 和 3 个细节(detail)子图(即水平细节 cH1、垂直细节 cV1 和对角细节 cD1)。对图像进行单层离散二维小波分解后的子图分布如图 9.5 所示。cA1 子图反映原图的低频信息,cH1 子图反映原图水平细节的高频信息,cV1 子图反映原图垂直细节的高频信息,cD1 子图反映原图对角细节的高频信息。

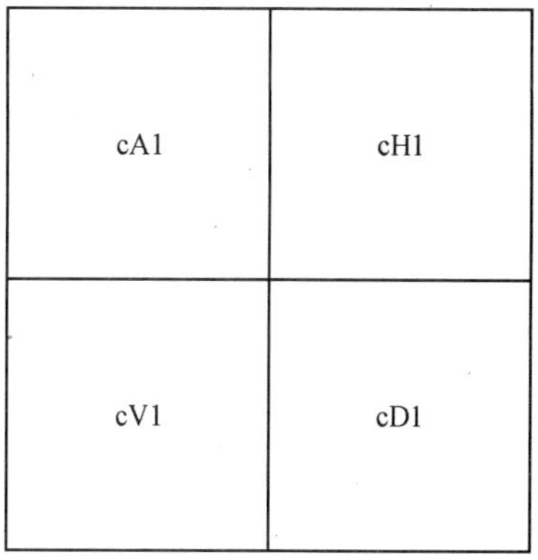

图 9.5　小波单层分解子图分布

图像的下层小波变换是在前层产生的低频子图的基础之上进行,依次重复即可完成图像的多层

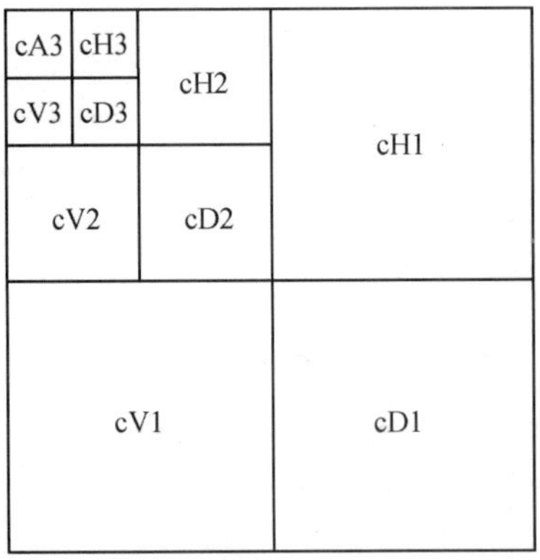

图 9.6　小波三层分解子图分布

(multi-level)离散二维小波分解。由于对图像每进行一层小波变换，就相当于在水平和垂直方向分别进行隔点采样，因此变换后的图像就分解为 4 个大小为前层图像 1/4 尺寸的频带子图。对图像进行三层离散二维小波分解后的子图分布如图 9.6 所示。

3. 离散小波变换应用

离散二维小波变换将数字图像从空域变换到频域，然后在频域中对数字图像进行处理。离散二维小波变换在现代光测技术中的主要应用是进行图像滤波和图像融合。

图 9.7 所示为离散二维小波变换在现代光测技术中的应用。图 9.7(a)和图 9.7(b)为对应于物体变形前后的两幅单曝光数字散斑图；图 9.7(c)为散斑图经过离散二维小波分解后的高频细节分量经过离散二维小波重构后得到的离面位移导数的等值条纹图。

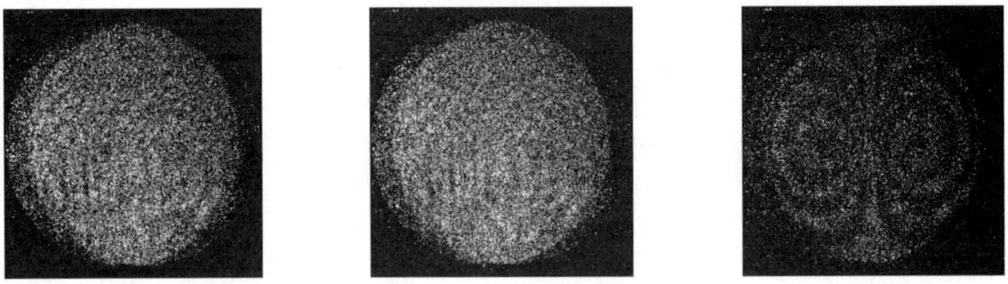

(a)　　(b)　　(c)

图 9.7　小波变换的应用

9.2　图像滤波

图像滤波技术分为空域滤波、频域滤波、同态滤波和小波滤波等。空域滤波包括平滑滤波和锐化滤波。频域滤波包括低通滤波、高通滤波和带通滤波。同态滤波包括低通滤波和高通滤波。小波滤波包括低通滤波和高通滤波。

图像往往存在噪声(图 9.8)，因此在进行相位计算之前，需要选用合适的图像滤波方法进行噪声抑制或消除。图 9.8(a)、图 9.8(b)和图 9.8(c)为采用三步相移得到的干涉条

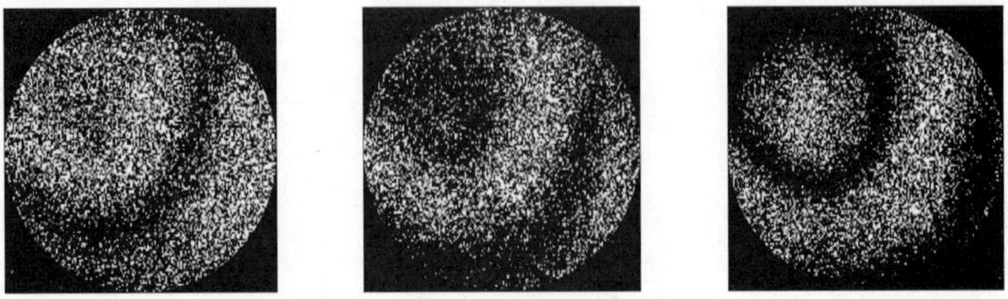

(a)　　(b)　　(c)

图 9.8　干涉条纹图

纹图，相移量依次为 0、$\pi/2$ 和 π。

由于空域平滑滤波、频域低通滤波、同态低通滤波和小波低通滤波具有抑制或消除高频噪声的作用，因此广泛应用于现代光测技术。

9.2.1　空域平滑滤波

空域平滑滤波就是在空域对图像中的各个像素点的灰度值进行平滑处理。空域平滑滤波包括均值滤波、中值滤波和自适应滤波。均值滤波是用具有奇数点的滑动窗口在图像上滑动，将窗口中心点对应的图像像素点的灰度值用窗口内的各个点的灰度值的平均值代替，窗口中灰度极高或极低的像素点对这种方法的影响很大，易造成边缘模糊。中值滤波是用邻域中灰度的中值代替图像的当前点，能够在去除噪声的同时保留图像边缘细节，中值滤波不会产生明显的模糊边缘。自适应滤波是利用局部方差和图像噪声对输出像素邻域均值进行修正，将修正后的均值作为输出像素的灰度。

1. 均值滤波

均值滤波实际上就是对输出像素邻域进行平均操作，再将平均值作为输出像素的灰度。均值滤波先要构造一个滤波模板，然后利用模板对图像进行滤波处理。

设 S 为包含像素 (x_0, y_0) 的邻域集合，(x,y) 为集合 S 中的像素，$f(x,y)$ 为像素 (x,y) 处的灰度值，则均值滤波后在像素 (x_0,y_0) 处的灰度值可表示为

$$F(x_0, y_0) = \frac{\sum\limits_{(x,y)\in S} h(x,y) f(x,y)}{\sum\limits_{(x,y)\in S} h(x,y)} \tag{9.30}$$

式中，$h(x,y)$ 为像素 (x,y) 处的权重。

图 9.9 所示为均值滤波结果。图 9.9(a)、图 9.9(b) 和图 9.9(c) 分别为图 9.8(a)、图

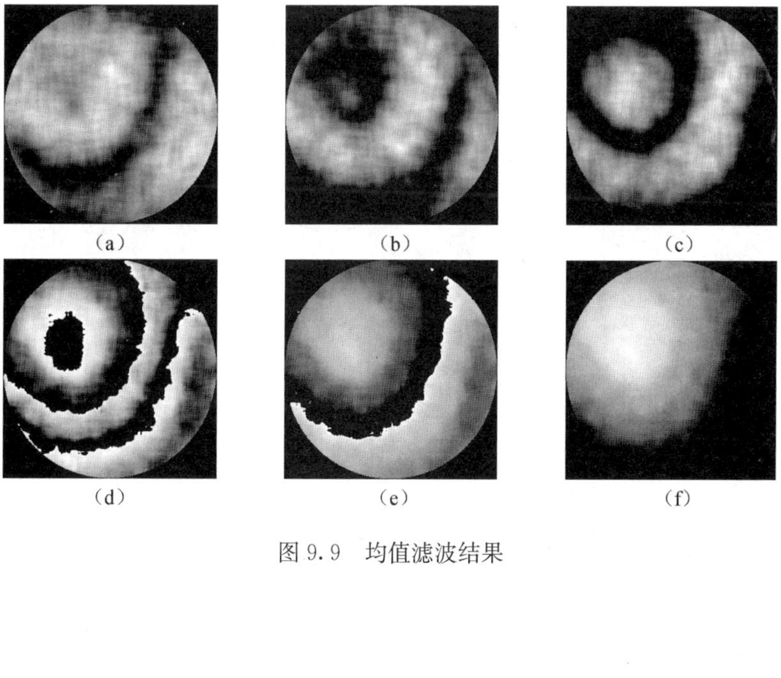

图 9.9　均值滤波结果

9.8(b)和图 9.8(c)的均值滤波结果;图 9.9(d)和图 9.9(e)分别为相位在 $-\pi/2\sim\pi/2$ 和 $0\sim2\pi$ 的包裹相位分布;图 9.9(f)为连续相位分布。

2. 中值滤波

中值滤波是非线性低通滤波方法,它可以有效保护图像边缘,同时可以去除噪声。与均值滤波不同,中值滤波是将邻域中的像素按灰度级排序,取中间值为输出像素。

设 S 为包含像素 (x_0,y_0) 的邻域集合,(x,y) 为集合 S 中的像素,$f(x,y)$ 为像素 (x,y) 处的灰度值,则中值滤波后在像素 (x_0,y_0) 处的灰度值可表示为

$$F(x_0,y_0)=\Big[\underset{(x,y)\in S}{\text{sort}}\, f(x,y)\Big]_{\frac{m\times n+1}{2}} \tag{9.31}$$

式中,sort 表示排序;$m\times n$ 表示集合 S 中的像素个数,即滤波窗口大小。m 和 n 可以取不同值,这样可以得到不同滤波窗口。通常取奇数窗口,这样比较容易得到中值灰度值。中值滤波的效果与窗口的形状和大小有密切的关系。对二维图像,窗口的形状可以是矩形、圆形或十字形等,窗口的中心一般位于被处理点上。

图 9.10 所示为中值滤波结果。图 9.10(a)、图 9.10(b)和图 9.10(c)分别为图 9.8(a)、图 9.8(b)和图 9.8(c)的中值滤波结果;图 9.10(d)和图 9.10(e)分别为相位在 $-\pi/2\sim\pi/2$ 和 $0\sim2\pi$ 的包裹相位分布;图 9.10(f)为连续相位分布。

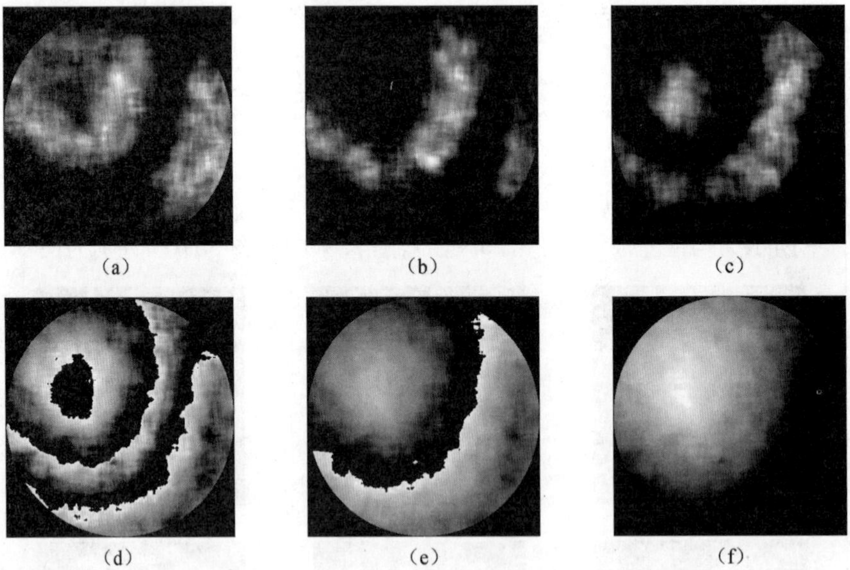

图 9.10　中值滤波结果

3. 自适应滤波

自适应滤波先利用模板对图像进行均值滤波,然后再根据局部方差和图像噪声对均值进行修正。

设 S 为包含像素 (x_0,y_0) 的邻域集合,(x,y) 为集合 S 中的像素,$f(x,y)$ 为像素 (x,y) 处

的灰度值，则自适应滤波后在像素(x_0, y_0)处的灰度值可表示为

$$F(x_0, y_0) = f(x,y) - \sigma^2 \frac{f(x,y) - \frac{1}{mn}\sum_{(x,y)\in S} f(x,y)}{\frac{1}{mn}\sum_{(x,y)\in S} f^2(x,y) - \left[\frac{1}{mn}\sum_{(x,y)\in S} f(x,y)\right]^2} \tag{9.32}$$

式中，$m\times n$ 表示集合 S 中的像素个数；σ^2 表示图像噪声。

图 9.11 所示为自适应滤波结果。图 9.11(a)、图 9.11(b)和图 9.11(c)分别为图 9.8(a)、图 9.8(b)和图 9.8(c)的自适应滤波结果；图 9.11(d)和图 9.11(e)分别为相位在 $-\pi/2\sim\pi/2$ 和 $0\sim2\pi$ 的包裹相位分布；图 9.11(f)为连续相位分布。

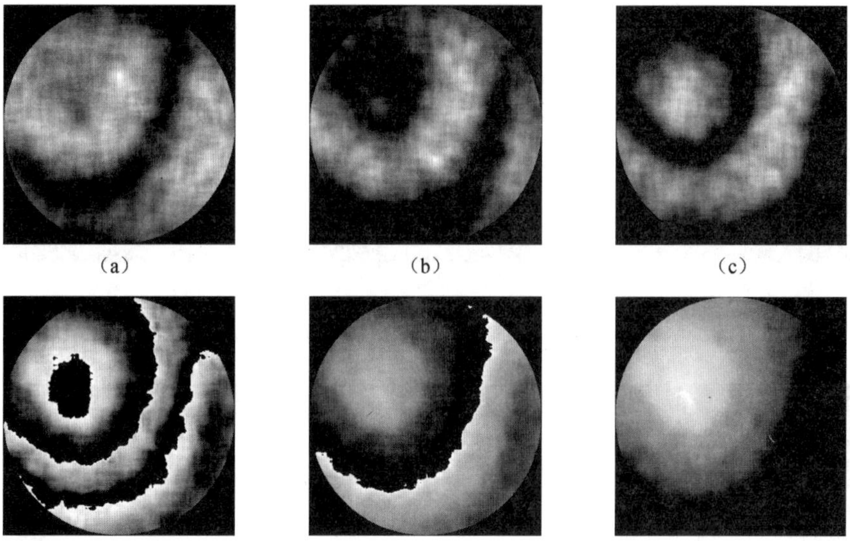

(a)　(b)　(c)　(d)　(e)　(f)

图 9.11　自适应滤波结果

9.2.2　频域低通滤波

频域低通滤波就是在频域对图像进行低通滤波，然后再进行反变换，得到处理后的图像。对图像进行傅里叶变换和余弦变换就能得到它的频谱分布，图像信息对应于低频分量，而图像的细节和边界则对应于高频分量。采用低通滤波可以突出图像信息，淡化图像的细节和边界。

物体的变形信息对应于频谱的低频分量，而噪声则对应于频谱的高频分量，通过滤掉高频分量就可抑制或消除噪声，因此低通滤波技术在现代光测技术中具有广泛应用。

频域低通滤波主要包括理想低通滤波、巴特沃思低通滤波和指数低通滤波等。

1. 理想低通滤波

理想低通滤波器定义为

$$H(u,v) = \begin{cases} 1 & (D(u,v) \leqslant D_0) \\ 0 & (D(u,v) > D_0) \end{cases} \tag{9.33}$$

式中，$H(u,v)$为传递函数；D_0 为截止频率；$D(u,v)=\sqrt{u^2+v^2}$。

图 9.12 和图 9.13 所示为理想低通滤波结果。图 9.12(a)、图 9.12(b)和图 9.12(c)

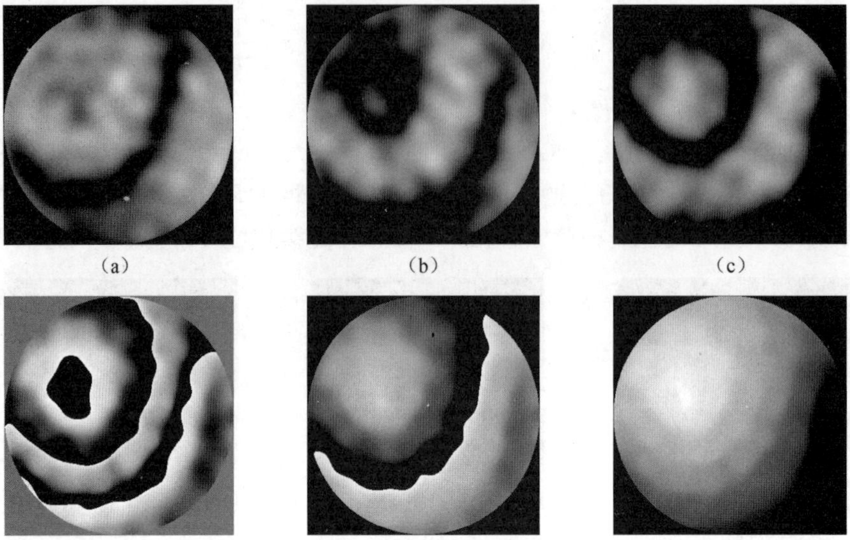

(a) (b) (c)

(d) (e) (f)

图 9.12 傅里叶变换理想低通滤波结果

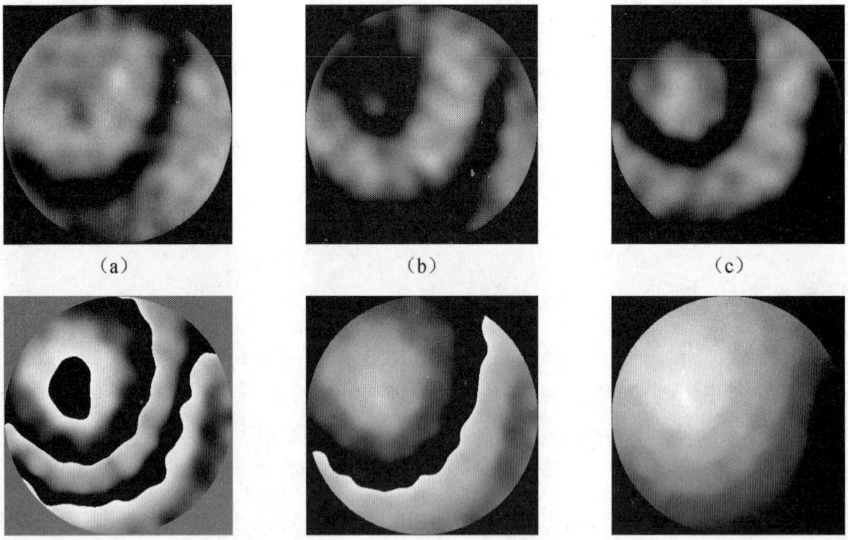

(a) (b) (c)

(d) (e) (f)

图 9.13 余弦变换理想低通滤波结果

分别为图 9.8(a)、图 9.8(b)和图 9.8(c)的傅里叶变换理想低通滤波结果，图 9.13(a)、图 9.13(b)和图 9.13(c)分别为图 9.8(a)、图 9.8(b)和图 9.8(c)的余弦变换理想低通滤波结果。图 9.12 和图 9.13 中的(d)和(e)分别为相位在$-\pi/2\sim\pi/2$ 和 $0\sim2\pi$ 的包裹相位分布，图 9.12(f)和图 9.13(f)分别为连续相位分布。

2. 巴特沃思低通滤波

巴特沃思低通滤波器定义为

$$H(u,v)=\frac{1}{1+\left[\dfrac{D(u,v)}{D_0}\right]^{2n}} \tag{9.34}$$

式中，D_0 为截止频率；n 表示滤波器的阶数。当 $D(u,v)=D_0$ 时，$H(u,v)=0.5$。

图 9.14 和图 9.15 所示分别为巴特沃思低通滤波结果，其中图 9.14 采用傅里叶变

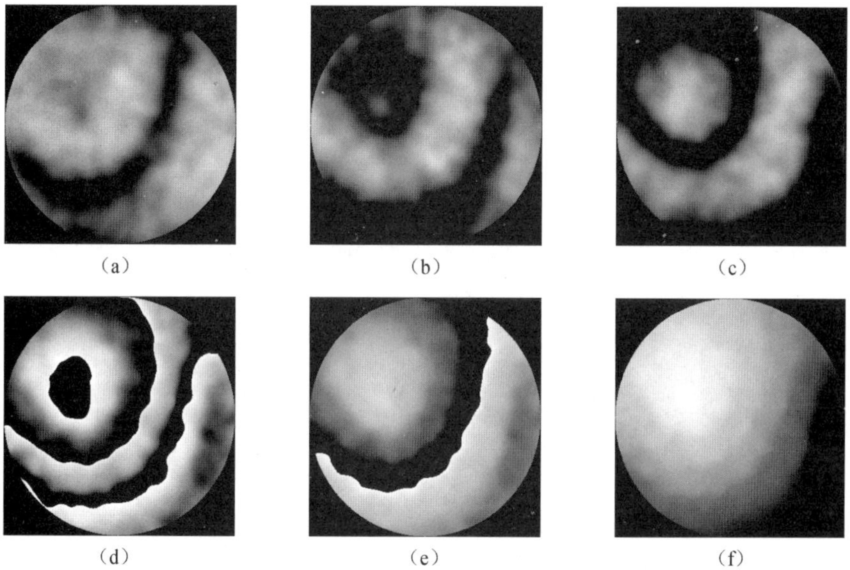

图 9.14　傅里叶变换巴特沃思低通滤波结果

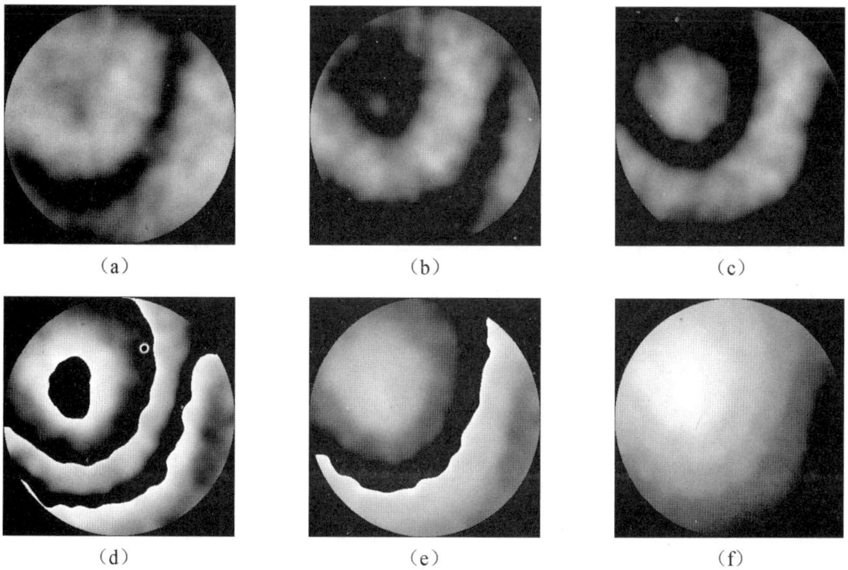

图 9.15　余弦变换巴特沃思低通滤波结果

换，图 9.15 采用余弦变换。

3. 指数低通滤波

指数低通滤波器定义为

$$H(u,v) = \exp\left\{-\frac{D^2(u,v)}{2D_0^2}\right\} \tag{9.35}$$

式中，D_0 为截止频率。当 $D(u,v)=D_0$ 时，$H(u,v)=0.6$。

图 9.16 和图 9.17 所示分别为指数低通滤波结果，其中图 9.16 采用傅里叶变换，

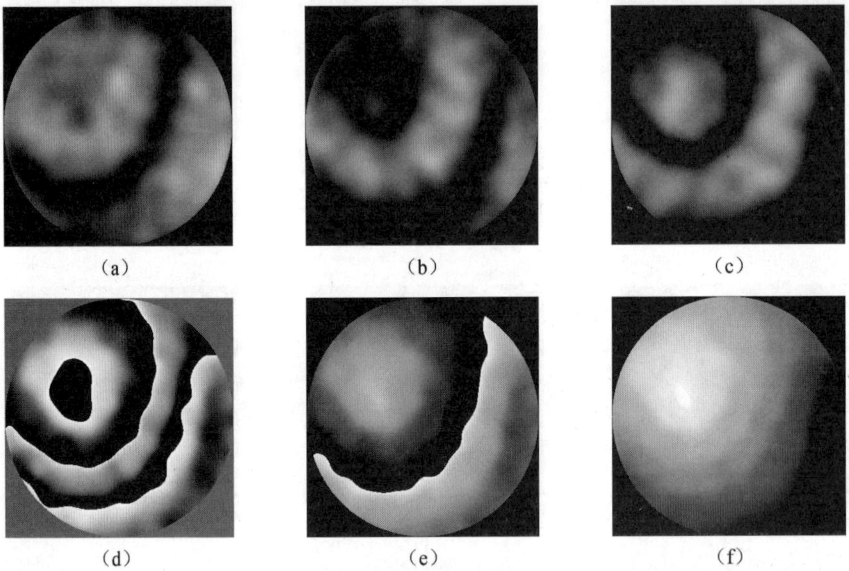

图 9.16　傅里叶变换指数低通滤波结果

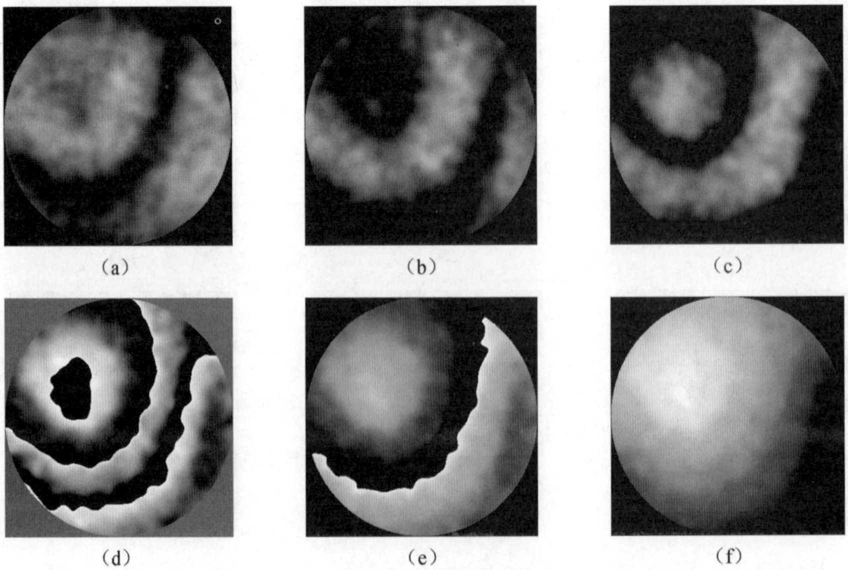

图 9.17　余弦变换指数低通滤波结果

图 9.17 采用余弦变换。

9.2.3　同态低通滤波

一幅图像可以表示为

$$f(x,y) = i(x,y)r(x,y) \tag{9.36}$$

式中，$i(x,y)$和 $r(x,y)$分别为照明分量和反射分量。取自然对数，得

$$\ln f(x,y) = \ln i(x,y) + \ln r(x,y) \tag{9.37}$$

取傅里叶变换，得

$$\mathrm{FT}[\ln f(x,y)] = \mathrm{FT}[\ln i(x,y)] + \mathrm{FT}[\ln r(x,y)] \tag{9.38}$$

式中，FT[…]表示傅里叶变换；FT[ln$i(x,y)$]和 FT[ln$r(x,y)$]分别为低频分量和高频分量。进行低通滤波，则可表示为

$$\mathrm{FT}[\ln f'(x,y)] = \mathrm{FT}[\ln i(x,y)] + \mathrm{FT}[\ln r'(x,y)] \tag{9.39}$$

进行傅里叶反变换，得

$$\mathrm{IFT}[\mathrm{FT}[\ln f'(x,y)]] = \mathrm{IFT}[\mathrm{FT}[\ln i(x,y)]] + \mathrm{IFT}[\mathrm{FT}[\ln r'(x,y)]] \tag{9.40}$$

式中，IFT[…]表示傅里叶反变换。利用傅里叶变换和反变换性质，则式(9.40)可简化为

$$\ln f'(x,y) = \ln i(x,y) + \ln r'(x,y) \tag{9.41}$$

取指数，得

$$f'(x,y) = i(x,y)r'(x,y) \tag{9.42}$$

图 9.18 和图 9.19 所示分别为同态低通滤波结果。图 9.18(a)、图 9.18(b)和图 9.18(c)

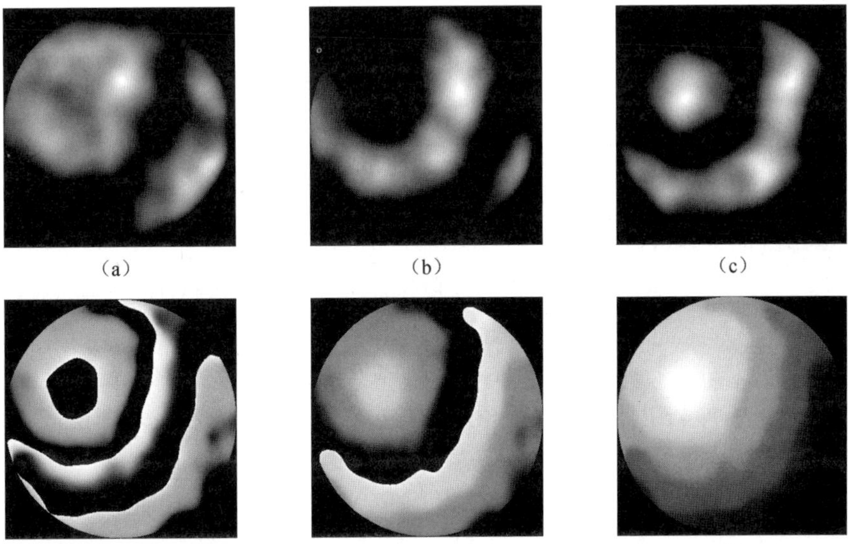

(a)　(b)　(c)

(d)　(e)　(f)

图 9.18　傅里叶变换同态低通滤波结果

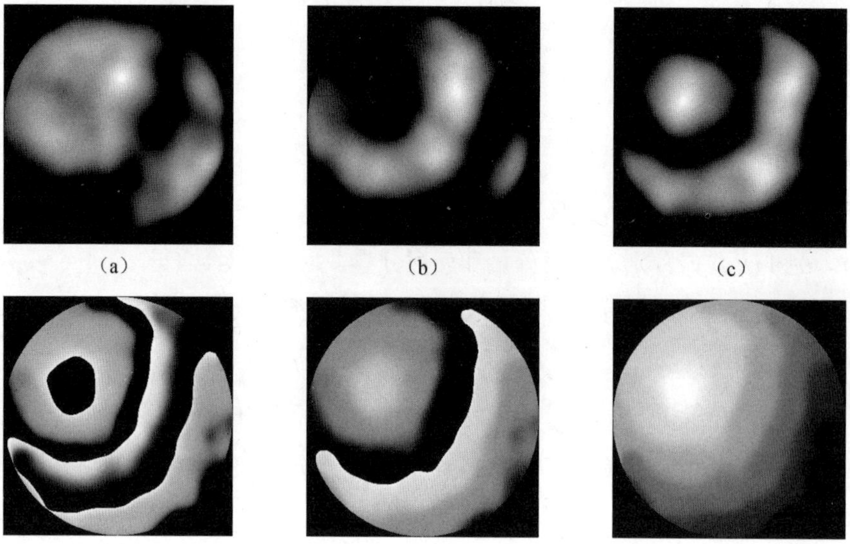

(a)　(b)　(c)

(d)　(e)　(f)

图 9.19　余弦变换同态低通滤波结果

分别为图 9.8(a)、图 9.8(b)和图 9.8(c)的傅里叶变换同态低通滤波结果，图 9.19(a)、图 9.19(b)和图 9.19(c)分别为图 9.8(a)、图 9.8(b)和图 9.8(c)的余弦变换同态低通滤波结果。图 9.18 和图 9.19 中的(d)和(e)分别为相位在$-\pi/2\sim\pi/2$和$0\sim2\pi$的包裹相位分布，图 9.18(f)和图 9.19(f)分别为连续相位分布。

9.2.4　小波低通滤波

在现代光测技术中干涉条纹图往往存在噪声，因此在进行相位计算之前，通常需要进行图像低通滤波，以便抑制或消除噪声。小波变换具有特征提取和低通滤波的综合作用，因而广泛应用于图像降噪(de-noising)处理。小波降噪就是对小波分解系数进行处理，然后进行图像重构，以便抑制或消除噪声。

小波降噪有多种方法，但以阈值降噪应用最为广泛。阈值降噪就是对小波分解后的大于(或小于)阈值的小波分解系数进行处理，然后利用处理后的小波系数重构降噪后的图像。阈值降噪的步骤可以归纳如下：

(1) 小波分解，即选取合适的小波函数和分解层次对图像进行小波变换，获取小波分解系数；

(2) 阈值处理，即选择合理的阈值，对大于(或小于)阈值的小波分解系数进行处理；

(3) 小波重构，即利用低频系数和经过处理的高频系数进行小波反变换，进而重构降噪图像。

图 9.20 所示为小波低通滤波结果。图 9.20(a)、图 9.20(b)和图 9.20(c)分别为图 9.8(a)、图 9.8(b)和图 9.8(c)的小波低通滤波结果。图 9.20 中的(d)和(e)分别为相位在$-\pi/2\sim\pi/2$和$0\sim2\pi$的包裹相位分布，图 9.20(f)为连续相位分布。

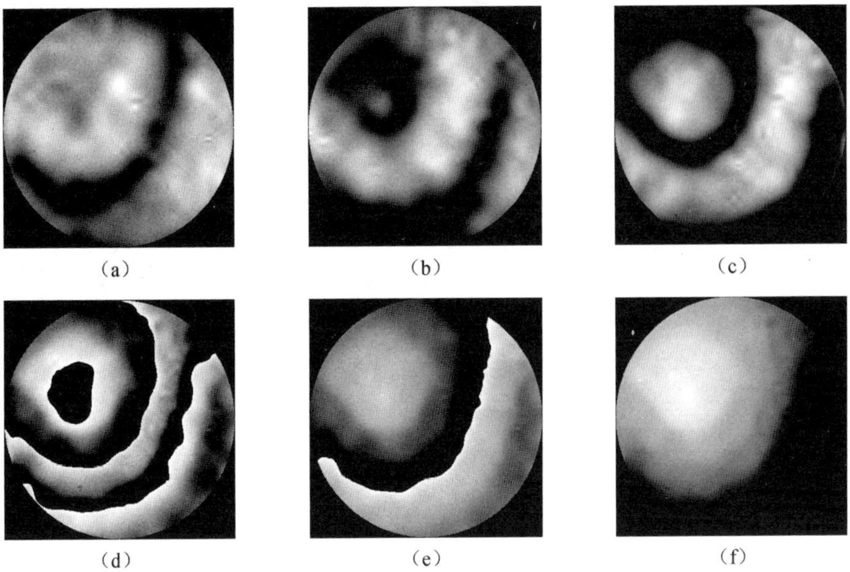

(a)　(b)　(c)　(d)　(e)　(f)

图 9.20　小波变换低通滤波结果

第10章　数字全息照相与干涉

全息照相记录的是物体光波和参考光波发生干涉而形成的干涉条纹，由于干涉条纹的空间频率通常很高，因而要求记录介质具有很高的分辨率。自从全息技术提出以来，记录介质主要采用具有很高分辨率的全息底片，但由于其感光灵敏度低，所需曝光时间长，因而对记录系统的稳定性具有较高要求。另外，全息底片记录全息图后，需要进行显影和定影等冲洗处理。为了克服全息照相的上述缺点，提出了数字全息照相(digital holography)，即采用光敏电子器件(如CCD)代替传统全息记录材料来完成全息记录。采用光敏电子器件作为记录介质无需显影和定影等冲洗过程，因而简化了记录过程。再现时，采用数字方法，模拟光波衍射来再现物体光波，因而省去了光学再现装置。

与光学全息(或传统全息)技术相比，数字全息技术具有以下优点：

(1) 采用光敏电子器件记录全息图，灵敏度高，响应速度快，能够记录运动物体的各个瞬时状态，并且对系统稳定性的要求大大降低，扩展了全息技术的应用范围；

(2) 省去烦琐的显影和定影等冲洗过程，所记录的数据直接由数据采集卡经模/数转换和量化后送到计算机进行处理，提高了效率；

(3) 数字全息可以直接得到物体光波的复振幅分布，物体的表面亮度和轮廓分布都可通过复振幅得到，因而可方便地实现多种测量；

(4) 数字全息采用计算机数字再现，可方便地对所记录的数字全息图进行图像处理，减少或消除在全息图记录过程中的像差、噪声和畸变等因素的影响，并可以方便地提取感兴趣的相位信息。

由于数字全息具有以上诸多优点，因而有着广泛的应用前景。目前，数字全息的主要应用包括以下4个方面。

(1) 数字全息干涉计量。数字全息技术可以直接得到物体的相位分布，只要记录物体变形前后的两幅数字全息图，再现出物体变形前后的物体光波，通过计算不同状态下再现光波的相位差而得到物体的变形信息。利用数字全息干涉计量，可以进行物体的变形测量和振动分析。

(2) 数字全息无损检测。数字全息是一种高精度非接触全场测量技术，利用数字全息可以对物体进行无损检测，如采用数字全息干涉技术对微机电系统(MEMS)进行检测等。

(3) 数字全息形貌测量。物体的形貌信息在机器视觉、人工仿形、生物技术等领域有着重要应用，采用光学方法可以对物体的形貌进行快速、精确测量。光学形貌测量方法有多种，全息干涉是其中的一种。光学全息生成等高线的过程比较复杂，对测量条件要求较高，因而在20世纪60年代提出后，虽然进行了一些研究，但并没有得到实际应用。数字全息出现后，由于其克服了光学全息的缺点，并且和现在广泛采用的投影法相比，灵敏度高，因而是一种比较理想的对微小物体进行形貌测量的方法。

(4) 数字全息图像加密。利用数字全息技术实现图像加密，不仅安全性高，而且加密的信息可以通过数字通信线路传输，解密可以通过电子的或光电的方式进行。

数字全息虽然具有诸多优点，但目前数字全息也存在一些不足。同传统全息记录材料（如全息干版）比较，光敏电子器件的空间分辨率还比较低，光敏面尺寸还比较小，使得现阶段数字全息再现像的分辨率不高。虽然数字全息还存在着不足，但随着计算机科学和光敏电子器件的快速发展，这些不足将逐步被克服，数字全息技术将得到更大的发展和更广泛的应用。

10.1　全息图分类

根据全息记录和再现方式的不同，全息图有多种分类方法，主要分类方法概括如下。

1. 振幅全息图和相位全息图

按照全息图透射率，分为振幅全息图（amplitude hologram）和相位全息图（phase hologram）。

一般来说，再现光波通过全息图时，光波的相位和振幅都会发生变化。如果衍射后光波的相位不变，全息图仅改变再现光波的振幅，该全息图称为振幅全息图，或吸收全息图。

如果衍射后光波的振幅透射率与位置无关，全息图仅改变再现光波的相位，该全息图称为相位全息图。相位全息图分为两类：一类是浮雕相位全息图，该类全息图的记录介质的厚度在变化，但介质的折射率保持不变；另一类是变折射率相位全息图，该类相位全息图的记录介质的折射率发生变化，而厚度保持不变。

在一定条件下，振幅全息图可以转换为相位全息图。例如，将振幅全息图进行漂白处理，就可以转换成相位全息图。相位全息图和振幅全息图的主要区别是衍射效率的不同，振幅全息图的衍射效率低于相位全息图。

2. 平面全息图和体积全息图

全息底片既可记录为平面全息图（plane hologram），也可记录为体积全息图（volume hologram）。

平面全息图（也称为薄全息图）的记录介质的厚度小于所记录的干涉条纹的间隔；体积全息图（也称为厚全息图）的记录介质的厚度等于或大于干涉条纹的间隔。应当注意，干涉条纹的间隔不仅与波长有关，还与物体光波和参考光波之间的夹角有关。

由此可以看出，平面全息图和体积全息图之间的主要区别就是：平面全息图的干涉条纹是记录在乳胶的表面上，全息图的衍射主要是介质的面效应，其作用类似于平面光栅；而体积全息图的干涉条纹是记录在乳胶内部，全息图的衍射主要是介质的体效应。

平面全息图衍射后的光波可以有多个衍射级，每一个衍射级的衍射效率都比较低，而体积全息图发生衍射的大部分或绝大部分能量都集中在第一衍射级，因而可以得到较高的衍射效率。

3. 同轴全息图和离轴全息图

按照参考光波与物体光波所夹角度的不同，分为同轴全息图（in-line hologram/

on-axis hologram)和离轴全息图(off-axis hologram)。

物体光波、参考光波和全息底片的中心位于同一条连线上时所记录的全息图称为同轴全息图。同轴全息图在记录时,参考光波与物体光波同轴,其特点是装置简单,对激光器模式要求较低。但同轴全息在再现时,同轴全息图衍射后的原始像和共轭像的中心都位于同轴全息图的轴上,即0级光、原始像、共轭像在同一方向上不能分开,产生所谓的"孪生像",所以在光学全息中很少使用同轴全息。然而,同轴全息对记录介质分辨率的要求较低,对较高分辨率的记录介质可得到更大的视场或更高的分辨率,因此在数字全息中经常采用同轴全息技术。

如果参考光波与物体光波之间有一个夹角,从而可以将0级光、原始像、共轭像分开,这样记录下来的全息图就是离轴全息图。与同轴全息相比,离轴全息的最大优点就是孪生像的空间分离。在全息技术的发展历史中,离轴全息的提出对推动整个全息技术的进步作出了不可磨灭的贡献。

4. 菲涅耳全息图和夫琅禾费全息图

按照记录介质与物体的远近关系,分为菲涅耳全息图(Fresnel hologram)和夫琅禾费全息图(Fraunhofer hologram)。

菲涅耳全息图是指记录介质和物体之间的距离在菲涅耳衍射区(近场)。如果物体到记录介质的距离比较近,入射在记录介质上的物体光波由菲涅耳衍射形成,也就是说,物体上任意一点发出的光波在记录介质处都是球面波前,由此记录的全息图就是菲涅耳全息图,或者称为近场全息图。

夫琅禾费全息图是指记录介质和物体之间的距离在夫琅禾费衍射区(远场)。如果物体到记录介质的距离比较远或在无穷远处,由夫琅禾费衍射形成的物体光波入射在记录介质上,物体任何一点发出的光波就是准平行光或平行光,由此记录下来的全息图就是夫琅禾费全息图,或称为远场全息图。

5. 傅里叶变换全息图和像面全息图

傅里叶变换全息图(Fourier-transform hologram)是指把物体进行傅里叶变换后,在其频谱面上记录其空间频谱的全息图。一般来说,在记录这类全息图时,使用的是平面参考光波。如果记录平面上的远场衍射图是由透镜形成的,那么透镜到物体和到记录平面的距离都等于透镜的焦距,由此记录的全息图即为傅里叶变换全息图。傅里叶变换全息图并没有直接记录物体光波,而是它的空间频谱,即傅里叶变换。

像面全息图(image-plane hologram)是指通过透镜将物体的像呈现在记录介质附近所拍摄的全息图。像面全息图在记录过程中,物体光波被透镜成像,该成像光波与参考光波相互干涉形成像面全息图。

6. 透射全息图和反射全息图

按照全息图的记录方式,分为透射全息图(transmission hologram)和反射全息图(reflection hologram)。透射全息图和反射全息图的主要区别在于记录过程中物体光波和参考光波之间的相对位置。如果物体光波和参考光波位于记录介质的同侧，记录下来的全息图就是透射全息图；如果物体光波和参考光波分别位于记录介质的两侧，记录的就是反射全息图。

7. 光学全息图、数字全息图和计算全息图

采用光学方法通过全息记录材料（如全息底片）记录而得到的全息图称为光学全息图（optical hologram）。光学全息图需要经过显影和定影等冲洗处理，并采用光学系统完成物体光波的再现。

采用光学方法但通过光敏电子器件（如 CCD）记录而得到的全息图称为数字全息图（digital hologram）。数字全息图不需要经过显影和定影等冲洗处理，通过计算机模拟光学衍射过程来实现物体光波的数字再现，因而可以实现全息记录、存储和再现等过程的数字化。

通过计算机模拟和经过光学缩放而得到的全息图，称为计算全息图（computer-generated hologram）。计算全息的特点是先用计算机制作全息图，然后用光学衍射方法进行再现。由于计算机技术的发展，目前可对复杂物体通过计算机模拟制作全息图。计算全息利用计算机制作全息图，因此并不需要物体一定存在，因此计算全息具有很大的灵活性。

10.2　数字全息照相

一般来说，光学全息的基础理论与实验技术也同样适用于数字全息。但由于目前记录数字全息图的光敏电子器件的光敏面尺寸比较小，空间分辨率比较低，因此数字全息只能在有限距离内记录和再现较小的物体。另外，除了需要满足光学全息的记录要求，数字全息还需要在记录过程中满足采样定理。

目前数字全息记录常用的光敏电子器件主要是电荷耦合器件（charge-coupled devices，CCD）。由于 CCD 作为记录介质具有极高的感光灵敏度和较宽的波长响应范围，因而在全息记录方面具有极大的优势。另外，由于大规模集成电路的发展，CCD 技术越来越成熟，同时价格也相对比较便宜，因此目前 CCD 已广泛应用于数字全息技术。

与光学全息一样，数字全息也包括记录和再现两个步骤：首先，物体表面发出的物体光波与参考光波在 CCD 靶面发生干涉，其光强分布由 CCD 记录，并送到计算机保存，其结果是一个数字矩阵，即数字全息图；其次，由计算机模拟光波衍射来再现物体光波，通过数值计算，获得再现光波的复振幅分布。

10.2.1　数字全息记录

数字全息记录系统与传统全息记录系统相同，只是用 CCD 取代了全息底片作为记录介质。图 10.1 所示为离轴数字全息记录系统。来自激光器的光波经分光镜分束后变成两束光波，其中一束为物体光波，该光波经反射镜反射并经扩束镜扩束后照明物体，然后

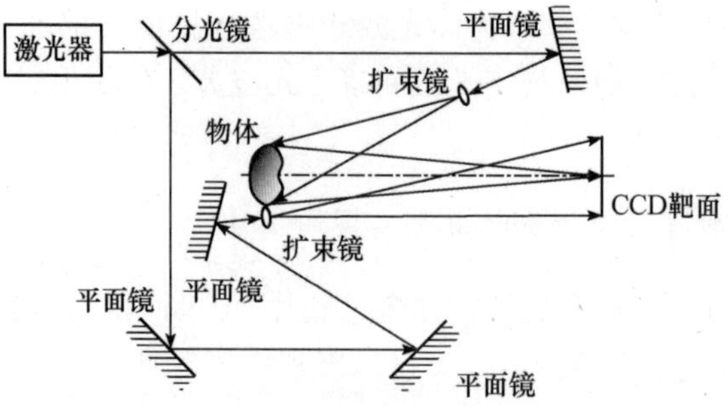

图 10.1　离轴数字全息记录系统

经物体漫反射后再垂直照射 CCD 靶面；另一束为参考光波，该光波经反射镜反射并经扩束镜扩束后直接照射 CCD 靶面，参考光波相当于来自物面上一点的球面参考光波。物体光波和参考光波在 CCD 靶面由于相干叠加而形成菲涅耳全息图。

设物面上的物体光波复振幅为 $O_o(x_o, y_o)$，则在菲涅耳衍射区，CCD 靶面处物体光波复振幅 $O(x,y)$ 可表示为

$$O(x,y)=\frac{\exp\{ikz_o\}}{i\lambda z_o}\exp\left\{i\frac{\pi}{\lambda z_o}(x^2+y^2)\right\}\times\int_{-\infty}^{\infty}\int_{-\infty}^{\infty}O_o(x_o,y_o)\exp\left\{i\frac{\pi}{\lambda z_o}(x_o^2+y_o^2)\right\}\exp\left\{-i\frac{2\pi}{\lambda z_o}(xx_o+yy_o)\right\}dx_o dy_o \tag{10.1}$$

式中，z_o 是物面与 CCD 靶面(全息图)之间的距离。

如果用卷积表示，则可表示为

$$O(x,y)=\frac{\exp\{ikz_o\}}{i\lambda z_o}O_o(x,y)\otimes h(x,y) \tag{10.2}$$

式中，$\otimes$表示卷积；$h(x,y)$是脉冲响应函数，由下式表示

$$h(x,y)=\exp\left\{i\frac{\pi}{\lambda z_o}(x^2+y^2)\right\} \tag{10.3}$$

设照射 CCD 靶面的参考光波复振幅为 $R(x,y)$，则由于物体光波和参考光波的干涉而在 CCD 靶面产生的光强分布为

$$\begin{aligned}I(x,y)&=[O(x,y)+R(x,y)]\cdot[O(x,y)+R(x,y)]^*\\&=|O(x,y)|^2+|R(x,y)|^2+O(x,y)R^*(x,y)+O^*(x,y)R(x,y)\end{aligned} \tag{10.4}$$

式中，前两项是物体光波和参考光波的强度分布，其中参考光波一般都选用平面光波或球面光波，因而$|R(x,y)|^2$ 是常数或近似常数，而$|O(x,y)|^2$ 是物体光波在记录面上的强度分布，它是不均匀的，但实验上一般都让它比参考光波弱很多，因此前两项基本上是常数。后两项是干涉项，包含物体光波的振幅和相位信息。参考光波作为高频载波，其振幅和相位都受到物体光波的调制。把式(10.3)代入式(10.4)，并忽略 $\exp\{ikz_o\}/i\lambda z_o$ 因子，得

$$
\begin{aligned}
I(x,y) = & |O_o(x,y) \otimes h(x,y)|^2 + |R(x,y)|^2 \\
& + [O_o(x,y) \otimes h(x,y)] R^*(x,y) \\
& + [O_o(x,y) \otimes h(x,y)]^* R(x,y)
\end{aligned} \tag{10.5}
$$

CCD 记录的是离散光强分布，全息图被 CCD 记录，数学上相当于被抽样，离散成二维阵列，再以数字形式存储于计算机中。设 CCD 的有效像素为 $M \times N$，相邻像素中心间距为 $\Delta x \times \Delta y$，光学填充因子为 $\alpha \times \beta (0 < \alpha, \beta \leqslant 1)$，则像素尺寸为 $\alpha\Delta x \times \beta\Delta y$，光敏面尺寸为 $M\Delta x \times N\Delta y$（有效光敏面面积为 $M\alpha\Delta x \times N\beta\Delta y$）。因此，CCD 记录的离散光强分布为

$$
I(m,n) = I(x,y) \mathrm{comb}\left(\frac{x}{\Delta x}, \frac{y}{\Delta y}\right) \mathrm{rect}\left(\frac{x}{M\Delta x}, \frac{y}{N\Delta y}\right) \tag{10.6}
$$

考虑到 CCD 在采样过程中的积分效应，则离散光强分布为

$$
I(m,n) = \left[I(x,y) \otimes \mathrm{rect}\left(\frac{x}{\alpha\Delta x}, \frac{y}{\alpha\Delta y}\right)\right] \mathrm{comb}\left(\frac{x}{\Delta x}, \frac{y}{\Delta y}\right) \mathrm{rect}\left(\frac{x}{M\Delta x}, \frac{y}{N\Delta y}\right) \tag{10.7}
$$

CCD 记录的干涉光强由数据采集卡采集并量化后送到计算机中保存，其结果是一个数字矩阵，即数字全息图。

10.2.2　数字全息再现

在数字全息中，再现过程并不需要实际进行，而是由计算机模拟光学全息中的再现过程，根据衍射公式进行数值计算，从而获得物体光波的复振幅分布。

数字全息再现过程分为两步：

(1) 用再现光波与全息图相乘，从而得到透过全息图的再现物体光波；

(2) 根据标量衍射理论，数值模拟光波在自由空间的衍射过程，计算聚焦像平面的再现物体光波的数字分布，得到物体的光强分布和相位分布。

设再现光波为 $C(x,y)$，其相应的离散形式为

$$
C(m,n) = C(x,y) \mathrm{comb}\left(\frac{x}{\Delta x}, \frac{y}{\Delta y}\right) \mathrm{rect}\left(\frac{x}{M\Delta x}, \frac{y}{N\Delta y}\right) \tag{10.8}
$$

用该再现光波照射全息图，即再现光波与全息图强度相乘，照射后的透射光波可表示为

$$
A(x,y) = C(x,y) I(x,y) \tag{10.9}
$$

其离散形式为

$$
A(m,n) = C(m,n) I(m,n) \tag{10.10}
$$

在距离全息图为 z_i 的菲涅耳衍射区内衍射光波的振幅分布为

$$
\begin{aligned}
A_i(x_i, y_i) = & \frac{\exp\{\mathrm{i}kz_i\}}{\mathrm{i}\lambda z_i} \exp\left\{\mathrm{i}\frac{\pi}{\lambda z_i}(x_i^2 + y_i^2)\right\} \\
& \times \int_{-\infty}^{\infty}\int_{-\infty}^{\infty} A(x,y) \exp\left\{\mathrm{i}\frac{\pi}{\lambda z_i}(x^2 + y^2)\right\} \exp\left\{-\mathrm{i}\frac{2\pi}{\lambda z_i}(x_i x + y_i y)\right\} \mathrm{d}x\mathrm{d}y
\end{aligned} \tag{10.11}
$$

如果用卷积表示，则可表示为

$$A_i(x_i,y_i)=\frac{\exp\{\mathrm{i}kz_i\}}{\mathrm{i}\lambda z_i}A(x_i,y_i)\otimes h(x_i,y_i) \tag{10.12}$$

式中

$$h(x_i,y_i)=\exp\left\{\mathrm{i}\frac{\pi}{\lambda z_i}(x_i^2+y_i^2)\right\} \tag{10.13}$$

忽略 $\exp\{\mathrm{i}kz_i\}/\mathrm{i}\lambda z_i$ 因子，得

$$A_i(x_i,y_i)=A(x_i,y_i)\otimes h(x_i,y_i)=[C(x_i,y_i)I(x_i,y_i)]\otimes h(x_i,y_i) \tag{10.14}$$

在离轴数字全息中，再现像在空间是分开的，因此如果仅考虑再现实像，有

$$A_i'(x_i,y_i)=[C(x_i,y_i)R(x_i,y_i)O^*(x_i,y_i)]\otimes h(x_i,y_i) \tag{10.15}$$

其离散形式为

$$A_i'(m,n)=[C(m,n)R(m,n)O^*(m,n)]\otimes h(m,n) \tag{10.16}$$

因此可得光强和相位分布分别为

$$I_i'(m,n)=|A_i'(m,n)|^2 \tag{10.17}$$

和

$$\varphi_i'(m,n)=\arctan\frac{\mathrm{Im}A_i'(m,n)}{\mathrm{Re}A_i'(m,n)} \tag{10.18}$$

对粗糙表面，相位 $\varphi_i'(m,n)$随机变化，而在数字全息中感兴趣的是光强 $I_i'(m,n)$。

在数字全息中，经常采用如图 10.2 所示的同轴数字全息记录系统。来自激光器的光

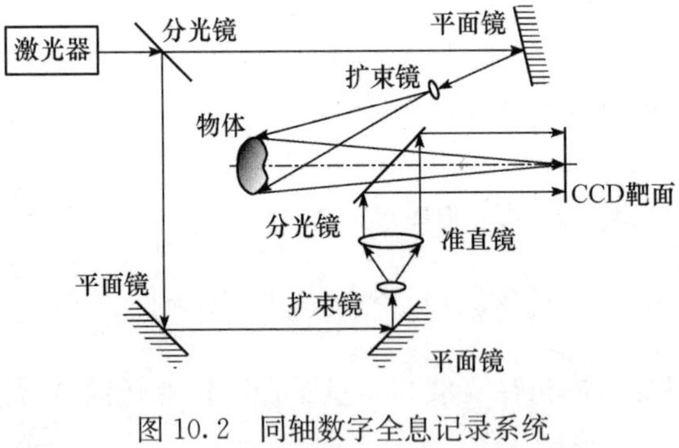

图 10.2　同轴数字全息记录系统

波经分光镜分束后变成两束光波，其中一束光波经反射镜反射并经扩束镜扩束后照明物体，然后经物体漫反射后再垂直照射 CCD 靶面；另一束光波经反射镜反射并经扩束镜扩束和准直镜准直后照射分光镜，再经分光镜反射后垂直照射 CCD 靶面。

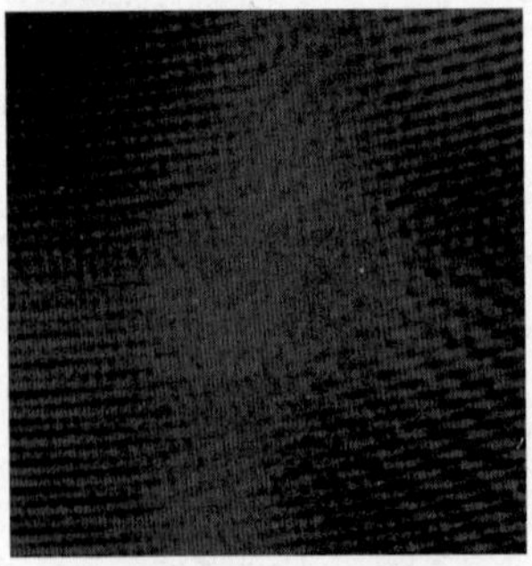
图 10.3　数字全息图

10.2.3　数字全息实验

实验一：试件是正面有 4 个黑点的立方体，采用离轴数字全息记录系统进行数字全息照相，记录的数字全息图如图 10.3 所示。

再现结果如图 10.4 所示。图 10.4(a)为实像平面强度

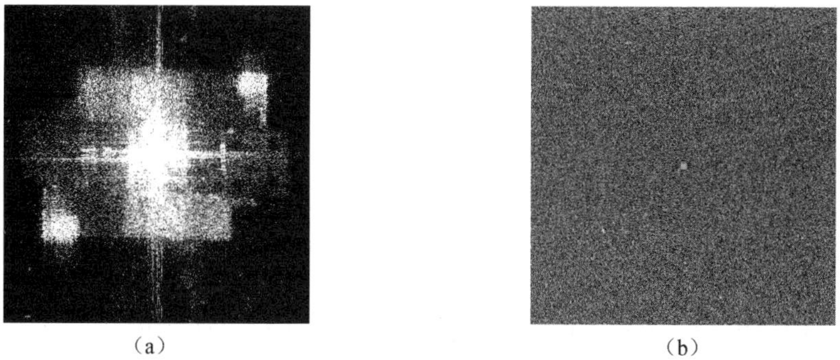

图 10.4　再现结果

分布(再现实像);图 10.4(b)为实像平面相位分布。

实验二:试件是麻将骰子,进行离轴数字全息照相,图 10.5 所示为数字全息图。图 10.6 所示为再现结果。图 10.6(a)为再现实像;图 10.6(b)为相位分布。

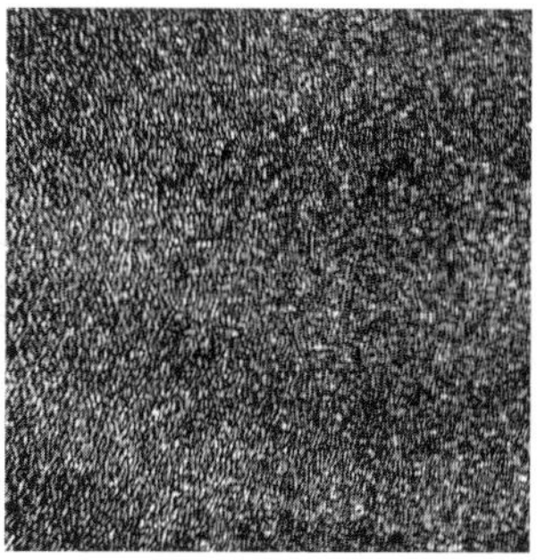

图 10.5　数字全息图

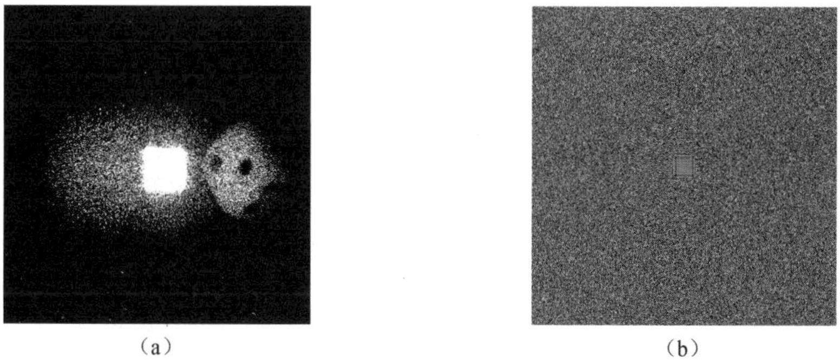

图 10.6　再现结果

10.3　数字全息干涉

同全息干涉一样,数字全息干涉(digital holographic interferometry,DHI)也可用于物体的变形测量和振动分析。通过两次系列曝光把对应于物体变形前后的两个不同状态的变形信息分别进行记录。然后两张全息图分别进行再现,分别计算两张全息图的相位

分布 $\varphi_1(x,y)$ 和 $\varphi_2(x,y)$。$\varphi_1(x,y)$ 和 $\varphi_2(x,y)$ 分别是物体变形前后物体光波与参考光波之间的相位差，是随机变量，但其差值 $\delta(x,y)=\varphi_2(x,y)-\varphi_1(x,y)$ 表示因物体受载而引起的相位变化，仅与物体变形有关。

相位变化 $\delta(x,y)$ 可通过下式进行计算：

$$\delta(x,y)=\begin{cases}\varphi_2(x,y)-\varphi_1(x,y) & \varphi_2(x,y)\geqslant\varphi_1(x,y)\\ \varphi_2(x,y)-\varphi_1(x,y)+2\pi & \varphi_2(x,y)<\varphi_1(x,y)\end{cases}\tag{10.19}$$

图 10.7 是采用数字全息干涉得到的相位分布。图 10.7(a)和图 10.7(b)分别为物体变形前后的再现随机相位分布，图 10.7(c)为图 10.7(a)和图 10.7(b)相减后得到的与物体变形有关的包裹相位分布；图 10.7(d)为图 10.7(c)进行相位展开得到的连续相位分布。

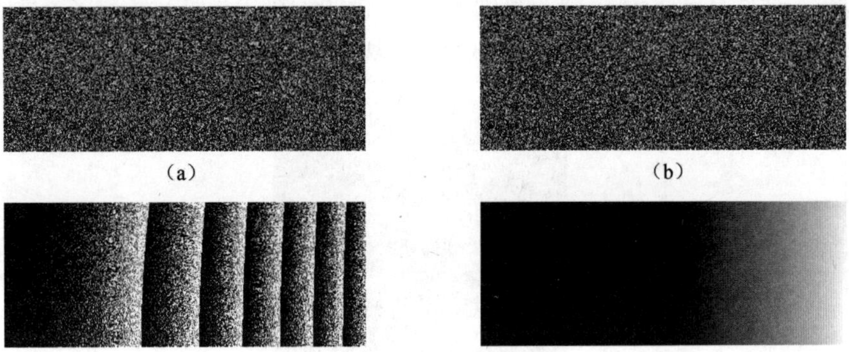

(a)　(b)　(c)　(d)

图 10.7　数字全息干涉相位分布

第 11 章　数字图像相关与粒子图像测速

采用数字散斑照相(digital speckle photography,DSP)记录的散斑图既可以叠加存储也可以独立存储,因此数字散斑照相可以采用相加模式、相减模式或相关模式对数字散斑图进行处理以获取物体的位移和变形信息。

目前数字散斑照相主要采用相关模式,相关模式不需要显现干涉条纹即可实现变形测量。当采用相关模式时,数字散斑照相也称为数字图像相关(digital image correlation,DIC)或数字散斑相关(digital speckle correlation,DSC)。当把基于相关模式的数字散斑照相应用于流场测量时,则称为粒子图像测速(particle image velocimetry,PIV)。

11.1　数字图像相关

数字图像相关是根据物体变形前后散斑场的互相关性来获取物体的位移和变形。根据相关系数的极值条件,在变形后的散斑场中识别出对应于变形前的散斑场,因此数字图像相关所涉及的是物体变形前后的两个散斑场。一般来说,只要能得到反映被测对象不同状态的数字图像,而且这些图像是由具有一定信噪比的散斑场构成,就能应用数字图像相关技术进行位移和变形的测量。

数字图像相关是非条纹测量技术,它通过对物体变形前后散斑场进行相关运算,根据相关系数算出位移和变形。数字图像相关的优点是:①非接触全场测量;②测量系统简单,可用白光光源,不涉及干涉条纹处理;③表面处理简便,可利用物体表面的自然斑点,也可采用人工斑点;④对测量环境要求低,便于工程应用;⑤数据采集简单,自动化程度高。因此数字图像相关是一种比较理想的位移和变形测量技术。

11.1.1　图像相关原理

数字图像相关技术通过 CCD 记录被测物体变形前后的数字散斑图(digital specklegram),对两个数字散斑图进行相关运算,找到相关系数极值点,进而得到相应的位移或变形。由于散斑分布的随机性,散斑场上的每一点周围区域(称为子区)中的散斑分布与其他点周围区域中的散斑分布互不相同,因此散斑场上以某点为中心的子区可作为该点位移和变形信息的载体,通过分析和搜索该子区的移动和变化,便可获得该点的位移和变形。

如图 11.1 所示,设对应于物体变形前后的灰度场分别用 $I(x,y)$ 和 $I'(x',y')$ 表示。在变形前的灰度场 $I(x,y)$ 中,以物体上被测点 $P(x,y)$ 为中心取子区 A,设其尺寸为 $m\times n$ 像素(通常取矩形),当发生位移或变形后灰度场 $I(x,y)$ 中的子区 A 移至灰度场 $I'(x',y')$ 中的子区 A' 位置,相应地 $P(x,y)$ 移至 $P'(x',y')$。由散斑统计特性可知,此时子区 A 与 A' 的相关系数取得极大值,因此根据相关函数的峰值就可确定子区 A' 的位置。

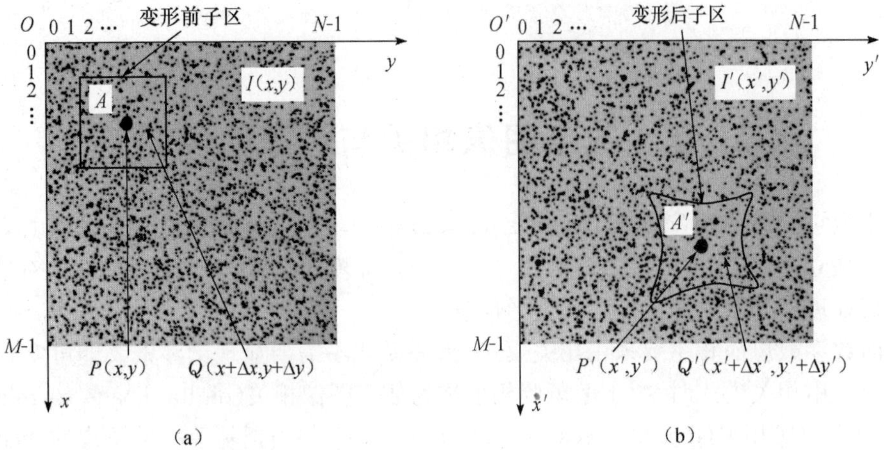

图 11.1 数字图像相关原理

在进行图像相关计算之前需要解决以下问题:①选用合适变量,表征变形前后子区的位移和变形;②采用合适标准,在图像 $I'(x',y')$ 中寻找与 $I(x,y)$ 中给定子区相对应的子区;③选择合适算法,使搜索过程能走一条捷径达到最后目标。

1. 面内位移表征

在相关计算中首先需要寻找合适变量来表征变形前后散斑图中子区的位移和变形,然后来判断变形后图像中的某个子区是否与变形前图像中给定子区相对应。设变形前后子区中心点分别为 $P(x,y)$ 和 $P'(x',y')$,如图 11.1 所示,则

$$\begin{aligned} x' &= x + u(x,y) \\ y' &= y + v(x,y) \end{aligned} \tag{11.1}$$

式中,$u(x,y)$ 和 $v(x,y)$ 分别为子区中心点在 x 和 y 方向的位移分量。

考虑变形前子区内与点 $P(x,y)$ 相邻的任意点 $Q(x+\Delta x,y+\Delta y)$,其中 Δx 和 Δy 分别为变形前子区内任意点 $Q(x+\Delta x,y+\Delta y)$ 与子区中心点 $P(x,y)$ 在 x 和 y 方向的距离。设变形前子区内的任意点 $Q(x+\Delta x,y+\Delta y)$ 在变形后移到 $Q'(x'+\Delta x',y'+\Delta y')$,则 $\Delta x'$ 和 $\Delta y'$ 可表示为

$$\begin{aligned} \Delta x' &= \Delta x + \Delta u(x,y) \\ \Delta y' &= \Delta y + \Delta v(x,y) \end{aligned} \tag{11.2}$$

式中,$\Delta u(x,y)$ 和 $\Delta v(x,y)$ 通过展开又可表示为

$$\begin{aligned} \Delta u(x,y) &= \frac{\partial u(x,y)}{\partial x}\Delta x + \frac{\partial u(x,y)}{\partial y}\Delta y \\ \Delta v(x,y) &= \frac{\partial v(x,y)}{\partial x}\Delta x + \frac{\partial v(x,y)}{\partial y}\Delta y \end{aligned} \tag{11.3}$$

综合式(11.1)~(11.3),得

$$\begin{aligned} x' + \Delta x' &= x + u(x,y) + \left[1 + \frac{\partial u(x,y)}{\partial x}\right]\Delta x + \frac{\partial u(x,y)}{\partial y}\Delta y \\ y' + \Delta y' &= y + v(x,y) + \frac{\partial v(x,y)}{\partial x}\Delta x + \left[1 + \frac{\partial v(x,y)}{\partial y}\right]\Delta y \end{aligned} \tag{11.4}$$

因此，物体发生变形后，子区中心点将由 $P(x,y)$ 移到 $P'(x+u,y+v)$，子区内任意点将由 $Q(x+\Delta x,y+\Delta y)$ 移到 $Q'\left[x+u+(1+\frac{\partial u}{\partial x})\Delta x+\frac{\partial u}{\partial y}\Delta y,y+v+\frac{\partial v}{\partial x}\Delta x+\left(1+\frac{\partial v}{\partial y}\right)\Delta y\right]$。由此可见，子区内任何点的位移都可以通过子区中心点的位移 u 和 v 及其位移导数 $\frac{\partial u}{\partial x}$、$\frac{\partial u}{\partial y}$、$\frac{\partial v}{\partial x}$ 和 $\frac{\partial v}{\partial y}$ 表示，因此子区中心点的位移及其导数完全可以描述子区的位移和变形。

2. 相关系数表示

图像灰度分布是物体位移和变形信息的载体，数字图像相关就是寻找图像局部区域（子区）灰度分布的最佳匹配程度，因此在相关分析中需要建立表示变形前后图像匹配程度的相关系数公式。相关系数公式有很多种，下面是 3 种常用的相关系数公式：

$$C_1=\frac{\langle II'\rangle}{\sqrt{\langle I^2\rangle\langle I'^2\rangle}} \tag{11.5}$$

$$C_2=\frac{\langle(I-\langle I\rangle)(I'-\langle I'\rangle)\rangle}{\sqrt{\langle(I-\langle I\rangle)^2\rangle\langle(I'-\langle I'\rangle)^2\rangle}} \tag{11.6}$$

$$C_3=\frac{[\langle(I-\langle I\rangle)(I'-\langle I'\rangle)\rangle]^2}{\langle(I-\langle I\rangle)^2\rangle\langle(I'-\langle I'\rangle)^2\rangle} \tag{11.7}$$

式中，$\langle\cdots\rangle$ 表示系综平均。在数字图像相关法中，相关系数反映了两个图像子区间的相似程度，通过求解相关系数的极大值，可实现位移和变形的提取。相关系数反映两个图像子区之间的相似程度，相关系数等于 1 表示完全相关，相关系数等于 0 表示完全不相关。

选用式(11.5)中相关系数 C_1 进行相关搜索时，尽管互相关峰的峰值比较大，但它与周围点的相关系数值对比相差不大，即单峰性不明显，特别是当图像子区有较大位移时，会出现互相关峰的峰值比周围点的相关系数值小，这就会使得计算时对峰值的坐标产生误判，如图 11.2 所示。

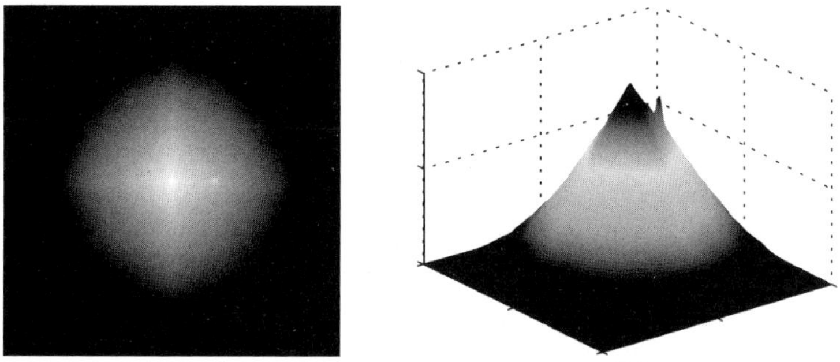

(a)　　　　(b)

图 11.2　互相关峰

与 C_1 相比，式(11.6)中相关系数 C_2 的互相关峰的峰值虽然小于 C_1，但是互相关峰的单峰性要好于 C_1，如图 11.3 所示。

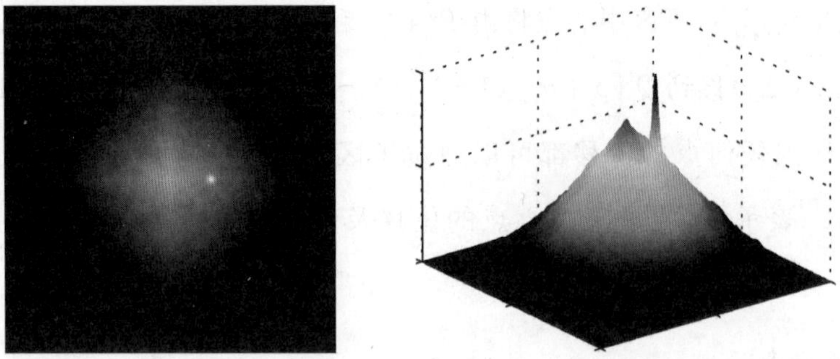

(a)　　　　　　　　　　　　　　　　(b)

图 11.3　互相关峰

比较而言,式(11.7)中相关系数 C_3 的互相关峰的峰值最小,但它的峰值点附近的相关系数分布的单峰性却是 3 种方法中最好的,如图 11.4 所示。因此一般选用相关系数 C_3 来进行相关运算。另外,与 C_1 和 C_2 相比,C_3 将开方运算变成了乘法运算,可以大大提高运算效率,节省运算时间。

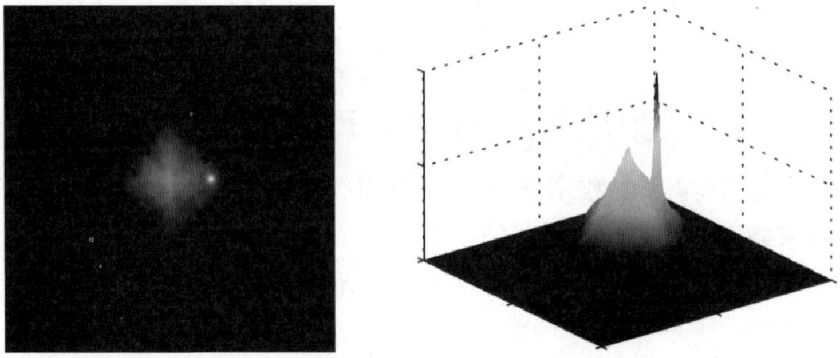

(a)　　　　　　　　　　　　　　　　(b)

图 11.4　互相关峰

3. 图像相关系统

图像相关系统如图 11.5 所示。可以采用白光照射试件,也可以采用激光照射试件。

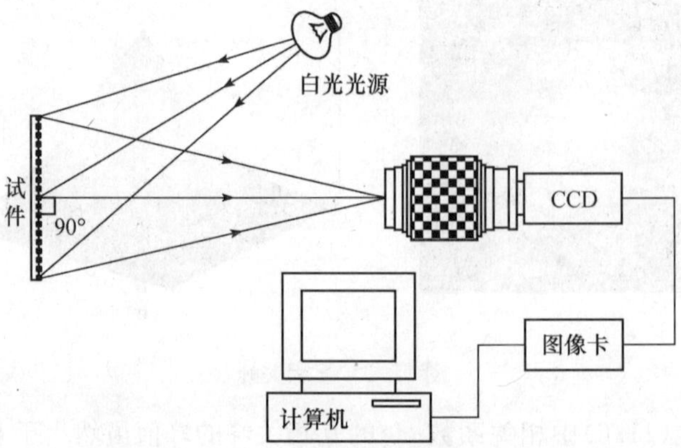

图 11.5　图像相关系统

为使试件表面光场均匀分布，可以采用对称入射方法。

11.1.2　图像相关算法

相关运算是数字图像相关的关键，它需要满足两个要求：一是速度要快；二是精度要高。在相关运算中，子区尺寸和相关算法的选取是影响速度和精度的两个主要因素。

在变形前散斑图上首先确定子区中心点的位置，然后以子区中心点为中心选取灰度矩阵作为模板，用此模板对变形后散斑图进行相关运算。这种模板可以真实地反映目标特征，但由于图像中有噪声，因此对有明显噪声的模板可以先对其进行无畸变滤波。

在数字图像相关中，相关算法经历了从简单到复杂，从计算量大到计算量小的发展过程。早期采用的相关算法是粗细搜索法，此方法编程简单，易于实现，其不足是搜索速度慢。针对这个问题，提出了十字搜索法，该法在提高收敛速度方面有所改善。对于采用较多的牛顿迭代法，其相对于粗细搜索法而言，在很大程度上提高了搜索效率。

相关算法有很多种，其中典型算法主要有：双参数法、粗细搜索法、牛顿迭代法和梯度搜索法等。

1. 双参数法

用式(11.8)进行 6 个变量(u、v、$\partial u/\partial x$、$\partial v/\partial y$、$\partial u/\partial y$ 和 $\partial v/\partial x$)迭代计算时，首先改变 u 和 v 值，其余 4 个变量保持不变。当迭代找到对应最小相关系数 S 的 u 和 v 时，下一步变化另两个参数 $\partial u/\partial x$ 和 $\partial v/\partial y$，其余 4 个变量保持不变，迭代求得对应最小相关系数 S 的 $\partial u/\partial x$ 和 $\partial v/\partial y$。接下去再变化最后两个参数 $\partial u/\partial y$ 和 $\partial v/\partial x$，计算对应最小相关系数 S 的参数值。

在第一轮迭代完成后，再缩小参数的变动范围，重复上述迭代，直到满足迭代终止条件为止。此时变量 u、v、$\partial u/\partial x$、$\partial v/\partial y$、$\partial u/\partial y$ 和 $\partial v/\partial x$ 的值即为所求的变形参量。

2. 粗细搜索法

在相关搜索过程中，位移初值的选择对于计算精度和计算速度均有较大影响。位移初值的选择可以通过先粗后细的方法得到。首先对变形前后的数字图像进行逐点相关运算，找出使相关系数 S 最小的值，这是对真实位移的粗搜索，所得位移值即为整数像素位移值。然后是细搜索，在粗搜索的基础上，对子区分别进行亚像素重建，在重建的图像上再进行相关搜索，找出使相关系数 S 最小的亚像素值。

3. 牛顿迭代法

在相关计算中，找到真实位移的条件是相关系数 S 能够达到最小值，即将求真实位移及其导数的问题转化为数值最优问题。牛顿迭代法基于逐渐改善初值修正项的计算来得到相关系数的极值，在解决最优问题上是比较好的方法。一般经过几次计算即可达到预定的误差范围，是比较省时的方法。

设需要分析的 6 个参量为

$$X = [X_1, X_2, X_3, X_4, X_5, X_6]^{\mathrm{T}} = \left[u, v, \frac{\partial u}{\partial x}, \frac{\partial u}{\partial y}, \frac{\partial v}{\partial x}, \frac{\partial v}{\partial y}\right]^{\mathrm{T}} \tag{11.8}$$

式中，$[\cdots]^{\mathrm{T}}$ 表示转置。迭代包括以下 3 个过程。

(1) 准备，选定参量的初始值 X_0。

(2) 迭代，迭代所用的公式表示为

$$\begin{aligned} X_{i+1} &= X_i + \Delta X_i \\ \Delta X_i &= -H_i^{-1} J_i \end{aligned} \tag{11.9}$$

式中，i 表示迭代次数；H_i 为 $S(X)$ 在 X_i 点的 Hessian 矩阵，即二阶导数矩阵，其表达式为

$$H_i = \begin{bmatrix} \frac{\partial^2 S}{\partial X_1 \partial X_1} & \frac{\partial^2 S}{\partial X_1 \partial X_2} & \cdots & \frac{\partial^2 S}{\partial X_1 \partial X_6} \\ \frac{\partial^2 S}{\partial X_2 \partial X_1} & \frac{\partial^2 S}{\partial X_2 \partial X_2} & \cdots & \frac{\partial^2 S}{\partial X_2 \partial X_6} \\ & & \vdots & \\ \frac{\partial^2 S}{\partial X_6 \partial X_1} & \frac{\partial^2 S}{\partial X_6 \partial X_2} & \cdots & \frac{\partial^2 S}{\partial X_6 \partial X_6} \end{bmatrix} \tag{11.10}$$

J_i 为 $S(X)$ 在 X_i 点的 Jacobian 向量，即一阶导数向量，其表达式为

$$J_i = \left[\frac{\partial S}{\partial X_1} \frac{\partial S}{\partial X_2} \cdots \frac{\partial S}{\partial X_6}\right]^{\mathrm{T}} \tag{11.11}$$

(3) 控制，X_{i+1} 满足 $|X_{i+1} - X_i| \leqslant \varepsilon$ 时终止迭代，否则继续步骤(2)，ε 表示所设定的允许误差。

4. 梯度搜索法

设 $I(x,y)$ 和 $I'(x',y')$ 分别表示变形前后的图像，U 和 V 表示已经找到的整像素位移，u 和 v 表示在整像素位移基础上的亚像素位移，则

$$\begin{aligned} I'(x+U, y+V) &= I(x-u, y-v) = I(x,y) - \frac{\partial I}{\partial x}u - \frac{\partial I}{\partial y}v \\ I(x,y) &= I'(x+U+u, y+V+v) = I'(x+U, y+V) + \frac{\partial I'}{\partial x}u + \frac{\partial I'}{\partial y}v \end{aligned} \tag{11.12}$$

两式相减，得

$$\left(\frac{\partial I'}{\partial x} + \frac{\partial I}{\partial x}\right)u + \left(\frac{\partial I}{\partial y} + \frac{\partial I'}{\partial y}\right)v = 2[I - I'] \tag{11.13}$$

设 $a = \frac{\partial I'}{\partial x} + \frac{\partial I}{\partial x}$，$b = \frac{\partial I}{\partial y} + \frac{\partial I'}{\partial y}$ 和 $c = 2[I - I']$，则

$$au + bv = c \tag{11.14}$$

对有 $m \times n$ 个数据点的子区用最小二乘法求解，得

$$u = \frac{\sum_{i=1}^{m+n} a_i b_i \sum_{i=1}^{m+n} c_i b_i - \sum_{i=1}^{m+n} b_i^2 \sum_{i=1}^{m+n} c_i a_i}{\left(\sum_{i=1}^{m+n} a_i b_i\right)^2 - \sum_{i=1}^{m+n} a_i^2 \sum_{i=1}^{m+n} b_i^2}$$

$$v = \frac{\sum_{i=1}^{m+n} a_i b_i \sum_{i=1}^{m+n} c_i a_i - \sum_{i=1}^{m+n} a_i^2 \sum_{i=1}^{m+n} c_i b_i}{\left(\sum_{i=1}^{m+n} a_i b_i\right)^2 - \sum_{i=1}^{m+n} a_i^2 \sum_{i=1}^{m+n} b_i^2} \tag{11.15}$$

式(11.15)是直接从变形前后的灰度图像展开计算,因此梯度法求解速度快,编程简单,特别适合于微小变形测量。

11.1.3　亚像素位移

由于散斑图记录的是离散的灰度信息,数字图像相关法处理的是数字化的图像(最小单位为像素),在相关搜索的时候窗口的平移也只能以像素为单位进行,因此相关搜索所能获得的位移只能是像素的倍数。然而在实际应用中,位移值一般不会恰好为整像素,而且由于 CCD 摄像机的像素有限,整像素位移定位精度在精密测量中远远不够。在数字图像相关法中,通常采用亚像素定位技术提高测量精度。

亚像素位移求解方法主要分为基于灰度插值(或拟合)的亚像素定位法和基于相关系数插值(或拟合)的亚像素定位法。前者一般采用粗细结合的方法,先以像素为最小单位进行位移搜索,得到的位移值是整像素值;再对离散的灰度进行插值或拟合,然后以 0.1 像素或 0.01 像素作为最小单位重复上述过程,得到亚像素位移部分。插值方法主要有双线性插值(bilinear interpolation)和双三次插值(bicubic interpolation)等。而后者主要是假设相关函数主峰的分布符合某种模型,对整像素相关搜索结果及其周围相邻 8 个点组成的相关系数矩阵进行拟合或插值,得到一个连续曲面,然后求该曲面的极值点作为亚像素位移的求解结果。常用的插值方法有高斯曲面插值、抛物面插值和梯度插值等,常用的曲面拟合方法有高斯拟合和二次多项式拟合等。

1. 灰度插值法

一种常用的最简单的插值方法是双线性插值法,其插值函数表示为

$$f(x,y) = a_{00} + a_{10}x + a_{01}y + a_{11}xy \tag{11.16}$$

如果把式(11.16)的一个变量设定为常数,则函数对于另一个变量就是线性变化的。换句话说,任何一个平行于坐标轴的平面和此二元线性表面的交线都是一个直线段。对于 4 条边皆平行于坐标轴的任何矩形平面,有唯一的用于矩形顶点插值的二元线性多项式。假定要在一个矩形网格的 4 个顶点中间的一点(x,y)进行插值,并设点(x,y)由 4 条边都平行于坐标轴的矩形包围。此矩形的顶点坐标是(x_0,y_0)、(x_0,y_1)、(x_1,y_0)和(x_1,y_1),其函数值为 $f(x_0,y_0)$、$f(x_0,y_1)$、$f(x_1,y_0)$和 $f(x_1,y_1)$。二元线性插值的系数由矩形的 4 个顶点确定,把每一个顶点的坐标代入方程,则系数满足如下方程:

$$\begin{aligned} f(x_0,y_0) &= a_{00} + a_{10}x_0 + a_{01}y_0 + a_{11}x_0y_0 \\ f(x_0,y_1) &= a_{00} + a_{10}x_0 + a_{01}y_1 + a_{11}x_0y_1 \\ f(x_1,y_0) &= a_{00} + a_{10}x_1 + a_{01}y_0 + a_{11}x_1y_0 \\ f(x_1,y_1) &= a_{00} + a_{10}x_1 + a_{01}y_1 + a_{11}x_1y_1 \end{aligned} \tag{11.17}$$

联立上述四个方程,求解得

$$a_{00}=\frac{x_1y_1f(x_0,y_0)-x_1y_0f(x_0,y_1)-x_0y_1f(x_1,y_0)+x_0y_0f(x_1,y_1)}{(x_1-x_0)(y_1-y_0)}$$

$$a_{10}=\frac{-y_1f(x_0,y_0)+y_0f(x_0,y_1)+y_1f(x_1,y_0)-y_0f(x_1,y_1)}{(x_1-x_0)(y_1-y_0)}$$

$$a_{01}=\frac{-x_1f(x_0,y_0)+x_1f(x_0,y_1)+x_0f(x_1,y_0)-x_0f(x_1,y_1)}{(x_1-x_0)(y_1-y_0)}$$

$$a_{11}=\frac{f(x_0,y_0)-f(x_0,y_1)-f(x_1,y_0)+f(x_1,y_1)}{(x_1-x_0)(y_1-y_0)} \tag{11.18}$$

当矩形网格是一个行距和列距都是单位值的方格时,二元线性插值有一个非常简单的表示。设插值点(x,y)离方格的顶点(x_0,y_0)的偏移量为$(\delta x,\delta y)$,则双线性插值公式为

$$\begin{aligned}f(\delta x,\delta y)=&f(x_0,y_0)+\delta x[f(x_1,y_0)-f(x_0,y_0)]+\delta y[f(x_0,y_1)-f(x_0,y_0)]\\&+\delta x\delta y[f(x_0,y_0)-f(x_0,y_1)-f(x_1,y_0)+f(x_1,y_1)]\end{aligned} \tag{11.19}$$

此式利用距离插值点最近的 4 个相邻的整数像素位置的灰度值来确定插值点的灰度值。

如果想要得到更好的结果,可以采用更高阶的插值算法。一般来说,双线性插值简单实用,高阶插值函数可以带来较小的系统误差,但高阶插值会需要较多的运算时间。

2. 相关系数拟合法

由于相关函数矩阵在以极大值为中心的一个单峰区域上通常近似地满足高斯分布,因此可以通过拟合的方法得到该区域的解析曲面函数,取曲面极值点为目标的亚像素位置。

一般采用的拟合方法有高斯拟合和二元多项式拟合,对于相关系数曲面比较平缓的情况,通常采用二元多项式拟合。拟合函数为

$$f(x,y)=a_{00}+a_{10}x+a_{01}y+a_{20}x^2+a_{11}xy+a_{02}y^2 \tag{11.20}$$

通常取 3×3 的拟合窗口,则有

$$\begin{aligned}f(x_0,y_0)&=a_{00}+a_{10}x_0+a_{01}y_0+a_{20}x_0^2+a_{11}x_0y_0+a_{02}y_0^2\\f(x_0,y_1)&=a_{00}+a_{10}x_0+a_{01}y_1+a_{20}x_0^2+a_{11}x_0y_1+a_{02}y_1^2\\f(x_0,y_2)&=a_{00}+a_{10}x_0+a_{01}y_2+a_{20}x_0^2+a_{11}x_0y_2+a_{02}y_2^2\\f(x_1,y_0)&=a_{00}+a_{10}x_1+a_{01}y_0+a_{20}x_1^2+a_{11}x_1y_0+a_{02}y_0^2\\f(x_1,y_1)&=a_{00}+a_{10}x_1+a_{01}y_1+a_{20}x_1^2+a_{11}x_1y_1+a_{02}y_1^2\\f(x_1,y_2)&=a_{00}+a_{10}x_1+a_{01}y_2+a_{20}x_1^2+a_{11}x_1y_2+a_{02}y_2^2\\f(x_2,y_0)&=a_{00}+a_{10}x_2+a_{01}y_0+a_{20}x_2^2+a_{11}x_2y_0+a_{02}y_0^2\\f(x_2,y_1)&=a_{00}+a_{10}x_2+a_{01}y_1+a_{20}x_2^2+a_{11}x_2y_1+a_{02}y_1^2\\f(x_2,y_2)&=a_{00}+a_{10}x_2+a_{01}y_2+a_{20}x_2^2+a_{11}x_2y_2+a_{02}y_2^2\end{aligned} \tag{11.21}$$

利用最小二乘法,可以求得式(11.21)中的 6 个系数 a_{00}、a_{10}、a_{01}、a_{20}、a_{11} 和 a_{02}。在拟合曲面的极值点处,应满足

$$\begin{aligned}\frac{\partial f(x,y)}{\partial x}&=a_{10}+2a_{20}x+a_{11}y=0\\\frac{\partial f(x,y)}{\partial y}&=a_{01}+a_{11}x+2a_{02}y=0\end{aligned} \tag{11.22}$$

由此可解得

$$
\begin{aligned}
x &= \frac{2a_{10}a_{02} - a_{01}a_{11}}{a_{11}^2 - 4a_{20}a_{02}} \\
y &= \frac{2a_{01}a_{20} - a_{10}a_{11}}{a_{11}^2 - 4a_{20}a_{02}}
\end{aligned}
\tag{11.23}
$$

11.1.4　图像相关应用

图 11.6 所示为记录的物体变形前后的白光数字散斑图。

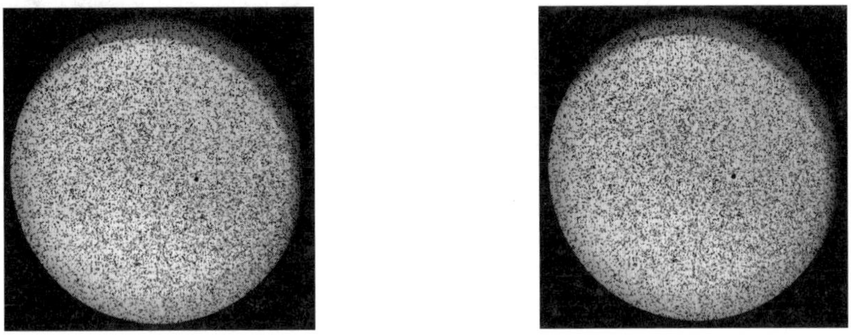

(a)　　(b)

图 11.6　白光数字散斑图

图 11.7 所示为进行相关计算后得到的两个相互垂直方向的位移分量分布。图 11.7(a)

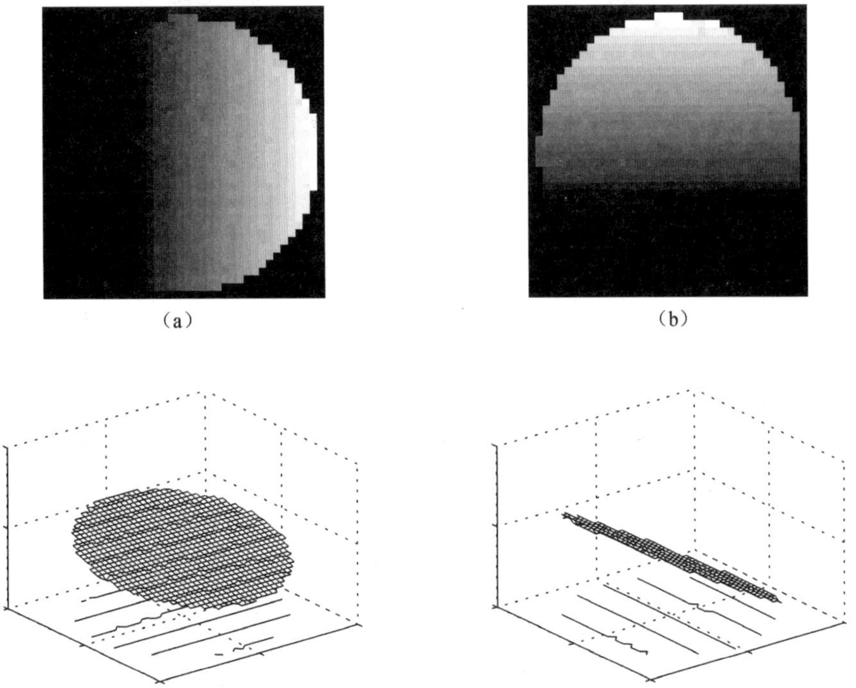

(a)　　(b)

(c)　　(d)

图 11.7　位移分量分布

和图 11.7(c)表示竖直方向位移分量(向下为正);图 11.7(b)和图 11.7(d)表示水平方向位移分量(向右为正)。图 11.7(c)和图 11.7(d)的水平面上同时给出了等值条纹分布。

图 11.8 所示为位移大小和方向分布。图 11.8(a)和图 11.8(c)表示位移大小;图 11.8(b)和图 11.8(d)表示位移方向。图 11.8(c)和图 11.8(d)的水平面上同时给出了等值条纹分布。

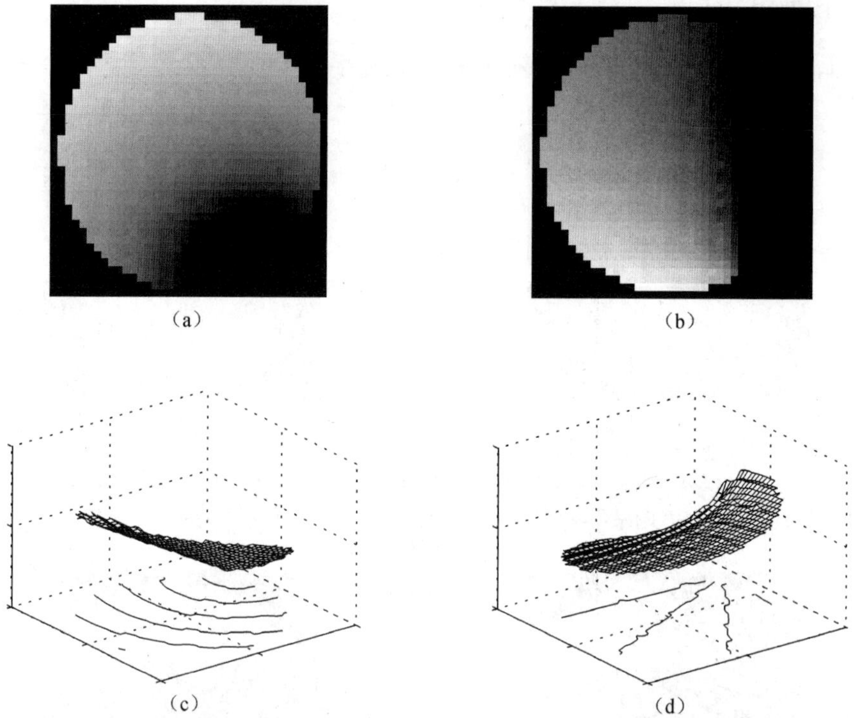

图 11.8　位移大小和方向分布

11.2　粒子图像测速

粒子图像测速是基于散斑照相,并伴随激光技术、计算机技术、高速摄影技术和图像处理技术的发展而提出的新型高精度非接触全场流速测量技术,它通过测量流场中示踪粒子的运动而获得流场速度分布。

PIV 技术的产生和发展具有深刻的工程应用背景,首先是测量瞬态流场分布的需要,比如内燃机燃烧、飞机起飞和火箭发射等;其次是了解流场空间结构的需要,在同一时刻记录下整个流场信息才能看到流场的空间结构,比如湍流等。

当流场中粒子浓度极低时,有可能识别和跟踪单个粒子的运动,从记录的粒子图像中测得单个粒子的速度,这种粒子浓度极低的粒子图像测速技术称为粒子跟踪测速技术(particle tracking velocimetry,PTV)。当流场中粒子浓度极高时,粒子图像在成像系统的像面上相互干涉而形成散斑图像,此时散斑已掩盖了真实的粒子图像,底片记录的是散斑位移，这种粒子浓度极高的粒子图像测速技术称为激光散斑测速技术（laser speckle velocimetry，LSV）。通常所说的粒子图像测速技术指的是粒子浓度较高，但在成像系统的像面上并未形成散斑图像，还仍然是真实的粒子图像，此时这些粒子已无法识别或跟踪，底片分析只能获得判读区域中多个粒子图像的位移统计平均值。PIV 获得的数据较少，因此 PIV 在获得流速数据之后，还需要进行插值处理。

目前 PIV 技术已经广泛应用于各种流场测量，从定常流动到非定常流动、从低速流动到高速流动和从单相流动到多相流动等。

11.2.1　图像测速原理

PIV 测速原理如图 11.9 所示。设在时刻 t 和 $t+\Delta t$，流场中某一示踪粒子 P 分别处于位置 $[x(t),y(t)]$ 和 $[x(t+\Delta t),y(t+\Delta t)]$，则在时间间隔 Δt 内示踪粒子 P 在 x 和 y 方向的位移分量分别为

$$\begin{aligned}\Delta x(t) &= x(t+\Delta t)-x(t)\\ \Delta y(t) &= y(t+\Delta t)-y(t)\end{aligned} \tag{11.24}$$

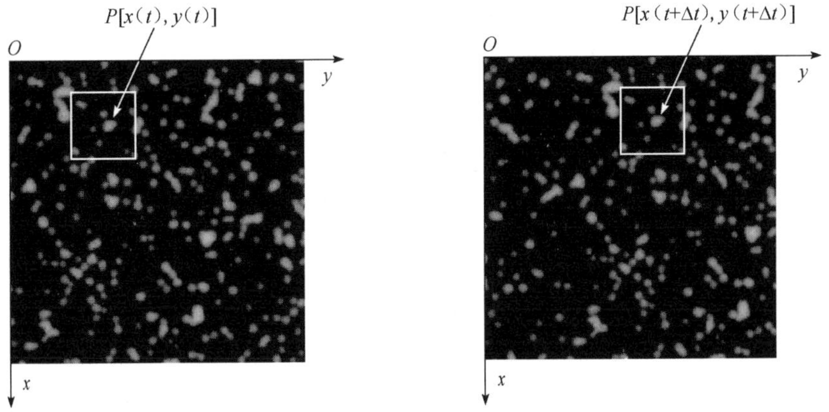

图 11.9　粒子图像测速原理

因此，在时间间隔 Δt 内示踪粒子 P 在 x 和 y 方向的速度分量分别为

$$\begin{aligned}v_x &= \frac{\Delta x(t)}{\Delta t} = \frac{x(t+\Delta t)-x(t)}{\Delta t}\\ v_y &= \frac{\Delta y(t)}{\Delta t} = \frac{y(t+\Delta t)-y(t)}{\Delta t}\end{aligned} \tag{11.25}$$

通常时间间隔 Δt 很短，因此上式求得的速度可以看成是时刻 t 的瞬时速度分量，由此可得示踪粒子 P 在时刻 t 的速度矢量为

$$\boldsymbol{v} = v_x\boldsymbol{i} + v_y\boldsymbol{j} \tag{11.26}$$

式中，$\boldsymbol{i}$ 和 $\boldsymbol{j}$ 分别为沿 x 和 y 方向的单位矢量。

11.2.2　图像测速系统

PIV 测速系统如图 11.10 所示，激光器发出的脉冲激光通过柱面镜形成激光片光，照

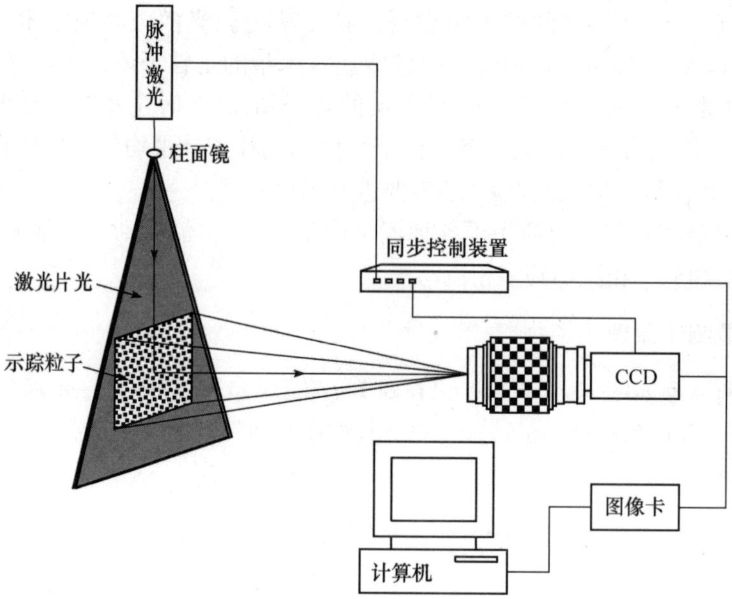

图 11.10　粒子图像测速系统

射所要研究的流场区域，当激光片光照射到待测区域中撒布的示踪粒子时，激光片光将在粒子上发生散射，在激光片光所在平面的法线方向由 CCD 记录粒子图像。经过两次或多次曝光，不同时刻的粒子图像被存储到计算机系统中，通过自相关或互相关运算，即可根据已知时间间隔内流场中微小区域的位移，计算出流场速度分布。

PIV 测速系统主要由反映流场特性的示踪粒子、照射待测区域的激光光源、记录粒子图像的图像采集系统、协调粒子图像采集的同步控制器和分析粒子图像的图像处理系统等组成。

1. 示踪粒子

采用粒子图像测速技术进行流速测量时，需要在流场中撒布跟随性和散射性良好且密度与流体相当的示踪粒子。示踪粒子直接反映流场特性，它的选取及使用是粒子图像测速技术的关键。示踪粒子除要求无毒、无腐蚀、无磨蚀、化学性质稳定及清洁等，选择和使用示踪粒子还必须遵循以下的一些准则：示踪粒子必须有良好的跟随性/跟流性（flow-following）和良好的散射性/散光性（light-scattering），另外浓度要适当。

示踪粒子的跟随性是影响测量精度的重要因素，作为反映流场速度的中间物，示踪粒子必须能够很好地跟随流体，也就是说粒子的跟随性要好。示踪粒子跟随流体的程度不仅取决于示踪粒子粒径、粒子浓度等，还取决于流体带动粒子的能力，如流体的运动状态、流体黏度、流体密度等。总的来说，如果粒子太大则自身的惯性很大，流场将不能完全带动粒子，使得粒子的运动与流场的运动相差较大；如果粒子太小，则很容易受到外界的干扰而不能反映流场的真实状态。

粒子的散射性能将影响图像的分辨率，为了提高分辨率通常可以增加激光光源功率和提高粒子散射性能，但增加激光光源功率的代价太大，在激光功率一定的情况下更倾向于提高粒子的散射性能。粒子的大小、形状、粒子折射率和流体折射率等都将影响粒子的散射性能，另外接收照射光的方向存在最佳角度，测速时可以进行适当的调节以提高分辨率。

在流速测量中需要考虑粒子浓度问题，当浓度太高时，粒子就会重叠在一起，这样就会在底片上形成散斑效应；当粒子浓度太低时，就会得不到足够多的速度矢量，从而不能够反映流场的全场速度分布。

综上所述，在选取粒子时需要综合考虑以下各种因素：粒子的密度尽量等于流体的密度，粒子的直径要在保证散射强度的前提下尽可能小，浓度要合适，粒子具有高的跟随速度、低的沉降速度。在非定常流的测量中，粒子的跟随速度和沉降速度要根据实际情况不断调整。目前常用的示踪粒子有很多种，适用于水的示踪粒子有荧光粒子、表面镀银的空心玻璃球粒子、乳化泡粒子和液晶粒子等；适用于气体的有粉末粒子、二氧化钛粒子以及雾化油滴等。典型的粒子图像如图 11.11 所示。

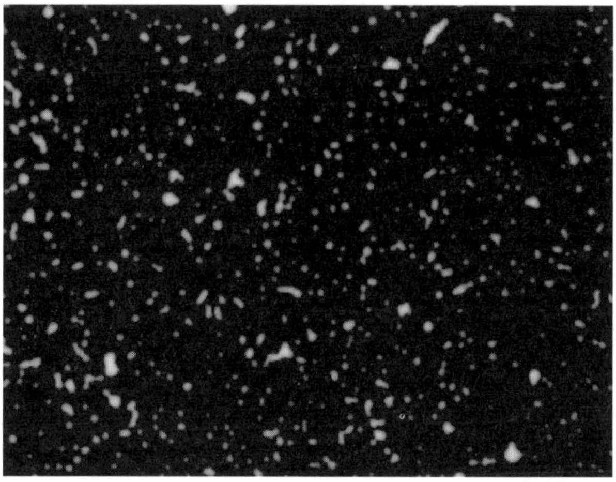

图 11.11　粒子图像

2. 激光光源

粒子图像测速所用的激光光源有一定的要求：首先是功率要高，片光要能照亮流场，使所研究的流场区域内粒子的散射光有足够的散射强度，以便记录到清晰的粒子图像；其次，要能形成脉冲激光片光，利用脉冲片光将两个瞬时的流场记录下来；再次，激光能量、脉冲间隔应能随流场速度及其分辨率的不同可以进行调节；最后，激光波长也是需要考虑的重要因素，短波比长波更能增加粒子图像的平均强度，尤其对于采用底片作为记录介质的粒子图像测速系统，因为与红光相比底片感光材料对蓝绿光更敏感。

激光光源通常分两类：一类是连续激光，连续激光光源前需要附加机械式或光电式频闪装置，氩离子激光器发出的是连续光，通常用于低速液态流场测量；另外一类是脉冲激光，这种激光器每个振荡器和放大器都可分别触发，因此可无限小地控制激光脉冲间隔和单独调节单个激光脉冲的能量。一般在 PIV 系统中采用两台脉冲激光器，用外同步控制装置来分别触发激光器以产生脉冲。

粒子图像测速需要采用激光片光照射，激光脉冲的片光由柱面镜和球面镜联合产生，准直了的光束通过柱面镜后形成激光片光，同时球面镜用于控制片光的厚度。

3. 图像采集

图像采集系统是 PIV 系统的关键部分，它包括高分辨率 CCD 相机和数据采集卡。CCD 的图像采集方式分成两类：一类是自相关(auto-correlation)模式，两个瞬时的粒子图像存储在相同帧存储器中；另一类是互相关(cross-correlation)模式，两个瞬时的粒子图像存储到不同帧存储器中。

4. 同步控制

同步控制器用来协调 PIV 系统各个部分的工作时序，由计算机进行控制，它控制脉冲发出和图像采集的顺序，通过内部产生周期性的脉冲触发信号，经过多个延时通道同时产生多个经过延时的触发信号，用来控制激光器、CCD 和图像采集卡，使它们工作在严格同步的信号基础上，保证各部分按一定的时间顺序协调工作。计算机用于存储图像卡提供的图像数据，通过粒子图像测速系统软件可以实时完成速度场的计算、显示和存储。

同步控制器提供周期的外触发信号，激光器的两个氙灯经过一定的时间延时，间隔点亮发光，当氙灯发光强度达到最大值时，经过适当延时的两路 Q 开关被同步控制器提供的延时信号触发，激光器发出具有一定时间间隔的双脉冲激光。同时 CCD 也收到同步控制器提供的触发信号，使用软件设定第一幅图像的曝光时间，使得激光器发出的脉冲落在第一次曝光时间内；然后经过软件设定的跨帧时间，CCD 可以进行第二次曝光，这时捕捉到的是激光器的第二个脉冲。这样就实现了 CCD 触发一次得到两帧图像、捕捉双脉冲激光的功能。缩小激光器双脉冲之间的时间间隔(不小于 CCD 的跨帧时间)，就可以拍摄高速运动的流场图像，计算相应的速度场。

5. 图像处理

PIV 拍摄得到的照片被分割成许多小的子区。关于子区有两个假设：假设在每个子区都有足够数量的粒子，并且在子区内所有粒子具有相同速度。每个子区包括许多粒子图像对，但是由于粒子位移比粒子间的空间距离要大得多，所以不可能明确指出单个粒子图像对。因此，需要采用统计方法获得粒子图像位移。

PIV 处理的是一系列随时间变化的数字图像，对于这些序列图像的处理方法主要采用相关方法。相关方法分为自相关法和互相关法。

对于自相关分析，两次曝光的粒子图像记录在相同帧存储器中，相关区域有 3 个峰：一个中央自相关峰和它旁边的两个互相关峰。互相关峰的位置对应粒子图像的位移。由于自相关法的对称性从而造成方向的二义性，速度方向不能自动判别，另外自相关法的速度测量范围小。进行自相关运算时，图像中的子区在自身图像中寻找其最大相似区域，相关处理的两次曝光的粒子图像中的无效粒子被认为是相关处理中的背景噪声，影响识别的准确度。图 11.12 所示为自相关峰分布。

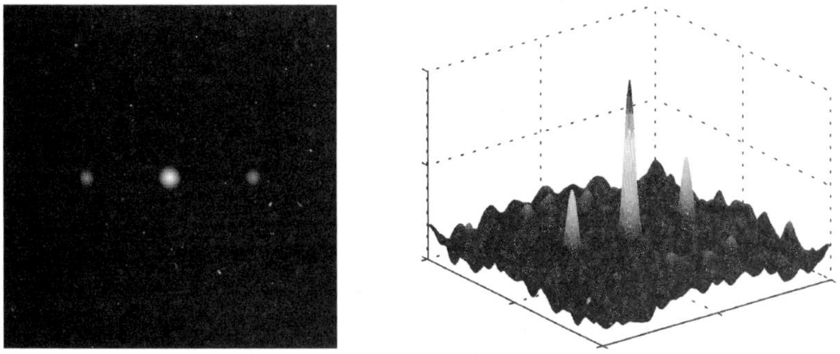

(a)　　(b)

图 11.12　自相关峰

对于互相关分析，进行相关处理的两幅图像独立存在。互相关处理时图像中的子区在另一幅图像中寻找其最大相似区域，降低了相关处理的背景噪声，信噪比高，识别的准确率大大提高。互相关只有一个峰，因而可以自动判别速度方向。另外，互相关法的速度测量范围要比自相关法大得多。图 11.13 所示为互相关峰分布。

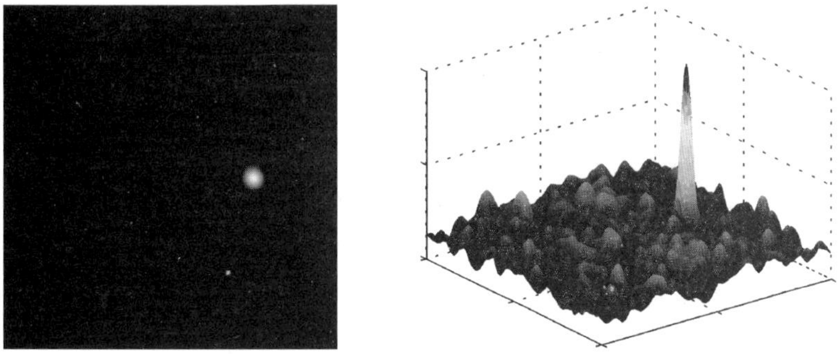

(a)　　(b)

图 11.13　互相关峰

11.2.3　图像相关算法

1. 自相关法

自相关法需要进行两次傅里叶变换。对于自相关法，两次曝光的粒子图像记录在相同帧存储器中，因此子区内的灰度分布可以表示为

$$I(x,y) = I_1(x,y) + I_2(x,y) \tag{11.27}$$

式中，$I_1(x,y)$和 $I_2(x,y)$分别表示第 1 和第 2 次脉冲曝光所形成的灰度分布。当子区足够小时，可认为子区中的粒子的速度相同，那么第 2 次曝光所记录的图像可以认为是第 1 次曝光所记录形成的图像的平移，即

$$I_2(x,y) = I_1(x-d_x, y-d_y) \tag{11.28}$$

对式(11.27)进行傅里叶变换，则

$$\mathrm{FT}[I(x,y)] = \mathrm{FT}[I_1(x,y)] + \mathrm{FT}[I_2(x,y)] \tag{11.29}$$

式中,FT[…]表示傅里叶变换。利用傅里叶变换的平移性质,则

$$\mathrm{FT}[I_2(x,y)] = \mathrm{FT}[I_1(x-d_x,y-d_y)] = \mathrm{FT}[I_1(x,y)]\exp\{-\mathrm{i}2\pi(ud_x+vd_y)\} \tag{11.30}$$

式中,u、v为离散频率变量。因此,式(11.29)可表示为

$$\mathrm{FT}[I(x,y)] = \mathrm{FT}[I_1(x,y)](1+\exp\{-\mathrm{i}2\pi(ud_x+vd_y)\}) \tag{11.31}$$

由此得经过傅里叶变换后图像的灰度分布为

$$I(u,v) = |\mathrm{FT}[I(x,y)]|^2 = 2|\mathrm{FT}[I_1(x,y)]|^2\{1+\cos[2\pi(ud_x+vd_y)]\} \tag{11.32}$$

由上式可见,由于在子区内的粒子在两次曝光时间间隔内产生的位移近似相等,所以经过傅里叶变换后,可在观察平面上获得清晰的杨氏干涉条纹。对式(11.31)进行自相关运算(即对式(11.32)进行傅里叶反变换),得灰度分布为

$$\begin{aligned} I'(x,y) &= \mathrm{IFT}[|\mathrm{FT}[I(x,y)]|^2] \\ &= 2\mathrm{IFT}[|\mathrm{FT}[I_1(x,y)]|^2] + \mathrm{IFT}[|\mathrm{FT}[I_1(x-d_x,y-d_y)]|^2] \\ &\quad + \mathrm{IFT}[|\mathrm{FT}[I_1(x+d_x,y+d_y)]|^2] \end{aligned} \tag{11.33}$$

式中,IFT[…]表示傅里叶反变换。

显然,$I'(x,y)$在(x,y)处有一个最大灰度值,而在$(x-d_x,y-d_y)$和$(x+d_x,y+d_y)$处各有一个次最大灰度值。因此提取粒子的位移问题就可以归结为在子区图像中寻找最大灰度值和次最大灰度值之间的距离和方位,但具体方向确定不了。

2. 互相关法

在自相关法中需要对两帧粒子图像进行位移方向的确定,而采用互相关法可以自动获取位移方向。互相关法需要进行 3 次傅里叶变换。

在子区内假设粒子的位移是均匀的,则第 2 次曝光所形成的图像是第 1 次曝光所形成的图像的平移,即 $I_2(x,y)=I_1(x-d_x,y-d_y)$。对第 1 和第 2 次曝光的粒子图像分别进行傅里叶变换,则有

$$\begin{aligned} A_1(u,v) &= \mathrm{FT}[I_1(x,y)] \\ A_2(u,v) &= \mathrm{FT}[I_2(x,y)] = \mathrm{FT}[I_1(x,y)]\exp\{-\mathrm{i}2\pi(ud_x+vd_y)\} \end{aligned} \tag{11.34}$$

对以上两式进行互相关运算,得灰度分布为

$$\begin{aligned} I'(x,y) &= \mathrm{IFT}[\{\mathrm{FT}[I_1(x,y)]\}\{\mathrm{FT}[I_2(x,y)]\}^*] \\ &= \mathrm{IFT}[|\mathrm{FT}[I_1(x,y)]|^2\exp\{\mathrm{i}2\pi(ud_x+vd_y)\}] \\ &= \mathrm{IFT}[|\mathrm{FT}[I_1(x+d_x,y+d_y)]|^2] \end{aligned} \tag{11.35}$$

与自相关相比,互相关有如下优点:

(1) 分辨率高,由于相关图像用的是两帧粒子图像,粒子浓度可以比自相关更浓,可

用更小的子区获得更多的有效粒子对；

(2) 位移方向确定，两帧图像的先后顺序已知，故不需附加任何装置就可以判定粒子运动的方向；

(3) 信噪比高，自相关采用两次曝光图像相加，即对背景噪声也进行了叠加，因此其信噪比较差，而互相关采用单脉冲法来拍摄图像从而减少了背景噪声的相关峰值，提高了信噪比；

(4) 测量范围大，自相关存在粒子图像自相关而得到 0 级峰，而粒子位移则是 0 级峰与 1 级峰之间的距离，因此两峰之间的距离不能太短以免两峰重叠不能分辨，而互相关只有一个最高峰，容易判别；

(5) 测量精度高，由于自相关必须定位两个高峰的中心，而互相关只要定位一个高峰的中心，因此互相关的测量精度容易得到保证。

第 12 章　数字散斑干涉与剪切干涉

数字散斑干涉(digital speckle pattern interferometry,DSPI)和数字散斑剪切干涉(digital speckle-shearing pattern interferometry,DSSPI)的基本原理与传统散斑干涉和传统散斑剪切干涉相同,差别主要表现在传统方法由于采用全息底片记录散斑图,因此需要进行显影和定影等冲洗过程。另外在传统方法中,两次曝光记录被叠加,因此需要进行滤波处理,以消除直流分量从而显现干涉条纹。而数字方法由于采用 CCD 记录数字散斑图,因此不需要进行显影和定影等冲洗处理。另外通过 CCD 记录的物体变形前后的数字散斑图可以叠加存储,也可以分开存储,因此数字散斑干涉和数字散斑剪切干涉除了可以采用相加模式外,还可以采用相减模式。

采用相加模式数字散斑剪切干涉所得到的实验结果如图 12.1 所示。图 12.1(a)是物体变形前后的数字散斑图的相加结果;图 12.1(b)是衍射晕分布;图 12.1(c)是在一级衍射晕进行数字滤波后得到的全场位移导数等值条纹分布。

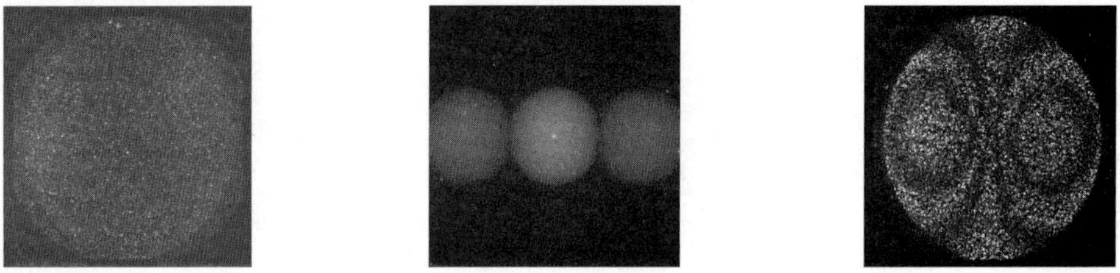

(a)　　(b)　　(c)

图 12.1　相加模式数字散斑剪切干涉实验结果

在数字散斑干涉和数字散斑剪切干涉中,物体变形前后的曝光记录被独立进行处理,通过相减就能去除直流分量,因此数字散斑干涉和数字散斑剪切干涉主要采用相减模式,采用相减模式不需要进行滤波即可显现干涉条纹。由于物体变形前后的曝光记录被独立进行处理,因此相移干涉技术能够很方便地应用于数字散斑干涉和数字散斑剪切干涉,从而可以获取连续相位分布。

12.1　数字散斑干涉

12.1.1　面内位移测量

测量面内位移的数字散斑干涉系统如图 12.2 所示。两束准直光波对称照射物面,两束光波与物面法线夹角均为 θ。散射光波成像于 CCD 靶面,并相干叠加,而在 CCD 靶面产生合成散斑场。

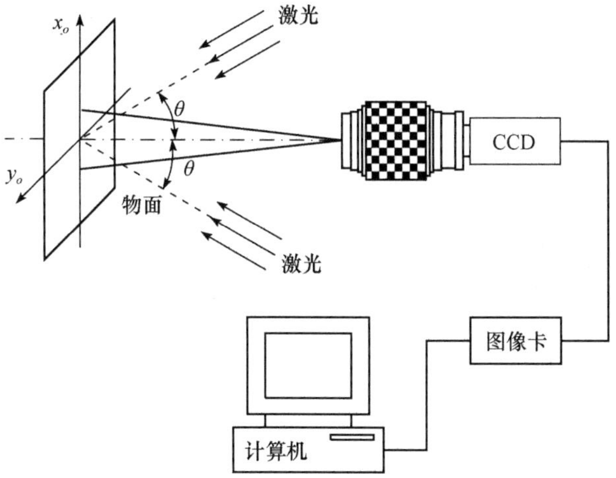

图 12.2　面内位移数字散斑干涉系统

1. 条纹形成

物体变形前 CCD 记录的强度分布可表示为

$$I_1 = I_{o1} + I_{o2} + 2\sqrt{I_{o1}I_{o2}}\cos\varphi \tag{12.1}$$

式中，I_{o1} 和 I_{o2} 分别为对应于两束入射光波的强度分布；φ 为两束入射光波的相位差。

物体变形后 CCD 记录的强度分布为

$$I_2 = I_{o1} + I_{o2} + 2\sqrt{I_{o1}I_{o2}}\cos(\varphi + \delta) \tag{12.2}$$

式中，δ 为因物体变形而引起的两束入射光波的相对相位变化。根据图 12.2，δ 可表示为

$$\delta = \frac{4\pi}{\lambda}u_o\sin\theta \tag{12.3}$$

式中，u_o 为物面沿 x 方向的面内位移分量。

物体变形前后所记录的强度相减所得差的平方可表示为

$$\Delta I^2 = (I_2 - I_1)^2 = 8I_{o1}I_{o2}\sin^2\left(\varphi + \frac{\delta}{2}\right)(1 - \cos\delta) \tag{12.4}$$

式中，正弦项为高频成分，对应于散斑噪声；余弦项为低频成分，对应于物体变形。因此当满足条件：

$$\delta = 2n\pi \quad (n = 0, \pm 1, \pm 2, \cdots) \tag{12.5}$$

时，条纹亮度将达到最小，即暗纹将产生于

$$u_o = \frac{n\lambda}{2\sin\theta} \quad (n = 0, \pm 1, \pm 2, \cdots) \tag{12.6}$$

当满足条件：

$$\delta = (2n + 1)\pi \quad (n = 0, \pm 1, \pm 2, \cdots) \tag{12.7}$$

时，条纹亮度将达到最大，即亮纹将产生于

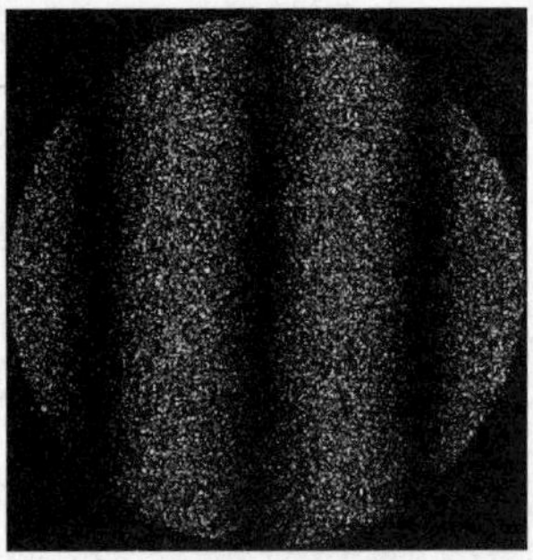

图 12.3 面内位移等值条

$$u_o = \frac{(2n+1)\lambda}{4\sin\theta} \quad (n = 0, \pm 1, \pm 2, \cdots) \tag{12.8}$$

图 12.3 所示为采用数字散斑干涉而得到的面内位移等值条纹。

2. 相位分析

物体变形前首先记录一幅数字散斑图，然后物体变形后再记录相移量依次为 0、π/2、π和 3π/2 的 4 幅数字散斑图。采用相减模式，对应物体变形后的 4 幅数字散斑图与对应物体变形前的数字散斑图分别进行相减并平方，得

$$\begin{aligned}
\Delta I_1{}^2 &= 8I_{o1}I_{o2}\sin^2(\varphi + \frac{\delta}{2})(1-\cos\delta) \\
\Delta I_2{}^2 &= 8I_{o1}I_{o2}\sin^2(\varphi + \frac{2\delta+\pi}{4})(1+\sin\delta) \\
\Delta I_3{}^2 &= 8I_{o1}I_{o2}\sin^2(\varphi + \frac{\delta+\pi}{2})(1+\cos\delta) \\
\Delta I_4{}^2 &= 8I_{o1}I_{o2}\sin^2(\varphi + \frac{2\delta+3\pi}{4})(1-\sin\delta)
\end{aligned} \tag{12.9}$$

因此，物体变形后的 4 幅数字散斑图与物体变形前的数字散斑图进行相减并平方后，即可得到相移量分别为 0、π/2、π 和 3π/2 的 4 幅面内位移等值条纹图，如图 12.4 所示。式(12.9)中的正弦项对应高频噪声，通过低通滤波可以平均掉正弦项，由此可得系综平均为

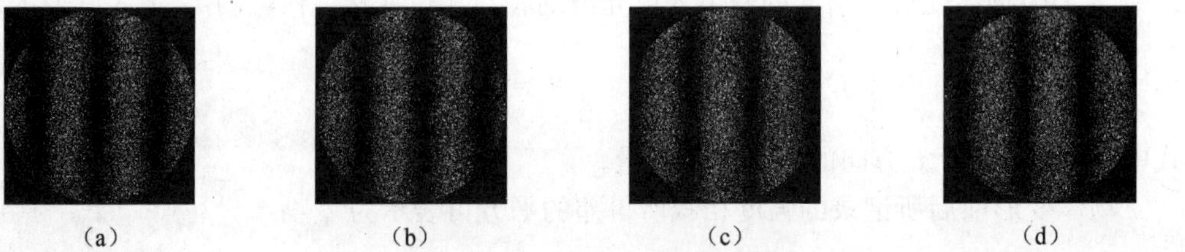

(a) (b) (c) (d)

图 12.4 相移面内位移等值条纹

$$\begin{aligned}
\langle \Delta I_1{}^2 \rangle &= 4\langle I_{o1} \rangle \langle I_{o2} \rangle (1-\cos\delta) \\
\langle \Delta I_2{}^2 \rangle &= 4\langle I_{o1} \rangle \langle I_{o2} \rangle (1+\sin\delta) \\
\langle \Delta I_3{}^2 \rangle &= 4\langle I_{o1} \rangle \langle I_{o2} \rangle (1+\cos\delta) \\
\langle \Delta I_4{}^2 \rangle &= 4\langle I_{o1} \rangle \langle I_{o2} \rangle (1-\sin\delta)
\end{aligned} \tag{12.10}$$

式中，⟨…⟩表示系综平均。联立求解，得物体变形相位分布为

$$\delta = \arctan\frac{S}{C} = \arctan\frac{\langle \Delta I_2^2 \rangle - \langle \Delta I_4^2 \rangle}{\langle \Delta I_3^2 \rangle - \langle \Delta I_1^2 \rangle} \tag{12.11}$$

式中，δ 是位于 $-\pi/2 \sim \pi/2$ 的包裹相位；$S=\langle \Delta I_2^2 \rangle - \langle \Delta I_4^2 \rangle$；$C=\langle \Delta I_3^2 \rangle - \langle \Delta I_1^2 \rangle$。表示位于 $-\pi/2 \sim \pi/2$ 的包裹相位通过如下变换可扩展到 $0 \sim 2\pi$：

$$\delta = \begin{cases} \delta & (S \geqslant 0, C > 0) \\ \pi/2 & (S > 0, C = 0) \\ \delta + \pi & (C < 0) \\ 3\pi/2 & (S < 0, C = 0) \\ \delta + 2\pi & (S < 0, C > 0) \end{cases} \tag{12.12}$$

经过相位扩展，相位分布区间已由 $-\pi/2 \sim \pi/2$ 变为 $0 \sim 2\pi$，此时所得到的相位分布是位于 $0 \sim 2\pi$ 的包裹相位。

经过相位扩展后所得到的相位分布仍然是包裹相位，因此要得到连续相位分布则需要对包裹相位进行相位展开。如果相邻像素之间的相位差达到或超过 π，则通过增加或减少 $2k\pi$ 的相位，可消除相位的不连续性，因此展开相位可表示为

$$\delta_u = \delta + 2k\pi \tag{12.13}$$

式中，$k = \pm 1, \pm 2, \pm 3, \cdots$。得到连续相位分布后，则面内位移分布可表示为

$$u_o = \frac{\lambda}{4\pi \sin\theta} \delta_u \tag{12.14}$$

图 12.5 所示为面内位移相位分析结果，其中图 12.5(a)是 $0 \sim 2\pi$ 的包裹相位分布；图 12.5(b)是连续相位分布。

(a)　　(b)

图 12.5　面内位移相位分析结果

12.1.2　离面位移测量

图 12.6 是用于测量离面位移的数字散斑干涉系统。

1. 条纹形成

物体变形前 CCD 记录的强度分布为

$$I_1 = I_o + I_r + 2\sqrt{I_o I_r} \cos\varphi \tag{12.15}$$

式中，I_o 和 I_r 分别为对应于物体光波和参考光波的强度分布；φ 为两光波之间的相位差。

物体变形后 CCD 记录的强度分布为

$$I_2 = I_o + I_r + 2\sqrt{I_o I_r} \cos(\varphi + \delta) \tag{12.16}$$

式中

$$\delta = \frac{4\pi}{\lambda} w_o \tag{12.17}$$

式中，w_o 为离面位移分量。

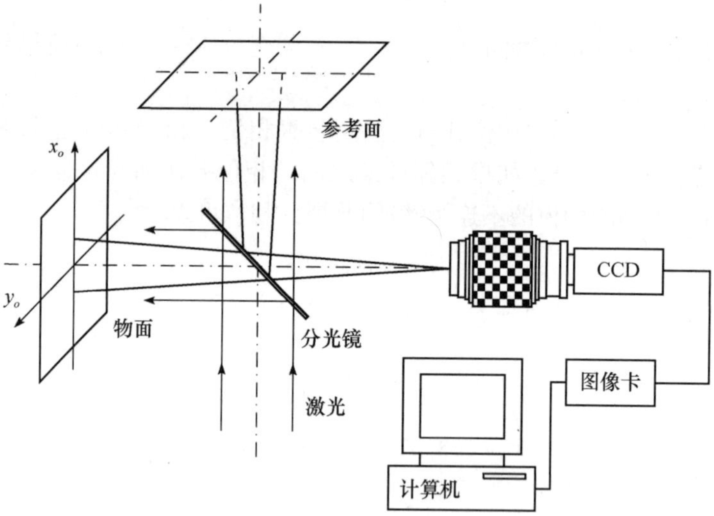

图 12.6　离面位移数字散斑干涉系统

采用相减模式，两幅数字散斑图相减所得差的平方可表示为

$$\Delta I^2 = 8 I_o I_r \sin^2\left(\varphi + \frac{\delta}{2}\right)(1 - \cos\delta) \tag{12.18}$$

因此当满足条件：

$$\delta = 2n\pi \quad (n = 0, \pm 1, \pm 2, \cdots) \tag{12.19}$$

时，条纹亮度将最小，即暗纹产生于

$$w_o = \frac{n\lambda}{2} \quad (n = 0, \pm 1, \pm 2, \cdots) \tag{12.20}$$

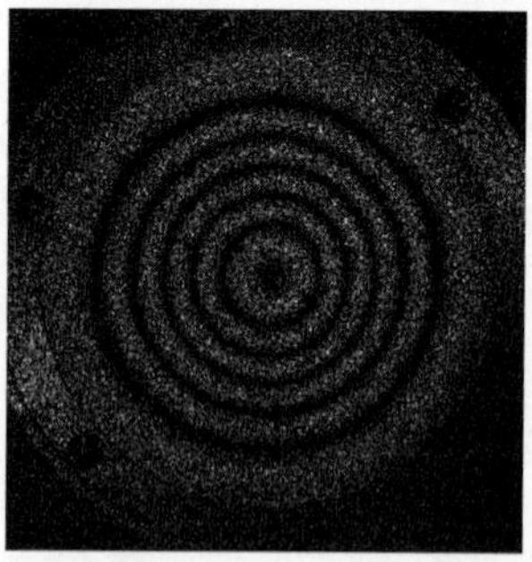

图 12.7　离面位移等值条纹

当满足条件：

$$\delta = (2n + 1)\pi \quad (n = 0, \pm 1, \pm 2, \cdots) \tag{12.21}$$

时，条纹亮度将最大，即亮纹产生于

$$w_o = \frac{(2n + 1)\lambda}{4} \quad (n = 0, \pm 1, \pm 2, \cdots) \tag{12.22}$$

图 12.7 所示为采用数字散斑干涉而得到的离面位移等值条纹。

2. 相位分析

物体变形前首先记录一幅数字散斑图，然后物体变形后再记录相移量分别为 0、π/2、

π 和 3π/2 的 4 幅数字散斑图。物体变形后的 4 幅数字散斑图与物体变形前的数字散斑图进行相减并平方后，即可得到相移量分别为 0、π/2、π 和 3π/2 的 4 幅离面位移等值条纹图，如图 12.8 所示。

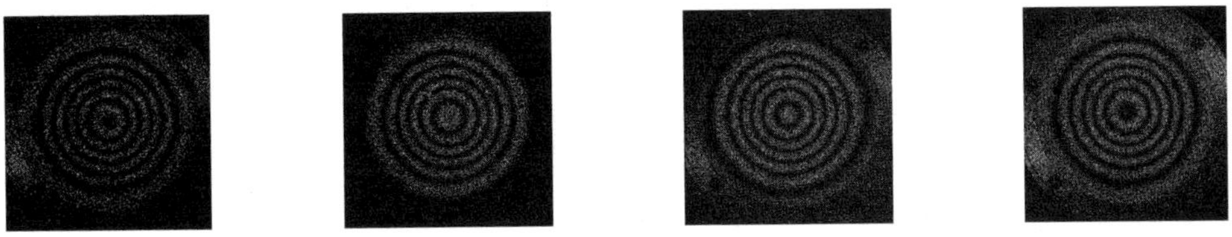

(a)　(b)　(c)　(d)

图 12.8　相移离面位移等值条纹

物体变形后的 4 幅数字散斑图与物体变形前的数字散斑图相减并平方后，再经过低通滤波，则系综平均可分别表示为

$$\begin{aligned}\langle \Delta I_1^2 \rangle &= 4\langle I_o \rangle \langle I_r \rangle (1-\cos\delta)\\ \langle \Delta I_2^2 \rangle &= 4\langle I_o \rangle \langle I_r \rangle (1+\sin\delta)\\ \langle \Delta I_3^2 \rangle &= 4\langle I_o \rangle \langle I_r \rangle (1+\cos\delta)\\ \langle \Delta I_4^2 \rangle &= 4\langle I_o \rangle \langle I_r \rangle (1-\sin\delta)\end{aligned} \tag{12.23}$$

联立求解，得物体变形相位分布为

$$\delta = \arctan \frac{\langle \Delta I_2^2 \rangle - \langle \Delta I_4^2 \rangle}{\langle \Delta I_3^2 \rangle - \langle \Delta I_1^2 \rangle} \tag{12.24}$$

式中，δ 是位于 $-\pi/2 \sim \pi/2$ 的包裹相位。通过相位扩展，可得到位于 $0 \sim 2\pi$ 的包裹相位；然后再通过相位展开，可得到连续相位分布。根据连续相位分布，离面位移分布可表示为

$$w_o = \frac{\lambda}{4\pi}\delta_u \tag{12.25}$$

式中，δ_u 表示连续相位分布。

图 12.9 所示为离面位移相位分析结果，其中图 12.9(a)是 $0 \sim 2\pi$ 的包裹相位分布；图 12.9(b)是连续相位分布。

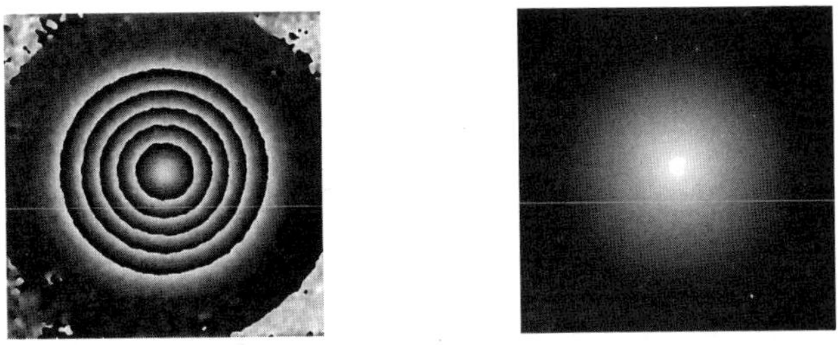

(a)　(b)

图 12.9　离面位移相位分析结果

12.1.3 振动分析

对稳态振动物体，采用 CCD 记录数字散斑图，假设 CCD 记录时间比振动周期长得多。首先在物体处于静止状态时进行曝光记录，得到对应物体静止状态的时间平均数字散斑图；然后在物体处于振动状态时再进行曝光记录，从而得到对应物体振动状态的时间平均数字散斑图。两幅时间平均数字散斑图进行相减处理，即可显现干涉条纹。

在物体处于静止状态时，CCD 因参考光波同物面散斑场的干涉而记录的强度分布可表示为

$$I_1 = I_o + I_r + 2\sqrt{I_o I_r}\cos\varphi \tag{12.26}$$

式中，I_o 和 I_r 分别为对应于物体光波和参考光波的强度分布；φ 为物体光波和参考光波的相位差。

设 CCD 记录时间为 τ，则对应物体静止状态的时间平均数字散斑图的曝光量可表示为

$$E_1 = \tau I_1 = \tau(I_o + I_r + 2\sqrt{I_o I_r}\cos\varphi) \tag{12.27}$$

在物体处于振动状态时，CCD 在任意时刻记录的强度分布可表示为

$$I_2 = I_o + I_r + 2\sqrt{I_o I_r}\cos(\varphi + \delta) \tag{12.28}$$

式中，$\delta = \delta(x, y; t)$ 为因物体变形而引起的物体光波在时刻 t 的相位变化。对于物体离面振动，当进行垂直照射和垂直接收时，则 δ 可表示为

$$\delta = \frac{4\pi}{\lambda} A_{oz} \sin\omega t \tag{12.29}$$

式中，A_{oz} 为离面振幅分量。

设 CCD 记录时间仍为 τ，则对应物体振动状态的时间平均数字散斑图的曝光量可表示为

$$E_2 = \int_0^\tau I_2 \mathrm{d}t = \int_0^\tau \left[I_o + I_r + 2\sqrt{I_o I_r}\cos\left(\varphi + \frac{4\pi}{\lambda} A_{oz} \sin\omega t\right)\right]\mathrm{d}t \tag{12.30}$$

设 $\tau \gg 2\pi/\omega$ 时，经过积分，由上式得

$$E_2 = \tau\left[I_o + I_r + 2\sqrt{I_o I_r}\cos\varphi \, \mathrm{J}_0\left(\frac{4\pi}{\lambda} A_{oz}\right)\right] \tag{12.31}$$

式中，J_0 为第一类零阶贝塞尔函数。

采用相减模式，两幅时间平均数字散斑图相减所得差的平方可表示为

$$\Delta E^2 = (E_1 - E_2)^2 = 4\tau^2 I_o I_r \cos^2\varphi\left[1 - \mathrm{J}_0\left(\frac{4\pi}{\lambda} A_{oz}\right)\right]^2 \tag{12.32}$$

式中，余弦项对应高频噪声，通过低通滤波可以平均掉，由此可得系综平均为

$$\langle \Delta E^2 \rangle = 2\tau^2 \langle I_o \rangle \langle I_r \rangle \left[1 - \mathrm{J}_0\left(\frac{4\pi}{\lambda} A_{oz}\right)\right]^2 \tag{12.33}$$

显然，在 $\left[1 - \mathrm{J}_0\left(\frac{4\pi}{\lambda} A_{oz}\right)\right]^2$ 取极大值处将形成亮纹；在 $\left[1 - \mathrm{J}_0\left(\frac{4\pi}{\lambda} A_{oz}\right)\right]^2$ 取极小值处将形成

暗纹，特别当$[1-J_0(\frac{4\pi}{\lambda}A_{oz})]^2$取最小值时则对应振动节线。$[1-J_0(\alpha)]^2$-$\alpha$分布曲线如图 12.10 所示。

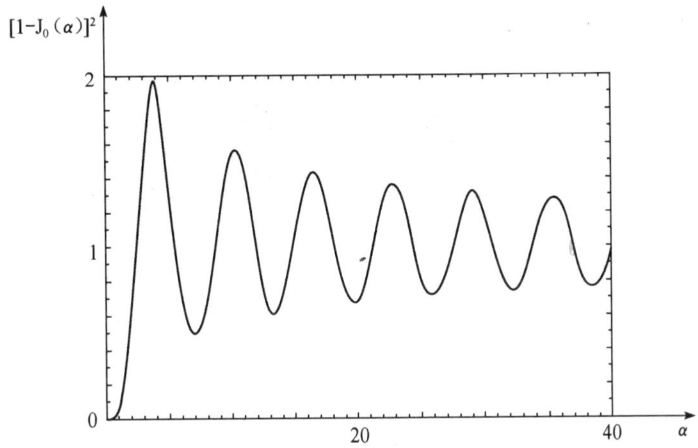

图 12.10　$[1-J_0(\alpha)]^2$-α 分布曲线

图 12.11 所示为周边固支正方形板离面振动(一阶振型)时间平均数字散斑图通过图像处理后得到的全场离面振幅等值条纹。

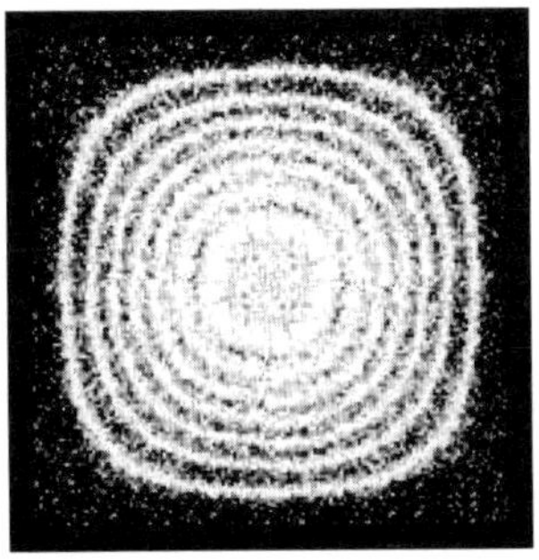

图 12.11　全场离面振幅等值条

12.2　数字散斑剪切干涉

12.2.1　斜率测量

1. 单孔径数字散斑剪切干涉

单孔径数字散斑剪切干涉系统如图 12.12 所示。物体由准直激光照射，物面散射光聚焦于 CCD 相机的成像靶面。通过倾斜其中的一块平面反射镜引起像面上两个散斑场相互剪切，两个剪切散斑场相干叠加产生合成散斑场。

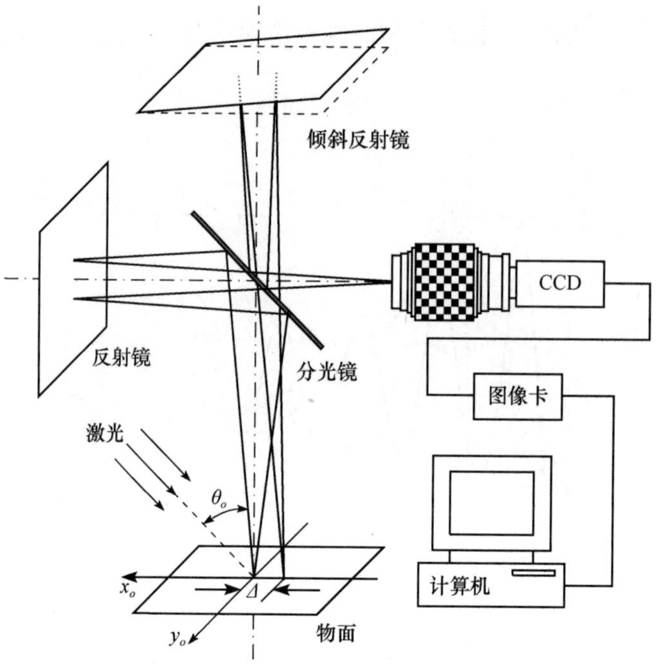

图 12.12 数字散斑剪切干涉系统

物体变形前 CCD 记录的强度分布为

$$I_1 = I_{o1} + I_{o2} + 2\sqrt{I_{o1} I_{o2}}\cos\varphi \tag{12.34}$$

式中，I_{o1} 和 I_{o2} 分别为对应于两个剪切散斑场的强度分布；φ 为两个散斑场之间的相位差。

同理，物体变形后 CCD 记录的强度分布为

$$I_2 = I_{o1} + I_{o2} + 2\sqrt{I_{o1} I_{o2}}\cos(\varphi + \delta) \tag{12.35}$$

当激光垂直入射，则

$$\delta = \frac{4\pi}{\lambda}\frac{\partial w_o}{\partial x}\Delta \tag{12.36}$$

式中，Δ 为物面剪切量；$\frac{\partial w_o}{\partial x}$ 为离面位移沿 x 方向的导数（斜率）。

物体变形前后所记录的强度相减所得差的平方可表示为

$$\Delta I^2 = 8 I_{o1} I_{o2} \sin^2\left(\varphi + \frac{\delta}{2}\right)(1 - \cos\delta) \tag{12.37}$$

显然，暗纹将产生于 $\delta = 2n\pi$，即

$$\frac{\partial w_o}{\partial x} = \frac{n\lambda}{2\Delta} \quad (n = 0, \pm 1, \pm 2, \cdots) \tag{12.38}$$

亮纹将产生于 $\delta = (2n+1)\pi$，即

$$\frac{\partial w_o}{\partial x} = \frac{(2n+1)\lambda}{4\Delta} \quad (n = 0, \pm 1, \pm 2, \cdots) \tag{12.39}$$

物体变形前首先记录一幅数字散斑图，然后物体变形后再记录相移量分别为 -3α、$-\alpha$、α 和 3α（α 为常数）的 4 幅数字散斑图。物体变形后的 4 幅数字散斑图与物体变形前的数字散斑图进行相减并平方后，可得到相移量分别为 -3α、$-\alpha$、α 和 3α 的 4 幅斜率等值条纹图，如图 12.13 所示。

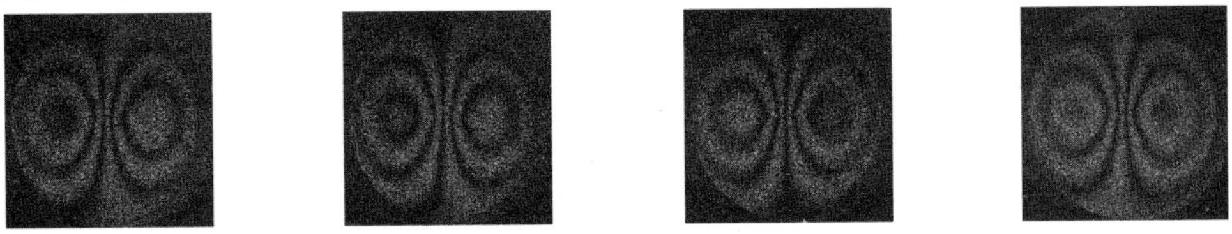

(a)　(b)　(c)　(d)

图 12.13　相移斜率等值条纹

变形后的 4 幅数字散斑图与变形前的数字散斑图分别进行相减，则所得差的平方经过低通滤波后可分别表示为

$$\begin{aligned}\langle \Delta I_1^2 \rangle &= 4\langle I_{o1} \rangle \langle I_{o2} \rangle [1-\cos(\delta-3\alpha)] \\ \langle \Delta I_2^2 \rangle &= 4\langle I_{o1} \rangle \langle I_{o2} \rangle [1-\cos(\delta-\alpha)] \\ \langle \Delta I_3^2 \rangle &= 4\langle I_{o1} \rangle \langle I_{o2} \rangle [1-\cos(\delta+\alpha)] \\ \langle \Delta I_4^2 \rangle &= 4\langle I_{o1} \rangle \langle I_{o2} \rangle [1-\cos(\delta+3\alpha)]\end{aligned} \tag{12.40}$$

联立求解，得物体变形相位分布为

$$\delta = \arctan\left[\tan\beta \frac{(\langle \Delta I_2{}^2 \rangle - \langle \Delta I_3{}^2 \rangle) + (\langle \Delta I_1{}^2 \rangle - \langle \Delta I_4{}^2 \rangle)}{(\langle \Delta I_2{}^2 \rangle + \langle \Delta I_3{}^2 \rangle) - (\langle \Delta I_1{}^2 \rangle + \langle \Delta I_4{}^2 \rangle)}\right] \tag{12.41}$$

式中，β 可通过下式得到

$$\tan^2\beta = \frac{3(\langle \Delta I_2{}^2 \rangle - \langle \Delta I_3{}^2 \rangle) - (\langle \Delta I_1{}^2 \rangle - \langle \Delta I_4{}^2 \rangle)}{(\langle \Delta I_2{}^2 \rangle - \langle \Delta I_3{}^2 \rangle) + (\langle \Delta I_1{}^2 \rangle - \langle \Delta I_4{}^2 \rangle)} \tag{12.42}$$

δ 是位于 $-\pi/2 \sim \pi/2$ 的包裹相位。通过相位扩展，可得到位于 $0 \sim 2\pi$ 的包裹相位；然后再通过相位展开，可得到连续相位分布。根据连续相位分布，斜率可表示为

$$\frac{\partial w_o}{\partial x} = \frac{\lambda}{4\pi\Delta}\delta_u \tag{12.43}$$

式中，δ_u 表示连续相位分布。

图 12.14 所示为斜率相位分析结果，其中图 12.14(a) 是斜率等值条纹；图 12.14(b)

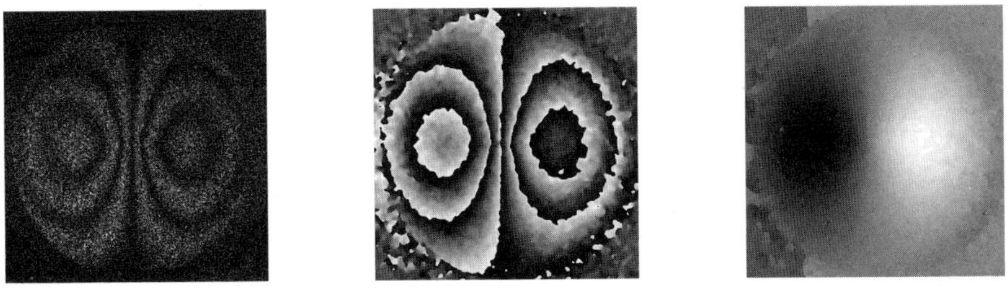

(a)　(b)　(c)

图 12.14　斜率相位分析结果

是 0～2π 的包裹相位；图 12.14(c)是连续相位。

2. 双孔径数字散斑剪切干涉

图 12.15 所示为双孔径数字散斑剪切干涉系统。双孔屏对称放置于 CCD 前(设双孔沿 x 轴)，在一个孔上放置剪切方向沿 x 轴的剪切镜，用一束激光照射物面，沿与光轴对称的两个方向进行观察，则物面上的一点将成像于 CCD 靶面上两点，或者说物面上的邻近两点将成像于 CCD 靶面上同一点。

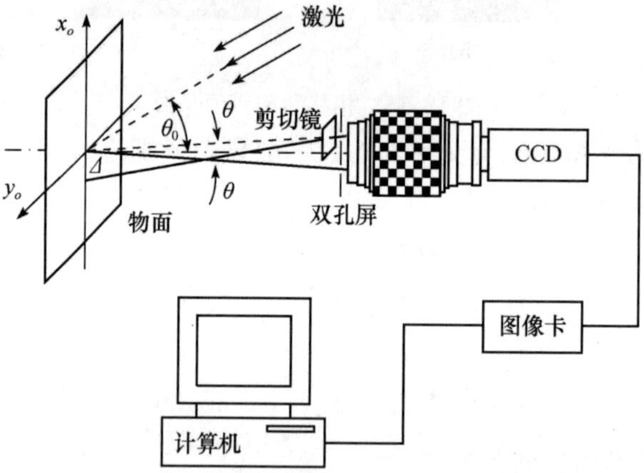

图 12.15 双孔径数字散斑剪切干涉系统

设通过两孔来自物面的散射光波的强度分别为 I_{o1} 和 I_{o2}，那么物体变形前 CCD 记录的强度分布为

$$I_1 = I_{o1} + I_{o2} + 2\sqrt{I_{o1}I_{o2}}\cos(\varphi+\beta) \tag{12.44}$$

式中，φ 为对应于两物点的相对随机相位；β 为通过两孔的光波因干涉而产生的栅线结构相位。同理，变形后 CCD 记录的强度分布为

$$I_2 = I_{o1} + I_{o2} + 2\sqrt{I_{o1}I_{o2}}\cos(\varphi+\delta+\beta) \tag{12.45}$$

式中，δ 为因物体变形而引起的通过两孔光波的相位差，可表示为

$$\delta = \frac{2\pi}{\lambda}\left\{2u_o\sin\theta + \left[(\sin\theta+\sin\theta_0)\frac{\partial u_o}{\partial x} + (\cos\theta+\cos\theta_0)\frac{\partial w_o}{\partial x}\right]\Delta\right\} \tag{12.46}$$

式中，u_o 为物面上物点沿 x 方向的位移分量；$\frac{\partial u_o}{\partial x}$ 和 $\frac{\partial w_o}{\partial x}$ 分别为沿 x 方向的面内和离面位移导数。利用 $\sin\theta \ll 1$，式(12.46)可简化为

$$\delta = \frac{2\pi}{\lambda}\left[\sin\theta_0\frac{\partial u_o}{\partial x} + (1+\cos\theta_0)\frac{\partial w_o}{\partial x}\right]\Delta \tag{12.47}$$

当激光垂直于物面照射，即 $\theta_0=0$ 时，则进一步简化为

$$\delta = \frac{4\pi}{\lambda}\frac{\partial w_o}{\partial x}\Delta \tag{12.48}$$

I_2 和 I_1 之差平方的系综平均可表示为

$$\langle \Delta I^2 \rangle = \langle (I_2 - I_1)^2 \rangle = 4\langle I_{o1} \rangle \langle I_{o2} \rangle (1 - \cos\delta) \tag{12.49}$$

显然，暗纹将产生于 $\delta = 2n\pi$，即

$$\frac{\partial w_o}{\partial x} = \frac{n\lambda}{2\Delta} \quad (n = 0, \pm 1, \pm 2, \cdots) \tag{12.50}$$

亮纹将产生于 $\delta = (2n+1)\pi$，即

$$\frac{\partial w_o}{\partial x} = \frac{(2n+1)\lambda}{4\Delta} \quad (n = 0, \pm 1, \pm 2, \cdots) \tag{12.51}$$

物体变形前首先记录一幅数字散斑图，然后物体变形后再记录相移量分别为 0、$\pi/2$、π 和 $3\pi/2$ 的 4 幅数字散斑图。变形后的 4 幅数字散斑图与变形前的数字散斑图分别进行相减，则所得差的平方经过低通滤波后可分别表示为

$$\begin{aligned} \langle \Delta I_1^2 \rangle &= 4\langle I_{o1} \rangle \langle I_{o2} \rangle (1 - \cos\delta) \\ \langle \Delta I_2^2 \rangle &= 4\langle I_{o1} \rangle \langle I_{o2} \rangle (1 + \sin\delta) \\ \langle \Delta I_3^2 \rangle &= 4\langle I_{o1} \rangle \langle I_{o2} \rangle (1 + \cos\delta) \\ \langle \Delta I_4^2 \rangle &= 4\langle I_{o1} \rangle \langle I_{o2} \rangle (1 - \sin\delta) \end{aligned} \tag{12.52}$$

联立求解，得物体变形相位分布为

$$\delta = \arctan \frac{\langle \Delta I_2{}^2 \rangle - \langle \Delta I_4{}^2 \rangle}{\langle \Delta I_3{}^2 \rangle - \langle \Delta I_1{}^2 \rangle} \tag{12.53}$$

式中，δ 是位于 $-\pi/2 \sim \pi/2$ 的包裹相位。通过相位扩展，可得到位于 $0 \sim 2\pi$ 的包裹相位；然后再通过相位展开，可得到连续相位分布。根据连续相位分布，斜率可表示为

$$\frac{\partial w_o}{\partial x} = \frac{\lambda}{4\pi\Delta}\delta_u \tag{12.54}$$

式中，δ_u 表示连续相位分布。

图 12.16 所示为斜率相位分析结果，其中图 12.16(a)是斜率等值条纹分布；图 12.16(b)是 $0 \sim 2\pi$ 的包裹相位；图 12.16(c)是解包裹后的连续相位分布。

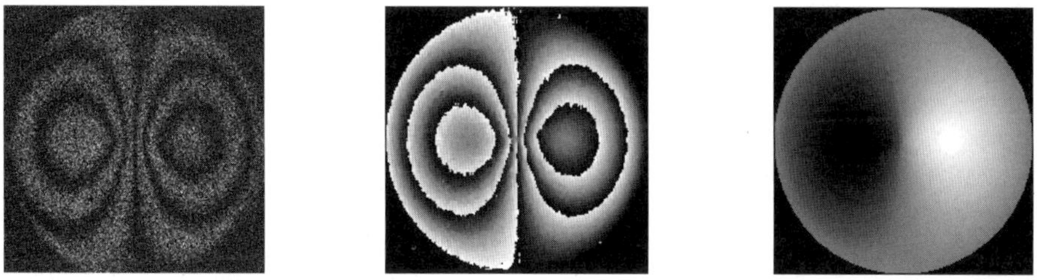

(a)　(b)　(c)

图 12.16　斜率相位分析结果

12.2.2　无损检测

物体通过加载而发生变形，如果物体表面或内部存在缺陷，那么缺陷附近物体表面的变形就会出现异常，通过观察异常变形区域的大小、形状和位置就可以推测缺陷的大小、

形状和位置。

数字散斑剪切干涉无损检测就是采用数字散斑剪切干涉技术来观察和比较物体表面的离面位移导数(斜率)是否异常,进而分析和判断物体表面或内部是否存在缺陷。进行数字散斑剪切干涉无损检测时,对被检物体加载,使其发生微小变形。当物体表面或内部存在缺陷时,缺陷附近的物体表面的离面变形就会比没有缺陷处大,因而在缺陷附近的物体表面将产生干涉条纹。根据干涉条纹的分布情况,可以分析和判断物体表面或内部是否含有缺陷,以及缺陷的大小、形状和位置。

数字散斑剪切干涉技术检测物体缺陷的实质就是比较物体在不同受载状态下的物体表面的离面变形,因此需要对物体施加载荷。常用的加载方式有以下几种。

(1) 热加载法,即对物体施加一个温度适当的热脉冲,物体因受热而变形。有缺陷时,由于传热较慢,该局部区域比周围的温度要高,因此造成该处变形量较大,从而形成缺陷处的离面变形比周围表面的变形大。

(2) 内部充气法,即对于蜂窝结构(有孔蜂窝)、轮胎、压力容器、管道等产品,可以用内部充气法加载。结构内部充气后,蒙皮在气体的作用下向外鼓起。脱胶处的蒙皮在气压作用下向外鼓起的量比周围大。

(3) 表面真空法,即对于无法采用内部充气的结构,如不连通蜂窝、叠层结构、钣金胶接结构等,可以在外表面抽真空加载,造成缺陷处表皮的内外压力差,引起缺陷处表皮变形。

除此之外,振动加载法也是采用数字散斑剪切干涉技术进行缺陷检测的重要方式。

数字散斑剪切干涉无损检测是全场检测技术,检测灵敏度高,可以检测非常小的缺陷;可检测大尺寸物体,只要激光能够充分照射到物体表面,都能一次检验完毕;对检测对象没有特殊要求,可以对任何材料和任意形状的粗糙表面进行检测;对物体内部缺陷的检测,取决于物体内部的缺陷在外力作用下能否造成物体表面的相应变形;对于叠层胶接结构,检测其脱黏缺陷的灵敏度取决于脱黏面积和深度比值,在近表面的脱黏缺陷,即使很小也能够检测出来,而对于埋藏较深的脱黏缺陷,在脱黏面积较大时也能检测出来。

图 12.17 所示为内部带有缺陷的圆板在热加载后通过数字散斑剪切干涉技术而显示出来的散斑剪切干涉条纹分布。图 12.18 所示为内部带有缺陷的复合材料板在热加载后的散斑剪切干涉条纹分布。

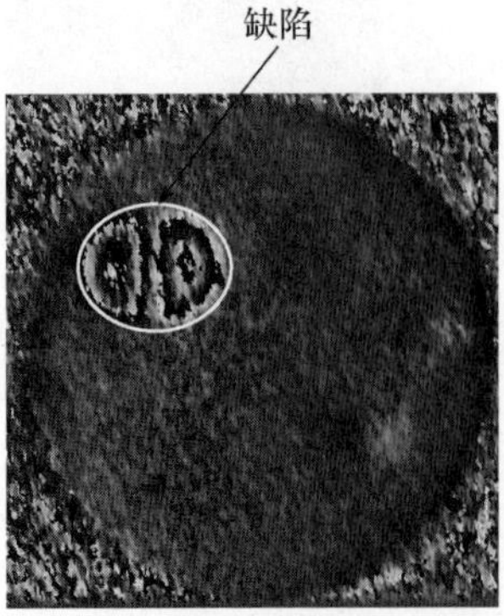

图 12.17　缺陷圆板散斑剪切干涉条纹分布

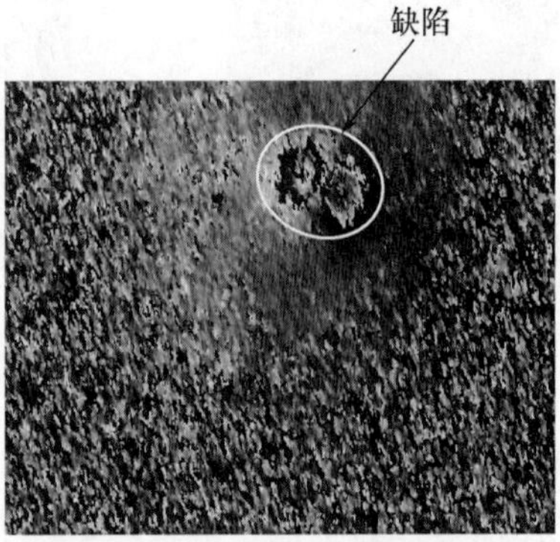

图 12.18　缺陷复合材料板散斑剪切干涉条纹分布

参考文献

戴福隆,方萃长,刘先龙,等. 现代光测力学[M]. 北京:科学出版社,1990.

戴福隆,沈观林,谢惠民,等. 实验力学[M]. 北京:清华大学出版社,2010.

董守荣. 波动光学[M]. 武汉:华中理工大学出版社,1987.

郭文强,侯勇严. 数字图像处理[M]. 西安:西安电子科技大学出版社,2009.

韩军,刘钧. 工程光学[M]. 西安:西安电子科技大学出版社,2007.

黄婉云. 傅里叶光学教程[M]. 北京:北京师范大学出版社,1985.

李俊山,李旭辉. 数字图像处理[M]. 北京:清华大学出版社,2007.

梁柱. 光学原理教程[M]. 北京:北京航空航天大学出版社,2005.

刘培森. 散斑统计光学基础[M]. 北京:科学出版社,1987.

罗军辉,冯平,哈力旦·A,等. MATLAB7. 0 在图像处理中的应用[M]. 北京:机械工业出版社,2005.

王爱玲,叶明生,邓秋香. MATLAB R2007 图像处理技术与应用[M]. 北京:电子工业出版社,2008.

王家文. MATLAB 7. 6 图形图像处理[M]. 北京:国防工业出版社,2009.

王开福,高明慧,周克印. 现代光测力学技术[M]. 哈尔滨:哈尔滨工业大学出版社,2009.

王开福,高明慧. 散斑计量[M]. 北京:北京理工大学出版社,2010.

吴健,严高师. 光学原理教程[M]. 北京:国防工业出版社,2007.

谢建平,明海,王沛. 近代光学基础[M]. 北京:高等教育出版社,2006.

杨惠连,张涛. 误差理论与数据处理[M]. 天津:天津大学出版社,1992.

于起峰,伏思华. 基于条纹方向和条纹等值线的 ESPI 与 InSAR 干涉条纹图处理方法[M]. 北京:科学出版社,2007.

于起峰,尚洋. 摄像测量学原理与应用研究[M]. 北京:科学出版社,2009.

张如一,陆耀桢. 实验应力分析[M]. 北京:机械工业出版社,1981.

赵清澄,石沅. 实验应力分析[M]. 北京:科学出版社,1987.

周伟,桂林,周林,等. MATLAB 小波分析高级技术[M]. 西安:西安电子科技大学出版社,2006.

Born M, Wolf E. Principles of Optics[M]. 7th. Cambridge: Cambridge University Press, 1999.

Dainty J C. Laser Speckle and Related Phenomena[M]. 2nd. Berlin: Springer-Verlag, 1984.

Erf R K. Speckle Metrology[M]. London: Academic Press, 1978.

Ghiglia D C, Pritt M D. Two-Dimentional Phase Unwrapping: Theory, Algorithms, and Software[M]. New York: John Wiley & Sons, 1998.

Goodman J W. Introduction to Fourier Optics[M]. San Francisco: McGraw-Hill, 1968.

Goodman J W. Statistical Optics[M]. New York: John Wiley & Sons, 1985.

Jones R, Wykes C. Holographic and Speckle Interferometry: A discussion of the theory, practice and application of the techniques[M]. Cambridge: Cambridge University Press, 1983.

Radtogi P K. Optical Measurement Techniques and Applications[M]. Norwood: Artech House, 1997.

Rastogi P K. Digital Speckle Pattern Interferometry and Related Techniques[M]. Chichester: John Wiley & Sons, 2001.

Rastogi P K. Photomechanics[M]. Berlin: Springer-Verlag, 2000.

Rastogi P R, Inaudi D. Trends in Optical Non-Destructive Testing and Inspection[M]. Amsterdam:

Elsevier, 2000.

Robison D W, Reid G T. Interferogram Analysis: Digital Fringe Pattern Measurement Techniques[M]. London: IOP Publishing, 1993.

Sirohi R S. Optical Methods of Measurement: Wholefield Techniques[M]. New York: Marcel Dekker, 1999.

Sirohi R S. Speckle Metrology[M]. New York: Marcel Dekker, 1993.

附录Ⅰ　光弹技术与相似理论

Ⅰ.1　光弹技术

光弹技术(photoelasticity)是采用光学方法进行应力分析的全场测试技术，它利用具有双折射性质的透明材料，制成与实际构件相似的模型，使其承受与原构件相似的载荷，然后置于偏振光场中，可显现受力模型应力场的干涉条纹图。这些条纹图与受力模型内部各点的应力有关，依照光弹原理，对这些条纹进行分析计算，就可得出模型表面和内部各点应力的大小和方向。实际构件的应力可由相似理论换算求出。

光弹技术的主要特点是直观性强，可以获取全场信息。通过光弹实验，可直接测量模型受力后的应力分布情况，特别是对那些理论计算较为困难、形状及载荷复杂的构件，光弹技术更能显示出其优越性。

Ⅰ.1.1　光弹原理

1. 应力-光学定律

有些各向同性透明非晶体材料，在其自然状态(无应力状态)，并不具有双折射性质，但是当这些材料受到应力作用时，则表现为光学各向异性，会产生双折射现象，而当应力消除后，双折射现象亦随即消失。当一束线偏振光垂直入射到受二向应力作用的平面模型时，光波即沿模型上入射点的两个主应力方向分解成两束线偏振光。这两束线偏振光在模型内的传播速度不同，通过模型后将产生光程差，如图Ⅰ.1所示。

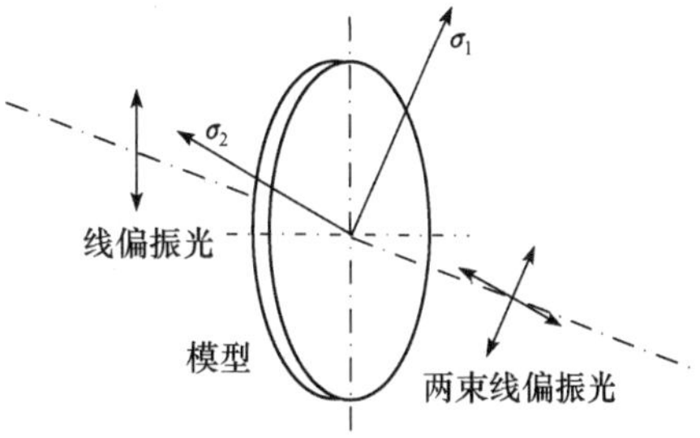

图Ⅰ.1　光弹效应

实验证明，模型上任一点的主应力与折射率有如下关系：

$$n_1 - n_0 = A\sigma_1 + B\sigma_2$$
$$n_2 - n_0 = A\sigma_2 + B\sigma_1 \quad (Ⅰ.1)$$

式中，n_0 为无应力时模型材料的折射率；n_1 和 n_2 为线偏振光分别在 σ_1 和 σ_2 方向振动时模型材料的折射率；A 和 B 分别为模型材料的绝对应力光学系数。

消去 n_0，并令 $C=A-B$，得

$$n_1 - n_2 = C(\sigma_1 - \sigma_2) \quad (Ⅰ.2)$$

式中，C 为模型材料的相对应力光学系数。

设沿 σ_1 和 σ_2 方向振动的两束线偏振光在模型内传播的速度分别为 v_1 和 v_2，它们通过模型的时间分别为 $t_1=h/v_1$ 和 $t_2=h/v_2$（h 为模型厚度），则两束线偏振光以不同速度通过模型后所产生的光程差为

$$\Delta = v_0(t_1 - t_2) = v_0\left(\frac{h}{v_1} - \frac{h}{v_2}\right) \qquad (\text{I}.3)$$

式中，v_0 为光波在空气中的传播速度。若以折射率 n_1 和 n_2 表示，因 $n_1=v_0/v_1$ 和 $n_2=v_0/v_2$，则光程差为

$$\Delta = h(n_1 - n_2) \qquad (\text{I}.4)$$

将式(Ⅰ.2)代入式(Ⅰ.4)，得

$$\Delta = Ch(\sigma_1 - \sigma_2) \qquad (\text{I}.5)$$

称为应力-光学定律(stress-optic law)。由式(Ⅰ.5)可见，当模型厚度 h 一定时，只要找出光程差(或相位差)即可求出该点的主应力之差。

2. 正交线偏振光场法

正交线偏振光场系统如图Ⅰ.2所示。它主要由光源和两块偏振片组成，靠近光源的一块偏振片称为起偏镜，用 P 表示，在模型另一侧的偏振片称为检偏镜或分析镜，用 A 表示。光源可以是白光或单色光，单色光通常采用钠光或汞光，用凸透镜将点光源转换成平行光或直接采用漫射光源。

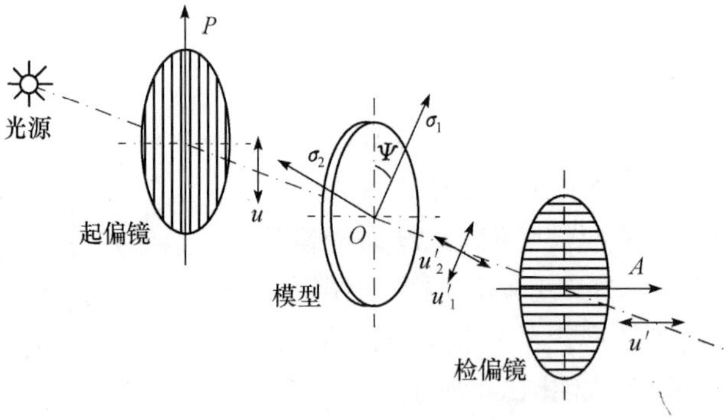

图Ⅰ.2　正交线偏振光场系统

通常，正交线偏振光场系统中的起偏镜的偏振轴 P 调整在垂直方向，检偏镜的偏振轴 A 调整在水平方向，此时形成暗场，称为正交线偏振光场法。当起偏镜和检偏镜的偏振轴相互平行时，则形成明场，称为平行线偏振光场法。模型由具有暂时双折射性质的透明材料制成，放在两偏振镜之间，进行加载。

设正交线偏振光场布置时，通过平面受力模型中任一点 O 的主应力分别为 σ_1 和 σ_2，其中 σ_1 与偏振轴 P 的夹角为 Ψ。单色光通过起偏镜后变为沿 P 方向的线偏振光：

$$u = a\sin\omega t \qquad (\text{I}.6)$$

u 垂直入射到受力模型表面后，由于暂时双折射现象，将分解为分别沿 σ_1 和 σ_2 方向的两

束线偏振光：

$$\begin{aligned} u_1 &= a\sin\omega t\cos\Psi \\ u_2 &= a\sin\omega t\sin\Psi \end{aligned} \tag{Ⅰ.7}$$

这两束线偏振光在模型中的传播速度不同，通过模型后产生相对光程差 Δ，或相位差 $\varphi=2\pi\Delta/\lambda$，则通过模型后两束光为

$$\begin{aligned} u_1' &= a\sin(\omega t+\varphi)\cos\Psi \\ u_2' &= a\sin\omega t\sin\Psi \end{aligned} \tag{Ⅰ.8}$$

u_1' 和 u_2' 到达检偏镜后，只有平行于偏振轴 A 的振动分量才能通过，因此，通过检偏镜后的合成光波为

$$u' = u_1'\sin\Psi - u_2'\cos\Psi \tag{Ⅰ.9}$$

将式(Ⅰ.8)代入式(Ⅰ.9)，化简得

$$u' = a\sin 2\Psi\sin\frac{\varphi}{2}\cos\left(\omega t+\frac{\varphi}{2}\right) \tag{Ⅰ.10}$$

u'仍为线偏振光，其振幅为 $a\sin 2\Psi\sin(\varphi/2)$。由于光强与振幅的平方成正比，故光强可表示为

$$I = K\left(a\sin 2\Psi\sin\frac{\varphi}{2}\right)^2 \tag{Ⅰ.11}$$

式中，K 为常数。

如果用光程差表示，则可写成

$$I = K\left(a\sin 2\Psi\sin\frac{\pi\Delta}{\lambda}\right)^2 \tag{Ⅰ.12}$$

式(Ⅰ.12)表明，由于 $a\neq 0$，因此从检偏镜后观察到模型上 O 点是暗点(即 $I=0$)时，可能会有以下两种情况。

(1) $\sin 2\Psi=0$，即 $\Psi=0$ 或 $\Psi=\pi/2$，由图Ⅰ.2 可见，此时 O 点的主应力方向与偏振轴方向重合，所以主应力方向与偏振轴方向重合的点就形成暗点，一系列这样的暗点就构成暗纹。由于暗纹上各点的主应力方向都与此时的偏振轴方向一致，具有相同的倾角，故暗纹称为等倾线。一般说来，模型内各点的主应力方向是不同的，但主应力方向是连续变化的，如果同时转动起偏镜和检偏镜，并使其偏振轴始终保持正交，则可以看到等倾线在连续移动，这说明起偏镜和检偏镜同时转过某一相同角度，则会得到一组相应的等倾线，这时等倾线上各点的主应力方向与新的偏振轴方向重合，因此，同步转动起偏镜和检偏镜到不同角度，就得到各点对应于这一角度的等倾线。通常取垂直(或水平)方向作为基准方向，逆时针方向同步转动起偏镜和检偏镜，每转 θ 角可得到一组等倾线，在这一组等倾线上，每一点的主应力方向将与垂直(或水平)方向成 θ 角，倾角 θ 是度量等倾线的重要参数，称为等倾角。

(2) $\sin(\pi\Delta/\lambda)=0$，此时 $\pi\Delta/\lambda=n\pi$，即 $\Delta=n\lambda$，其中 $n=0,1,2,\cdots$。该条件表明，只要光程差 Δ 等于单色光波长的整数倍时，在检偏镜后就消光而成为暗点。在受力模型中，

光程差 Δ 等于同一整数倍波长的各点将连成暗纹。由式(Ⅰ.5)可知,该暗纹上各点具有相同的主应力差值,故称为等差线,n 称为等差线条纹级数。由于 $n=0,1,2,\cdots$ 都满足消光条件,故在检偏镜后呈现的是一系列暗纹。根据式(Ⅰ.5),n 级等差线上的主应力差值可表示为

$$\sigma_1-\sigma_2=\frac{\Delta}{Ch}=\frac{n\lambda}{Ch} \tag{Ⅰ.13}$$

令 $f=\lambda/C$,则有

$$\sigma_1-\sigma_2=\frac{nf}{h} \tag{Ⅰ.14}$$

式中,f 为与光源波长和模型材料有关的常数,称为模型材料的应力条纹值,应力条纹值可通过实验测得。

确定了各点的等差线条纹级数,就可以由式(Ⅰ.14)算出该点的主应力差值,条纹级数 n 值越大,表明该点主应力差值越大。

上述分析表明,受力模型在线偏振光场中呈现两组性质完全不同的干涉条纹,一组为等倾线,另一组为等差线。利用等倾线可以确定模型上各点的主应力方向,利用等差线可以测量模型上各点的主应力差值。在线偏振光场中,受力模型的等差线和等倾线同时出现,彼此重叠,相互干扰。采用以下方法可以识别等倾线和等差线:同步转动起偏镜和检偏镜,随着镜片转动而改变位置的黑色条纹是等倾线,不动的是等差线。在加载方式不变的情况下,改变模型所加载荷的大小,随着载荷增减而变化的条纹是等差线,不变的是等倾线。另外,当采用白光光源时,等差线呈现为彩色条纹,而等倾线则始终是黑色条纹。

3. 正交圆偏振光场法

采用线偏振光场法时,等差线和等倾线总是同时出现,彼此相互干扰,影响观察和测量。为了消除等倾线,得到清晰的等差线,可以采用正交圆偏振光场布置(暗场),即起偏镜与检偏镜的偏振轴相互垂直,两块 1/4 波片的快、慢轴也相互垂直,且 1/4 波片的快、慢轴与两块偏振片的偏振轴成 45°,如图Ⅰ.3 所示。

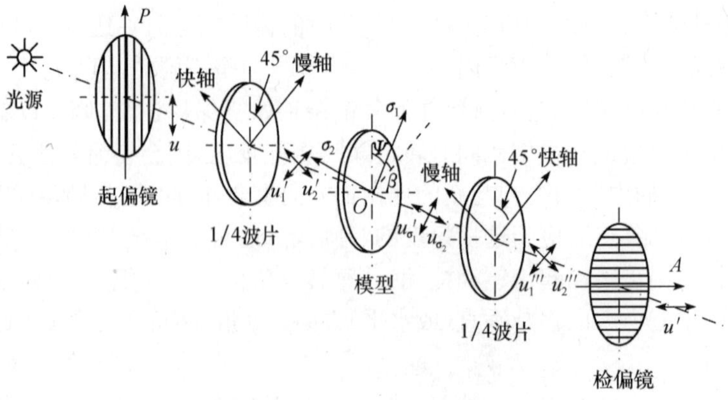

图Ⅰ.3　正交圆偏振光场系统

单色光通过起偏镜后变成沿 P 方向的线偏振光

$$u = a\sin\omega t \tag{Ⅰ.15}$$

u 入射到第一块 1/4 波片表面后，沿 1/4 波片的慢、快轴分解为两束相互正交的线偏振光

$$\begin{aligned} u_1 &= a\sin\omega t\cos 45^\circ = \frac{a}{\sqrt{2}}\sin\omega t \quad (\text{沿慢轴}) \\ u_2 &= a\sin\omega t\sin 45^\circ = \frac{a}{\sqrt{2}}\sin\omega t \quad (\text{沿快轴}) \end{aligned} \tag{Ⅰ.16}$$

通过 1/4 波片后，u_1 和 u_2 产生相对相位差 $\pi/2$，即

$$\begin{aligned} u_1' &= \frac{a}{\sqrt{2}}\sin\left(\omega t + \frac{\pi}{2}\right) = \frac{a}{\sqrt{2}}\cos\omega t \quad (\text{沿慢轴}) \\ u_2' &= \frac{a}{\sqrt{2}}a\sin\omega t \quad (\text{沿快轴}) \end{aligned} \tag{Ⅰ.17}$$

u_1' 和 u_2' 合成为圆偏振光。

设受力模型上 O 点的主应力 σ_1 的方向与第一块 1/4 波片的慢轴成 β 角。当 u_1' 和 u_2' 入射到模型 O 点时，分别沿该点主应力 σ_1 和 σ_2 方向分解为

$$\begin{aligned} u_{\sigma_1} &= u_1'\cos\beta + u_2'\sin\beta = \frac{a}{\sqrt{2}}\cos(\omega t - \beta) \quad (\text{沿 } \sigma_1 \text{ 方向}) \\ u_{\sigma_2} &= -u_1'\sin\beta + u_2'\cos\beta = \frac{a}{\sqrt{2}}\sin(\omega t - \beta) \quad (\text{沿 } \sigma_2 \text{ 方向}) \end{aligned} \tag{Ⅰ.18}$$

通过模型后，u_{σ_1} 和 u_{σ_2} 产生相对相位差 φ，则

$$\begin{aligned} u_{\sigma_1}' &= \frac{a}{\sqrt{2}}\cos(\omega t - \beta + \varphi) \quad (\text{沿 } \sigma_1 \text{ 方向}) \\ u_{\sigma_2}' &= \frac{a}{\sqrt{2}}\sin(\omega t - \beta) \quad (\text{沿 } \sigma_2 \text{ 方向}) \end{aligned} \tag{Ⅰ.19}$$

u_{σ_1}' 和 u_{σ_2}' 到达第二块 1/4 波片时，沿此片快、慢轴的两束相互正交的线偏振光为

$$\begin{aligned} u_1'' &= u_{\sigma_1}'\cos\beta - u_{\sigma_2}'\sin\beta \\ &= \frac{a}{\sqrt{2}}[\cos(\omega t - \beta + \varphi)\cos\beta - \sin(\omega t - \beta)\sin\beta] \quad (\text{沿快轴}) \\ u_2'' &= u_{\sigma_1}'\sin\beta + u_{\sigma_2}'\cos\beta \\ &= \frac{a}{\sqrt{2}}[\cos(\omega t - \beta + \varphi)\sin\beta + \sin(\omega t - \beta)\cos\beta] \quad (\text{沿慢轴}) \end{aligned} \tag{Ⅰ.20}$$

u_1'' 和 u_2'' 从第二块 1/4 波片射出后，产生相对相位差 $\pi/2$（第二块 1/4 波片的快、慢轴位置与第一块 1/4 波片相反），因此

$$u_1''' = \frac{a}{\sqrt{2}}[\cos(\omega t - \beta + \varphi)\cos\beta - \sin(\omega t - \beta)\sin\beta] \quad (\text{沿快轴})$$

$$u_2''' = \frac{a}{\sqrt{2}}\left[\cos\left(\omega t - \beta + \varphi + \frac{\pi}{2}\right)\cos\beta + \sin\left(\omega t - \beta + \frac{\pi}{2}\right)\sin\beta\right]$$

$$=\frac{a}{\sqrt{2}}[\cos(\omega t-\beta)\cos\beta-\sin(\omega t-\beta+\varphi)\sin\beta] \quad (\text{沿慢轴}) \tag{Ⅰ.21}$$

u''_1 和 u'''_2 通过检偏镜后，得到合成偏振光为

$$u'=u'''_1\sin45^\circ-u'''_2\cos45^\circ \tag{Ⅰ.22}$$

设受力模型上 O 点的主应力 σ_1 的方向与偏振轴 P 的夹角为 Ψ，则 $\beta=45^\circ-\Psi$，将式(Ⅰ.21)代入式(Ⅰ.22)，化简得

$$u'=-a\sin\frac{\varphi}{2}\sin\left(\omega t-2\beta+\frac{\varphi}{2}\right)$$

$$=a\sin\frac{\varphi}{2}\cos\left(\omega t+2\Psi+\frac{\varphi}{2}\right) \tag{Ⅰ.23}$$

u'为线偏振光，其光强与振幅平方成正比，即

$$I=K\left(a\sin\frac{\varphi}{2}\right)^2 \tag{Ⅰ.24}$$

如果用光程差表示，则可写成

$$I=K\left(a\sin\frac{\pi\Delta}{\lambda}\right)^2 \tag{Ⅰ.25}$$

将正交圆偏振光场的光强表达式(Ⅰ.25)与正交线偏振光场的光强表达式(Ⅰ.12)对比，可见式(Ⅰ.25)中不包括 $\sin2\Psi$ 项，其余各项完全相同。在正交圆偏振光场中，光强只与光波通过模型后产生的相位差 φ 或光程差 Δ 有关，而与夹角 Ψ(主应力与偏振轴之间的夹角)无关。因此所观察到的只有等差线，而无等倾线。要使 $\sin(\pi\Delta/\lambda)=0$，则 $\pi\Delta/\lambda=n\pi$，即

$$\Delta=n\lambda \quad (n=0,1,2,\cdots) \tag{Ⅰ.26}$$

这说明当模型产生的光程差等于单色光波长的整数倍时，因消光而成为暗点，这就是等差线形成的条件。由此可见，在正交线偏振光场中，增加两块 1/4 波片后，形成正交圆偏振光场，就能消除等倾线而只呈现等差线。

以上得到的等差线是在 $n=0,1,2,\cdots$时产生的，故称为整数级等差线，分别记为0 级、1 级、2 级……如将检偏镜的偏振轴 A 旋转 90°，使之与起偏镜的偏振轴 P 平行，而其他条件不变，即成为平行圆偏振光场布置(亮场)，放入模型后用与前述双正交圆偏振光场布置(暗场)相同的方法推导，可得到在检偏镜后的光强表达式为

$$I=K\left(a\cos\frac{\varphi}{2}\right)^2 \tag{Ⅰ.27}$$

如果用光程差表示，则可写成

$$I=K\left(a\cos\frac{\pi\Delta}{\lambda}\right)^2 \tag{Ⅰ.28}$$

因此，其消光(即 $I=0$)条件为 $\cos(\pi\Delta/\lambda)=0$，从而有$\frac{\pi\Delta}{\lambda}=(2n+1)\pi$，即

$$\Delta=(2n+1)\lambda \quad (n=0,1,2,\cdots) \tag{Ⅰ.29}$$

与前面正交圆偏振光场布置比较，其消光条件为光程差 Δ 为单色光半波长的奇数倍，故称为半数级等差线，分别为 1/2 级、3/2 级、5/2 级……。

4. 白光光弹

前面讨论的线偏振光场和圆偏振光场都是采用单色光作为光源。由于只有一种波长，只要通过模型后偏振光光程差为单色光波长的整数倍(暗场)，或单色光半波长的奇数倍(亮场)即可完全消光，呈现为暗点或黑色条纹。如果采用白光做光源，则等差线变为一系列的彩色条纹。

白光是由红、橙、黄、绿、青、蓝、紫 7 种主色组成，每种色光对应一定的波长，图Ⅰ.4 所示为各色光的相应波长，图中对顶角内的两色称为互补色，如白光中某一波长的光被消去，则呈现的就是它的互补色。

在光弹实验中，若以白光做光源，当模型中某点的应力造成的光程差恰好等于某一种色光波长的整数倍时，则该色光将被消除，而呈现的是其互补色光。因此，凡模型中主应力差值相同，即光程差数值相同的点，就形成同一种颜色的条纹，称为等色线。

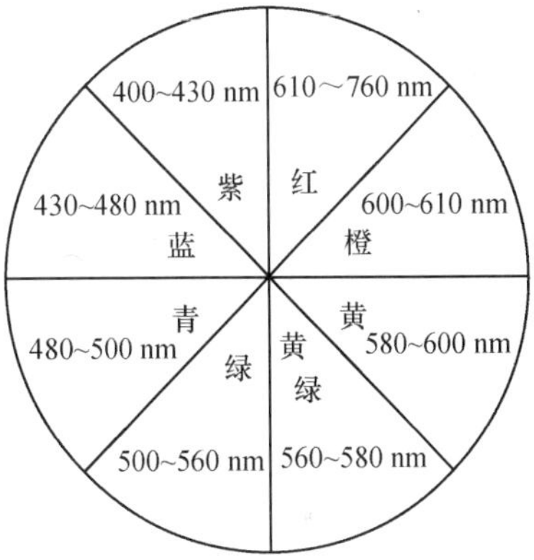

图Ⅰ.4　互补色图

在模型中光程差 $\Delta=0$ 的点，任何波长的色光均被消除，呈现为暗点，当光程差逐渐加大时，首先被消光的是波长最短的紫光，然后依次为蓝、青、绿……红，其对应的互补色就依次呈现出来。随着光程差逐渐增加，消光进入第二循环，第三循环……但条纹颜色越来越淡。实验时先用白光光源，这时 0 级等差线是黑色的，其他级数是彩色的，根据等色线的深浅顺序确定各等差线的级数，然后改用单色光源取得精确的等差线条纹图。在等色线条纹图上，通常以红蓝两色的过渡色(绀色)作为整数级条纹。因为绀色和钠光测得的整数级条纹级数位置基本吻合，绀色相当于黄光被消去后的互补色。此外，绀色对光程差的变化较敏感，稍许变化便可变蓝或变红。

Ⅰ.1.2　等差线条纹

1. 整数级条纹确定

在正交圆偏振光场中，等差线图中的各条纹的级数为整数级。为了确定其条纹级数，一般首先确定 0 级条纹($n=0$)。根据应力连续性原则，条纹级数也应是连续变化的，因此，从 0 级开始，就能按顺序得到任意点的条纹级数。属于 $n=0$ 的等差线上的点，可能有两种情况。

(1) 各向同性点($\sigma_1=\sigma_2$)，又称等应力点，该点的条纹级数 $n=0$，其特征是，无论载荷怎样变化，在正交圆偏振光场(暗场)下，该点总是暗点，其周围则由较高级数的等差线形成的封闭曲线所包围。

(2) 奇点($\sigma_1=\sigma_2=0$)，又称零应力点，是各向同性点的特殊情况，其基本特征与各向同性点相同。它通常出现在自由边界上，周围也被较高级数的条纹所包围，但不是封闭曲线。

0 级条纹的判别常用以下 4 种方法。

(1) 用白光光源，在正交圆偏振光场中模型上出现的黑色条纹为 0 级条纹，其他非 0 级条纹为彩色条纹。当外力作用方式不变，而只改变其大小时，0 级条纹始终是黑色，且位置不变。在有些等差线条纹图中，会出现一些暂时性黑点，这些点周围也被较高级数的曲线所包围，但随着载荷的变化该点时明时暗，因此该点不是 $n=0$ 的点，其条纹级数不是 0 级，这些点称为隐没点，越靠近隐没点的条纹级数越低。

(2) 当模型上的载荷从零逐渐增加时，模型中首先出现等差线的部位通常是应力比较高的部位，在加载过程中等差线不断地从该处向外扩展，这样的点称为发源点，越靠近发源点等差线条纹级数越高。

(3) 在模型的自由棱角处，由于 $\sigma_1=\sigma_2=0$，所以对应的条纹为 0 级条纹。

(4) 拉应力和压应力的过渡区必有一条 0 级条纹。因为应力分别具有连续性，在拉应力过渡到压应力之间必存在零应力区，其条纹级数 $n=0$。

根据以上方法在白光下可对模型反复加载观察，确定条纹图中的一些特殊点，例如，发源点、隐没点、零应力点、等应力点的位置，然后确定 0 级条纹，其他条纹级数可依次数出，其级数是递增还是递减可根据颜色的变化判定：黄、红、蓝、绿为级数递增方向，反之为级数递减方向。确定了等差线级数变化方向以后，可以换成单色光源以便得到清晰的等差线条纹图。

2. 小数级条纹确定

根据暗、明两种圆偏振光场布置，可以分别得到整数级和半数级的等差线，但模型上被测点的位置一般来说并不正好位于整数级或半数级条纹上。因此，需要设法测出该点的小数条纹级数。下面介绍利用光弹仪本身的光学设备测定小数条纹级数的方法。

采用正交圆偏振光场，使两偏振片的偏振轴 P 和 A 分别与被测点的两个主应力方向重合，如图 Ⅰ.5 所示。从起偏镜到检偏镜之前，可用与前面同样的方法进行分析。设检偏镜 A 转过 θ 角后处于 A' 位置，此时通过检偏镜后的偏振光波为

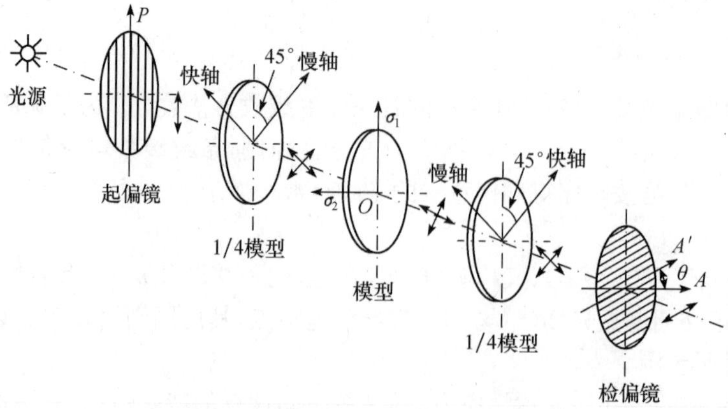

图Ⅰ.5　等差线小数级条纹确定

$$u' = u'''_1 \sin(45° + \theta) - u'''_2 \cos(45° + \theta) \qquad (Ⅰ.30)$$

利用式(Ⅰ.21),取$\beta=45°$,代入式(Ⅰ.30)并化简得

$$u' = a\sin\left(\theta + \frac{\varphi}{2}\right)\cos\left(\omega t + \frac{\varphi}{2}\right) \qquad (Ⅰ.31)$$

u'为线偏振光,其光强与振幅平方成正比,即

$$I = K\left[a\sin\left(\theta + \frac{\varphi}{2}\right)\right]^2 = K\left[a\sin\left(\theta + \frac{\pi\Delta}{\lambda}\right)\right]^2 \qquad (Ⅰ.32)$$

令被测点O的等差线小数条纹级数为n_f,即$n_f=\Delta/\lambda$,则式(Ⅰ.32)表示为

$$I = K[a\sin(\theta + n_f\pi)]^2 \qquad (Ⅰ.33)$$

设检偏镜A转过θ_f角后使被测点O成为暗点($I=0$),则$\sin(\theta_f+n_f\pi)=0$,或

$$\theta_f + n_f\pi = n\pi \quad (n = 0,1,2,\cdots) \qquad (Ⅰ.34)$$

式中,n为检偏镜A转过θ_f角后被测点O的整数条纹级数。

因此,只要测得θ_f和n即可由式(Ⅰ.34)求得被测点O处的等差线小数条纹级数:

$$n_f = n - \frac{\theta_f}{\pi} \quad (n = 0,1,2,\cdots) \qquad (Ⅰ.35)$$

设被测点O两边附近的整数条纹级数分别为$(n-1)$和n,如检偏镜A旋转θ_f角而使n级条纹移至被测点O,则被测点O的条纹级数由式(Ⅰ.35)计算;如检偏镜A旋转θ_f角而使$(n-1)$级条纹移至被测点O,则被测点O的条纹级数为

$$n_f = (n-1) + \frac{\theta_f}{\pi} \quad (n = 0,1,2,\cdots) \qquad (Ⅰ.36)$$

上述方法称为双波片法,具体步骤归纳如下。

(1) 用白光做光源,在正交线偏振光场下,同步旋转起偏镜和检偏镜,直到某条等倾线通过被测点,进而根据等倾线的角度得到该被测点的主应力方向。

(2) 采用圆偏振光场,使起偏镜和检偏镜的偏振轴分别与被测点的主应力方向重合,而1/4波片与偏振轴的相对位置不变,形成正交圆偏振光场布置。

(3) 旋转检偏镜,可看到各等差线条纹均在移动。当被测点附近的整数n级等差线条纹通过该点时,记下检偏镜转过的角度θ_f,被测点的条纹级数按式(Ⅰ.35)进行计算。若转动检偏镜时,整数$(n-1)$级条纹移向被测点,则被测点的条纹级数按式(Ⅰ.36)进行计算。

采用双波片法可测得模型上任意一点的等差线条纹级数,而不需要任何附加设备,同时该方法也有足够的测量精度,因此它是确定小数条纹级数的常用方法。

Ⅰ.1.3 等倾线条纹

1. 等倾线条纹观察

以白光做光源的正交线偏振光场(暗场)下观察等倾线,此时的等差线除0级条纹外都是彩色条纹,而等倾线总是黑色条纹。以检偏镜的偏振轴处于水平位置,起偏镜的偏振轴处于垂直位置作为起始位置,这时模型上出现的等倾线称为0°等倾线。在0°等倾线上

各点的两个主应力方向之一与水平方向夹角为 0°。然后，由检偏镜视向起偏镜，按逆时针方向同步旋转检偏镜和起偏镜，即可获得不同角度的等倾线，描绘对应的等倾线，并标明其倾角 θ，直至旋转到 90°，此时的等倾线又与 0°等倾线重合。

在线偏振光场下，等差线与等倾线混杂在一起，另外模型内可能存在初应力，也会扰乱应力分布，因此在观察等倾线时要缓慢同步旋转起偏镜和检偏镜，反复观察。为了提高等倾线的清晰度，操作时可按不同的情况采用以下措施。

(1) 加载方式不变时，等倾线分布与外载荷的大小无关，于是可改变载荷大小，此时等倾线位置不变而等差线却有变化。

(2) 有些材料透明度好，而材料条纹值较高，加很小载荷(如正常载荷的 5%)，即可得到清晰的等倾线，而等差线却很少。例如，有机玻璃模型，加适当载荷，可专门用于测取等倾线。

2. 等倾线条纹特征

1) 自由边界上的等倾线

不受任何载荷作用的边界称为自由边界，自由边界上只有一个主应力不为零，其方向与边界相切，因此：

(1) 如果自由边界为直线，则边界本身必定为等倾线，其与水平轴的夹角即为该点的等倾线角度；

(2) 如果自由边界为曲线，则和自由边界相交的等倾线与边界交点的切线垂直，交点处模型边界的切线或法线与水平轴的夹角即为该点的等倾线角度；

(3) 模型自由棱角处，是多条不同参数的等倾线的汇聚处。

2) 外力作用处的等倾线

(1) 法向分布面力作用的边界各点为二向应力状态，两个主应力方向分别平行于边界的切线和法线，因此，等倾线与自由边界情况相似。

(2) 在集中力作用处，作用点附近只有径向主应力，所以附近的等倾线是以作用点为中心的一系列辐射线。

3) 对称轴上的等倾线

当模型的几何形状和载荷都关于某轴对称时，则对称轴两侧的主应力呈对称分布，且对称轴上的剪应力等于零。因此，等倾线呈对称分布，对称轴本身就是一条等倾线。

4) 各向同性点处的等倾线

各向同性点处 $\sigma_x=\sigma_y=\sigma_0$，$\tau_{xy}=0$，其应力圆为一点圆。故各向同性点上任何方向都是主应力方向，因此所有不同角度的等倾线都必定通过该点。等倾角表示了一点的主应力方向，除非在各向同性点上，一般不相交，因此，遇到等倾线相交的情况，即可断定此交点为各向同性点。

Ⅰ.1.4 应力计算

在平面光弹中，可以得到两组数据，一组为等差线条纹级数 N，另一组为等倾线条纹角度 θ。由所得到的等差线条纹级数，根据式(Ⅰ.14)，即

$$\sigma_1-\sigma_2=\frac{nf}{h} \tag{Ⅰ.37}$$

可确定模型中各点的主应力差值，由等倾线条纹角度可确定模型中各点的主应力方向，但要确定一点的应力状态，必须把两个主应力分离开来，下面介绍主应力分离方法。

1. 边界应力计算

平面模型自由边界上的任一点都是单向应力状态，两个主应力中有一个为零，另一个主应力与边界相切。对自由边界，由式(Ⅰ.14)可得与边界相切的主应力为

$$\begin{matrix}\sigma_1\\ \sigma_2\end{matrix}=\pm\frac{nf}{h}\quad(n=0,1,2,\cdots) \tag{Ⅰ.38}$$

式中，n 为等差线条纹级数。

如果边界受法向均布压力 q，则该点与边界相切的主应力为

$$\begin{matrix}\sigma_1\\ \sigma_2\end{matrix}=\pm\frac{nf}{h}-q\quad(n=0,1,2,\cdots) \tag{Ⅰ.39}$$

由式(Ⅰ.38)和式(Ⅰ.39)计算的与边界相切的主应力究竟是拉应力 σ_1，还是压应力 σ_2，需要根据下面的方法进行判断。

(1) 钉压法。在模型边界的被判断点上，施加一微小的法向压力，如果此时条纹级数增加，则该点为拉应力 σ_1；反之，如果条纹级数减少，则该点为压应力 σ_2。因为由式(Ⅰ.14)可以看出，如果被测点原来是拉应力 σ_1，此时 $\sigma_2=0$，因此施加法向压力后使 σ_2 的代数值减小，n 增加；反之，如果原来是压应力 σ_2，此时 $\sigma_1=0$，因此施加法向压力后使 σ_1 代数值减小，n 减小。

(2) 标准试件法。取轴向拉伸模型试件，将其叠放在与被测点边界相垂直的方向上，在正交圆偏振光场下，该点重叠后的光学效应相当于二向应力状态，因此由式(Ⅰ.14)可以看出，若被测点的条纹级数减小，说明该点与边界相切的应力是拉应力；反之，若该点的条纹级数增加，则说明该点与边界相切的应力是压应力。

2. 内部应力计算

等差线和等倾线给出了模型内部任一点的主应力差值及主应力方向，但是，这两个主应力的具体数值和对应的具体方向还是不知道，此时需要配合其他方法才能把两个主应力分离出来。下面介绍两种常用的应力分离方法。

1) 剪应力差法

剪应力差法是利用光弹实验得到的等差线和等倾线参数，再结合弹性力学平衡方程求解平面模型上任一点的 3 个应力分量 σ_x、σ_y 和 τ_{xy}。

(1) τ_{xy} 的计算：根据材料力学，有

$$\tau_{xy}=\frac{\sigma_1-\sigma_2}{2}\sin 2\theta \tag{Ⅰ.40}$$

式中，θ 为 σ_1 方向与 x 轴夹角，由等倾线得到；$\sigma_1-\sigma_2$ 由等差线得到，即 $\sigma_1-\sigma_2=nf/h$，

因此

$$\tau_{xy}=\frac{nf}{2h}\sin 2\theta \tag{Ⅰ.41}$$

(2) σ_x 的计算:由弹性力学平面问题的平衡方程(不计体力),可得

$$\begin{aligned}\frac{\partial \sigma_x}{\partial x}+\frac{\partial \tau_{xy}}{\partial y}=0\\ \frac{\partial \sigma_y}{\partial y}+\frac{\partial \tau_{xy}}{\partial x}=0\end{aligned} \tag{Ⅰ.42}$$

将式中第一式沿 x 轴积分,则

$$(\sigma_x)_i=(\sigma_x)_0-\int_0^i \frac{\partial \tau_{xy}}{\partial y}\mathrm{d}x \tag{Ⅰ.43}$$

坐标原点通常选在边界上,即$(\sigma_x)_0$ 为边界点的正应力,可由确定边界点应力方法确定,τ_{xy}可由式(Ⅰ.41)给出,但一般不能以解析式表示,积分运算需要采用数值计算方法,即用有限差分代替积分,则式(Ⅰ.43)可写成

$$(\sigma_x)_i=(\sigma_x)_0-\sum_0^i \frac{\Delta \tau_{xy}}{\Delta y}\Delta x \tag{Ⅰ.44}$$

式中,$\Delta\tau_{xy}$是在间距 Δx 中剪应力沿 Δy 的增量。

(3) σ_y 的计算:求出 σ_x 后,由材料力学得

$$\sigma_y=\sigma_x-(\sigma_1-\sigma_2)\cos 2\theta \tag{Ⅰ.45}$$

式中,θ 为 x 轴正向与 σ_1 的夹角,逆时针为正,顺时针为负。

2) 斜射法

利用对平面模型增加一次斜射的方法,可得到一个补充方程,它与主应力之差方程联解即可得到主应力 σ_1 和 σ_2。

图Ⅰ.6 为一平面应力模型,其内部任一点的应力状态如图所示。设 z 轴垂直于模型表面,当光线沿 z 轴方向照射时,根据该点的等差线条纹级数 n,可得

$$\sigma_1-\sigma_2=n\frac{f}{h} \tag{Ⅰ.46}$$

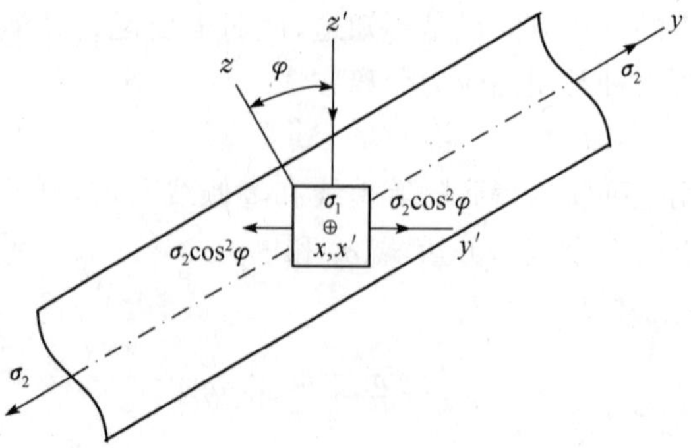

图Ⅰ.6　斜射法

另外，根据该点的等倾线参数，可知该点的主应力方向。假设沿 x 方向的主应力是 σ_1，沿 y 方向的主应力是 σ_2，由于该模型是平面应力问题，所以 $\sigma_z=0$。

当光线在 yz 平面内沿与 z 轴成 φ 角的方向斜射时，如图Ⅰ.6 所示，对应 x'、y'、z' 新坐标系有

$$\begin{aligned}\sigma_{x'} &= \sigma_x = \sigma_1 \\ \sigma_{y'} &= \sigma_y\cos^2\varphi = \sigma_2\cos^2\varphi\end{aligned} \tag{Ⅰ.47}$$

根据光线沿 z' 方向斜射的条纹级数 n_φ 可得

$$\sigma_{x'} - \sigma_{y'} = n_\varphi \frac{f\cos\varphi}{h} \tag{Ⅰ.48}$$

把式(Ⅰ.47)代入式(Ⅰ.48)得

$$\sigma_1 - \sigma_2\cos^2\varphi = n_\varphi \frac{f\cos\varphi}{h} \tag{Ⅰ.49}$$

联立式(Ⅰ.46)和式(Ⅰ.49)得

$$\begin{aligned}\sigma_1 &= \frac{f}{h}\cdot\frac{n_\varphi\cos\varphi - n\cos^2\varphi}{1-\cos^2\varphi} \\ \sigma_2 &= \frac{f}{h}\cdot\frac{n_\varphi\cos\varphi - n}{1-\cos^2\varphi}\end{aligned} \tag{Ⅰ.50}$$

采用斜射法时，为了避免光线在射入模型时发生折射，必须将模型放在盛有与模型折射率相同的液体内进行测量。

Ⅰ.2　相似理论

在现代光测技术中，有时不是直接对实物结构进行测量，而是对按照适当比例进行缩小或放大的实验模型进行测量。采用实验模型代替实物结构的主要原因有：

(1) 用模型实验代替大型实物实验，可以降低实验费用，缩短实验周期；

(2) 某些新设计的结构或难以用理论分析的结构，需要用模型实验为其提供设计参数；

(3) 对某些特殊结构(如微结构)，不能在实物上直接进行实验，此时需要采用放大的实验模型进行测量；

(4) 有些现代光测方法，如光测弹性技术(贴片光弹除外)，只能通过实验模型进行测量，而不能直接对实物结构进行测量。

实验模型由实物结构复制而成，模型与实物(原型)之间需要满足相似关系，因为只有满足相似关系才能把由模型实验得到的数据换算成实物结构的数据，进而实现对实物结构的间接测量。

Ⅰ.2.1　相似概念

相似是指物理现象的所有物理量在对应地点和对应时间具有一定的相似关系。自然界存在许多相似现象，其中最简单的就是几何相似，如两个三角形的对应边的尺寸分别为

a_1、b_1、c_1 和 a_2、b_2、c_2，若这两个三角形相似，则有

$$\frac{a_1}{a_2}=\frac{b_1}{b_2}=\frac{c_1}{c_2}=C_L \tag{Ⅰ.51}$$

式中，比例常数 C_L 称为相似系数。

在相似理论中，除了几何相似，还有荷载相似、质量相似和刚度相似等。

为了保证两个物理现象的相应物理量在对应地点和对应时间具有相似关系，在保证物理量之间具有比例关系的前提下，还必须使物理量的相似系数之间保持一定的组合关系。

Ⅰ.2.2 相似定理

1. 相似第一定理

两个彼此相似的物理现象，其相似指标为1，相似判据为不变量，这就是相似第一定理。

设有两个彼此相似现象，可用同一方程来表示，如作用于沿直线运动的质点上的作用力及其所产生的加速度满足牛顿第二定律，即

$$\boldsymbol{F}=m\boldsymbol{a} \tag{Ⅰ.52}$$

设第一现象的作用力、质量和加速度分别为 $\boldsymbol{F}_1$、m_1 和 $\boldsymbol{a}_1$，第二现象的作用力、质量和加速度分别为 $\boldsymbol{F}_2$、m_2 和 $\boldsymbol{a}_2$，则两个现象分别满足

$$\boldsymbol{F}_1=m_1\boldsymbol{a}_1 \tag{Ⅰ.53}$$

$$\boldsymbol{F}_2=m_2\boldsymbol{a}_2 \tag{Ⅰ.54}$$

设 C_F、C_m 和 C_a 分别为两个现象之间作用力、质量和加速度的相似系数，则有

$$\boldsymbol{F}_2=C_F\boldsymbol{F}_1,\ m_2=C_m m_1,\ \boldsymbol{a}_2=C_a\boldsymbol{a}_1 \tag{Ⅰ.55}$$

将式(Ⅰ.55)代入式(Ⅰ.54)，得

$$C_F\boldsymbol{F}_1=C_mC_am_1\boldsymbol{a}_1 \tag{Ⅰ.56}$$

显然，若这两个物理现象相似，则有

$$C_F=C_mC_a \tag{Ⅰ.57}$$

令 $C=\dfrac{C_F}{C_mC_a}$，则

$$C=1 \tag{Ⅰ.58}$$

式中，C 称为相似指标。

式(Ⅰ.58)表明，两个相似现象的各物理量的相似系数之间应满足相似指标为1。

另外，由式(Ⅰ.55)和式(Ⅰ.58)，得

$$\frac{\boldsymbol{F}_1}{m_1\boldsymbol{a}_1}=\frac{\boldsymbol{F}_2}{m_2\boldsymbol{a}_2} \tag{Ⅰ.59}$$

令 $K=\dfrac{\boldsymbol{F}}{m\boldsymbol{a}}$，则上式可写成如下形式：

$$K = \text{idem}\quad(\text{同一数值}) \tag{Ⅰ.60}$$

式(Ⅰ.60)称为相似判据。显然两个相似现象的各物理量之间应满足相似判据为不变量。

2. 相似第二定理

表示物理现象各物理量之间的关系方程，都可以转变为无量纲方程形式，无量纲方程的各项即为相似判据，这就是相似第二定理。

由相似第一定理知，彼此相似的物理现象具有相同的相似判据，所以可根据相似第二定理推知，彼此相似现象的判据方程相同。

设等截面直杆，两端受一对偏心拉力作用，设拉力为 F，偏心矩为 e，则杆件最大拉应力可表示为

$$\sigma = \frac{Fe}{W} + \frac{F}{A} \tag{Ⅰ.61}$$

式中，W 为抗弯截面模量；A 为横截面积。式中各项具有相同量纲，方程两边如果除以其中一项，则可以得到无量纲方程形式。若用 σ 除方程两边，则得

$$1 = \frac{Fe}{\sigma W} + \frac{F}{\sigma A} \tag{Ⅰ.62}$$

式中各项均无量纲，其中$\frac{Fe}{\sigma W}$和$\frac{F}{\sigma A}$均为相似判据。

若此杆有两个相似的物理现象，则对第一和第二现象分别有

$$1 = \frac{F_1 e_1}{\sigma_1 W_1} + \frac{F_1}{\sigma_1 A_1} \tag{Ⅰ.63}$$

$$1 = \frac{F_2 e_2}{\sigma_2 W_2} + \frac{F_2}{\sigma_2 A_2} \tag{Ⅰ.64}$$

设力、偏心矩、抗弯截面模量、横截面模量和应力的相似系数分别为 C_F、C_e、C_W、C_A 和 C_σ，则有

$$F_2 = C_F F_1,\ e_2 = C_e e_1,\ W_2 = C_W W_1,\ A_2 = C_A A_1,\ \sigma_2 = C_\sigma \sigma_1 \tag{Ⅰ.65}$$

代入式(Ⅰ.64)，得

$$1 = \frac{C_F C_e}{C_\sigma C_W}\frac{F_1 e_1}{\sigma_1 W_1} + \frac{C_F}{C_\sigma C_A}\frac{F_1}{\sigma_1 A_1} \tag{Ⅰ.66}$$

显然，如果两个现象相似，则必须有

$$C_1 = \frac{C_F C_e}{C_\sigma C_W} = 1,\ C_2 = \frac{C_F}{C_\sigma C_A} = 1 \tag{Ⅰ.67}$$

因此，式(Ⅰ.67)可作为相似条件，和相似第一定理一样可表达为彼此相似现象的相似指标为1。

由式(Ⅰ.65)和式(Ⅰ.67)，得

$$\frac{F_1 e_1}{\sigma_1 W_1} = \frac{F_2 e_2}{\sigma_2 W_2},\ \frac{F_1}{\sigma_1 A_1} = \frac{F_2}{\sigma_2 A_2} \tag{Ⅰ.68}$$

即

$$K_1 = \frac{Fe}{\sigma W}, K_2 = \frac{F}{\sigma A} \tag{Ⅰ.69}$$

式(Ⅰ.69)即为相似判据，表示两个相似现象的各物理量之间应满足相似判据为不变量。相似第二定理又称为 π 定理。

3. 相似第三定理

相似第三定理：在物理方程相同的情况下，如果两个现象的单值条件相似，即由单值条件导出的相似判据与现象本身的相似判据相同，则这两个现象一定相似。

所谓单值条件，是指一个现象区别于一群现象的那些条件。属于单值条件的因素有：几何特性(物体的形状和大小)、材料特性(材料的性能，如弹性模量、泊松比等)、边界条件(约束位置和形式)和初始条件(初位置和初速度)等。

相似第一和第二定理明确了相似现象的性质，它们是在假定现象相似为已知的基础上导出的，但没有说明判别相似现象所需的条件。在物理方程相同的情况下，单值条件决定所研究过程中各个物理量的大小，因此单值条件相似判据就成为相似的充分条件。在模型实验时，只有模型的单值条件与实物结构相同，且相似判据相等，模型才能与实物结构相似。因此，模型实验时，首先应求出相似判据，进而设计模型，然后模拟单值条件进行实验，根据实验结果推算实物结构的结果。

Ⅰ.2.3　相似判据

1. 方程分析法

对于物理量之间关系方程已经知道的问题，采用相似理论可以很容易求得模型与实物的相应物理量之间的关系。

图Ⅰ.7 所示为受均布载荷作用的简支梁。根据材料力学理论，梁的挠度 w 和应力 σ 分别为

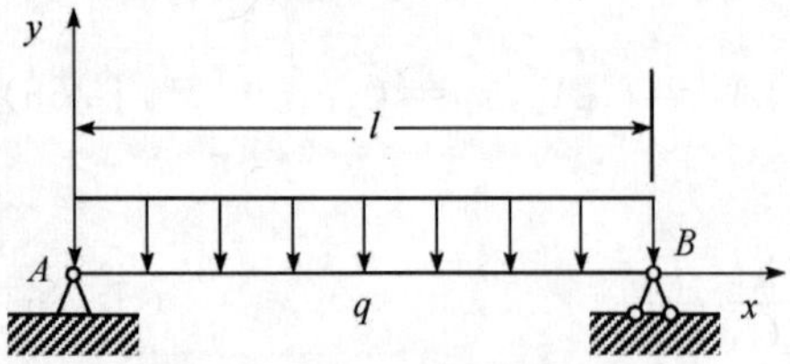

图Ⅰ.7　受均布载荷作用的简支梁

$$w = -\frac{qx(l^3 - 2lx^2 + x^3)}{24EI}$$
$$\sigma = -\frac{qx(l-x)y}{2I} \tag{Ⅰ.70}$$

式中，E 为弹性模量；I 为惯性矩；EI 为抗弯刚度。

设模型 m 与实物 p 之间的物理量具有如下关系：

$$\begin{aligned} w_m &= C_w w_p, \sigma_m = C_\sigma \sigma_p, q_m = C_q q_p, x_m = C_l x_p \\ l_m &= C_l l_p, E_m = C_E E_p, I_m = C_l^4 I_p, y_m = C_l y_p \end{aligned} \tag{Ⅰ.71}$$

式中，m 和 p 分别对应模型和实物。

若模型与实物相似，则根据相似第一定理，相似指标为 1，即

$$C_1=\frac{C_q}{C_w C_E}=1, C_2=\frac{C_q}{C_\sigma C_l}=1 \tag{Ⅰ.72}$$

相应的相似判据为

$$K_1=\frac{q}{wE}, K_2=\frac{q}{\sigma l} \tag{Ⅰ.73}$$

因为相似判据在模型与实物中具有相同的数值，因此根据式(Ⅰ.73)得模型与实物的物理量之间的关系为

$$w_p=\frac{q_p}{q_m}\frac{E_m}{E_p}w_m=\frac{C_E}{C_q}w_m, \sigma_p=\frac{q_p}{q_m}\frac{l_m}{l_p}\sigma_m=\frac{C_l}{C_q}\sigma_m \tag{Ⅰ.74}$$

显然，若要模型与实物的挠度相等($C_w=1$)，则必须合适选择 C_q，使 $C_q=C_E$；若要模型与实物的应力相等($C_\sigma=1$)，则必须使 $C_q=C_l$。

2. 量纲分析法

方程分析法建立在物理方程为已知的基础之上，但很多问题无法建立物理方程或在模型实验前不知道其物理方程，此时需要采用量纲分析法。采用量纲分析法推导相似判据，只要求确定哪些物理量存在于所研究的现象中，以及知道这些物理量的量纲就可以了。量纲分析法又称为 π 定理分析法。

1) 量纲的概念

量纲用来表示物理量的单位特征。同一种类的物理量应具有相同的量纲，如表示长度的物理量，无论用米、厘米或其他单位表示，都具有长度的性质，都可用长度量纲[L]表示。每种物理量对应于一种量纲，如力的量纲可表示为[F]，时间的量纲为[T]，质量的量纲为[M]等。有些物理量无量纲，可用[1]表示。量纲分为基本量纲和导出量纲。任何一组彼此独立的并可以导出其他量纲的量纲都可以作为基本量纲，所以基本量纲不是唯一的。凡是由基本量纲间接导出的量纲，都称为导出量纲。基本量纲的数目根据研究问题的性质而定。一般来说，在非温度场中，模型实验最多选 3 个彼此独立的基本量纲。如果是静力学问题，量纲[T]不存在，则只有两个基本量纲。量纲具有如下性质：

(1) 若两个物理量相等，则其数值相等，量纲相同；

(2) 具有相同量纲的两个物理量，其比值的量纲是[1]；

(3) 基本量纲互相独立；

(4) 物理方程两边的量纲相同。

2) π 定理分析法

假设一个物理现象的参数方程为

$$f(x_1, x_2, \cdots, x_n)=0 \tag{Ⅰ.75}$$

如果式中 n 个参数中有 m 个基本量纲，则可组成($n-m$)个独立的无量纲参数组合，写成 π 的形式为

$$f(\pi_1, \pi_2, \cdots, \pi_{n-m})=0 \tag{Ⅰ.76}$$

式中用($n-m$)个无量纲的量之间的关系表示原来的函数方程。显然，这些无量纲量即是

相似判据，即

$$\begin{aligned}(\pi_1)_p &= (\pi_1)_m \\ (\pi_2)_p &= (\pi_2)_m \\ &\vdots \\ (\pi_{n-m})_p &= (\pi_{n-m})_m\end{aligned} \tag{Ⅰ.77}$$

为了举例说明用量纲分析法推导相似判据的过程，讨论一静力弹性体系的应力问题。一般地说，应力 σ 与尺寸 l、外力 q、弹性模量 E、泊松比 μ 有关。在此情况下，式(Ⅰ.75)可写为

$$f(\sigma,q,l,E,\mu,\rho)=0 \tag{Ⅰ.78}$$

选用 E、l 作为基本量纲，则有 6－2＝4 个基本量纲组合，即

$$\pi_1=\frac{\sigma}{E^{a_1}l^{b_1}},\pi_2=\frac{q}{E^{a_2}l^{b_2}},\pi_3=\frac{\rho}{E^{a_3}l^{b_3}},\pi_4=\mu \tag{Ⅰ.79}$$

由于 π 为无量纲量，则有

$$\begin{aligned}a_1&=1,b_1=0\\ a_2&=1,b_2=0\\ a_3&=1,b_3=-1\end{aligned} \tag{Ⅰ.80}$$

即

$$\pi_1=\frac{\sigma}{E},\pi_2=\frac{q}{E},\pi_3=\frac{\rho l}{E},\pi_4=\mu \tag{Ⅰ.81}$$

由

$$(\pi_1)_p=(\pi_1)_m,(\pi_2)_p=(\pi_2)_m \tag{Ⅰ.82}$$

得

$$\frac{\sigma_p}{E_p}=\frac{\sigma_m}{E_m},\frac{q_p}{E_p}=\frac{q_m}{E_m} \tag{Ⅰ.83}$$

即

$$\sigma_p=\frac{E_p}{E_m}\sigma_m=\frac{q_p}{q_m}\sigma_m \tag{Ⅰ.84}$$

量纲分析过程中，没有显示物理现象的本质，而且获得的相似判据随基本量纲选择的不同会产生不同的结果。此外，量纲分析还不能控制无量纲的量，不能考虑单值条件，不能区分物理方程中量纲相同而意义不同的物理量。因此，在进行量纲分析时，必须定性地了解所研究的物理现象，正确选择物理量。

附录Ⅱ 误差分析

当对被测量进行测量时，原理方法、仪器设备、周围环境和认识能力的限制，使真实值和测量值之间存在一定的差异，这种差异就称为误差。随着科学技术的发展，虽然可以将误差控制得越来越小，但终究不能完全消除，误差的存在具有必然性和普遍性。

误差往往使人们对客观现象的认识受到不同程度的歪曲，甚至产生虚假的结论或错误的判断，因此有必要对误差进行研究，分析其产生原因和表现规律，进而减小测量误差。

Ⅱ.1 基本概念

Ⅱ.1.1 真实值

真实值是指某一被测量在一定条件下客观存在的量值。严格来说，由于测量误差的存在，不可能通过测量得到被测量的真实值，测量得到的只能是真实值的近似值，但在实际测量中可把下面 3 种量值看成真实值。

1. 理论真值

理论真值是指根据理论公式通过计算而得到的量值。例如，采用应力公式通过计算而得到的应力分布结果。

2. 规定真值

规定真值是指国际上公认的各种基准量或标准指示值。例如，米的单位规定为真空中的光在 1/299 792 458s 的时间间隔内通过的距离。

3. 传递真值

传递真值是指量具按精度不同分为若干等级，上一等级的指示值可以认为是下一等级的真实值。

Ⅱ.1.2 测量值

测量值是指通过各种实验手段而得到的量值，其来源大多是各种测量仪器或测量装置的读数或指示值。由于测量过程中存在误差，所以测量值都是被测量真实值的近似值。

1. 单次测量值

若对测量结果的精度要求不高或有足够的把握，经过一次测量所得的测量值能满足精度要求时，就用单次测量值 x 近似地表示被测量的真实值。

2. 算术平均值

在单次测量不能满足测量精度的情况下，需要进行多次测量。在等精度测量条件下，考虑 n 次测量值 $x_1, x_2, \cdots, x_n$，通常取所有测量值的算术平均值(arithmetic average)$\bar{x}$ 来表示被测量的真实值，即

$$\bar{x} = \frac{1}{n}\sum_{i=1}^{n} x_i \tag{Ⅱ.1}$$

严格来说，只有当测量次数 n 为无穷大时，$\bar{x}$ 才会接近真实值。

3. 加权平均值

当每个测量值的可靠性或测量精度不等时，为了区分每个测量值的可信性，对每个测量值都给一个“权数”。最后测量结果用带上权数的测量值求出的平均值表示，这就是加权平均值(weighted mean)。加权平均值可表示为

$$\bar{x}_w = \frac{1}{p}\sum_{i=1}^{n} p_i x_i \tag{Ⅱ.2}$$

式中，$p = \sum_{i=1}^{n} p_i$，p_i 为测量值 x_i 的权数。若为等精度测量，各测量值的权数应相等，即 $p_i = 1$，则加权平均值就等于算术平均值，因此算术平均值是加权平均值的特例。

4. 中位值

把一组测量值按从小到大的顺序依次排列为 $x_1 \leqslant x_2 \leqslant \cdots \leqslant x_n$，取中间位置的数值，即中位值(median)，作为被测量的真实值的近似值，即

$$x_m = \begin{cases} x_{(n+1)/2} & (n = \text{odd}) \\ x_{(n+1)/2} \quad \frac{1}{2}[x_{n/2} + x_{n/2+1}] & (n = \text{even}) \end{cases} \tag{Ⅱ.3}$$

从理论上讲，只含有随机误差的测量值，其中位值与算术平均值相差较小，特别是当测量次数相当大时，两者就更加接近。

5. 几何平均值

几何平均值(geometric mean)是把 n 个测量值 $x_1, x_2, \cdots, x_n$ 连乘后，开 n 次方而求得的数值。几何平均值可表示为

$$\bar{x}_g = \left(\prod_{i=1}^{n} x_i\right)^{\frac{1}{n}} \tag{Ⅱ.4}$$

几何平均值有时也可用对数表示，即

$$\log\bar{x}_g = \frac{1}{n}\sum_{i=1}^{n} \log x_i \tag{Ⅱ.5}$$

6. 均方根平均值

均方根平均值(mean square root)就是把 n 个测量值 $x_1, x_2, \cdots, x_n$ 分别平方后再求其平均值的平方根。均方根平均值可表示为

$$\bar{x}_\sigma = \sqrt{\frac{1}{n}\sum_{i=1}^{n} x_i^2} \qquad (\text{Ⅱ}.6)$$

Ⅱ.1.3 误差的来源

1. 测量过程产生的误差

(1) 方法误差。方法误差是指采用的原理或方法不准确或错误而引起的测量误差。这类误差的主要来源有:①受客观条件及技术水平的限制,采用的测量方法不合适;②原理本身具有近似性,或忽略了在测量过程中起关键作用的因素;③采用接触测量方法,从而破坏了被测对象的原有状态;④采用静态测量方法进行动态测量。

(2) 装置误差。装置误差是指在进行测量时所使用的测量设备或仪器本身的各种因素而引起的误差,如设备加工粗糙、安装调试不准、仪表非线性和刻度不准等带来的误差。

(3) 环境误差。环境误差是因为周围环境的影响而使测量产生的误差。这些影响因素存在于测量系统之外,但对测量系统会直接或间接发生作用,如温度、湿度、气压、电场、磁场、振动、加速度、引力、声响、光照、灰尘、射线或电磁波等。

(4) 人员误差。人员误差是由进行测量的操作人员自身因素所引起的误差,主要是指由于测量人员的分辩能力、熟练程度、反应滞后、习惯感觉和操作水平等因素而引起的误差。另外还包括测量人员因为粗心大意或操作失误而造成的误差。

2. 数据处理产生的误差

(1) 数字化整出现的误差。对于一定精度的测量值,需要用一定的有效数字表示,对于多余数字就要舍弃,因此有效数字化整时就要产生化整误差。

(2) 数学常数引起的误差。在测量中经常会遇到一些数学常数,这些常数可以根据需要取到任意精度的数值,但不论取多少位仍然还是近似值,如 $\pi = 3.141\,592\,6\cdots$ 和 $e = 2.718\,28\cdots$ 等。

(3) 近似计算带来的误差。在数值运算过程中,对某些特殊函数只能利用近似公式进行计算。这些函数与数学常数一样,根据需要可以取到任意精度的结果,但总达不到真实值。例如,$e^x = 1 + x + \frac{x^2}{2!} + \frac{x^3}{3!} + \cdots$ 和 $(1+x)^{-1} = 1 - x + x^2 - x^3 + \cdots$ 等。

(4) 物理常数产生的误差。在测量过程中经常会涉及物理常数,如密度、黏度、导热系数、热膨胀系数、电阻率和折射率等。这些物理常数都通过实验获得,尽管它们具有较高的精度,但由于受到当时技术水平的限制,所能达到的精度是有限的,所以这些物理常数如果参与运算,也会给最后结果带来误差。

Ⅱ.1.4　误差的分类

1. 随机误差

在测量过程中，必然存在一些随机因素的影响，从而造成具有随机性质的测量误差，这类误差称为随机误差（random error）。随机误差的大小和方向（误差的正负）无法预测，即使在相同条件下，对同一待测量进行重复测量，每次测量得到的测量值，总是在一定范围内随机波动。

随机误差就个体而言，从单次测量结果看是没有规律的，即大小和正负都不确定，但进行多次测量后就可发现，随机误差符合统计规律。

2. 系统误差

在同一条件下对同一对象进行多次测量时，测量误差的大小和方向保持不变，或按某一规律变化，这类误差称为系统误差（system error）。

3. 过失误差

由于测试人员的粗心大意或操作失误而造成的明显偏离测量值的误差称为过失误差（gross error）。例如，设备使用不当、测量方法不对、实验条件不符和错读错记等而造成的明显歪曲测试结果的误差。这类误差由疏忽大意或操作失误等原因造成，所以过失误差也称为粗大误差。

过失误差从数值上看，远远大于在相近条件下的系统误差或随机误差，因此带有过失误差的测量值与正常测量值相差较大，故称为异常值或可疑值。

对过失误差的处理，可以直接把可疑值从测量数据中剔除。但对原因不明的可疑值，在处理时应该慎重，尽管它对测量结果影响较大，但也不能按主观意愿轻易地把它剔除。

Ⅱ.1.5　误差的表示

误差存在于测量值之中，因此可表示为

$$\text{测量值}=\text{真实值}+\text{误差} \tag{Ⅱ.7}$$

用这种关系式来定义误差，是目前广泛采用的形式。作为表征测量误差大小的指标，通常采用两种形式：一是用有量纲数值表示的绝对误差；二是用无量纲比值表示的相对误差。

1. 绝对误差

绝对误差（absolute error）是指测量值（或实测值）与其真实值（或真值）之间的差值，即

$$\text{绝对误差}=\text{测量值}-\text{真实值} \tag{Ⅱ.8}$$

一般情况下，因为真实值未知，因此无法从测量值中把测量误差分离出来，也正是因为不知道被测量的真实值，所以需要进行测量，希望用误差来评价测量值的可靠性，即测量值与真实值的近似程度。

在实际测量中，通常可根据需要，用被测量应该得到的数值，即应得值来代替被测量

的真实值进行绝对误差计算。由于在误差计算中所采用应得值的不同,因此所得到的绝对误差表示方法也不相同,常见的绝对误差有以下 4 种表示方法。

(1) 真误差。真误差(true error)是指把被测量的真实值作为应得值,所获测量值与真实值之差即为真误差,简称真差,可表示为

$$\varepsilon_t = x_i - x_t \tag{Ⅱ.9}$$

式中,x_i 为测量值;x_t 为真实值。

因为通过测量得不到被测量的真实值,所以严格地讲,真误差也无法得到。但在一些特殊情况下,如在理论上可以得到真实值或把规定值、传递值看成是被测量的真实值,则可认为真差能够求得。

(2) 剩余误差。剩余误差(residual error)是把 n 个测量值 $x_1, x_2, \cdots, x_n$ 的算术平均值 $\bar{x}$ 作为应得值而求得的绝对误差,简称残差。剩余误差可表示为

$$\varepsilon_r = x_i - \bar{x} \tag{Ⅱ.10}$$

因为剩余误差 ε_r 可以用测量值算出,所以在误差计算中经常使用。

(3) 算术平均误差。算术平均误差(arithmetic-average error)是指 n 个测量值 x_1,$x_2, \cdots, x_n$ 所得剩余误差绝对值的算术平均值,即

$$\varepsilon_{\bar{x}} = \frac{1}{n}\sum_{i=1}^{n} | x_i - \bar{x} | \tag{Ⅱ.11}$$

(4) 标准误差。对一固定量进行多次测量,各次测量真差平方的算术平均值,再开方所得的数值即为标准误差(standard error),标准误差又称均方根误差(root-mean-square error),即

$$\sigma = \sqrt{\frac{1}{n}\sum_{i=1}^{n} (x_i - x_t)^2} \tag{Ⅱ.12}$$

2. 相对误差

相对误差(relative error)是指绝对误差与被测量的真实值之比,可写成

$$\text{相对误差} = \frac{\text{绝对误差}}{\text{真实值}} \times 100\% \tag{Ⅱ.13}$$

对于相同的被测量,绝对误差可以评定测量精度的高低,但对于不同的被测量,绝对误差就难以评定测量精度的高低,而采用相对误差来评定就较为确切。例如,用两种方法测量 $L_1 = 100$ mm 的尺寸,其测量误差分别为 $\delta_1 = \pm 11$ μm,$\delta_2 = \pm 9$ μm,根据绝对误差大小,可知后者的测量精度高。但若用第三种方法测量 $L_2 = 150$ mm 的尺寸,其测量误差为 $\delta_3 = \pm 12$ μm,则用绝对误差就难以评定它与前两种方法的精度高低,此时需要采用相对误差来评定。3 种方法的相对误差分别为±0.011%、±0.009%和±0.008%,由此可知,第一种方法精度最低,第三种方法精度最高(尽管第三种方法的绝对误差最大)。

3. 不确定度

测量误差就是测量值与被测真实值之差,但用来表示误差大小的指标却出现了两种

情况。一种是取“＋”号或“－”号的数值，这种具有明确方向的表示方法与误差的含意一致。但另一种是采用“±”号所表示的数值，它的方向不明确，它所给出的是一个数值区间，即给出了误差的变化范围，待测量的真实值应该在此范围内。凡是用区间(±号)给出的误差指标称为不确定度(uncertainty)。

Ⅱ.1.6　数据精度

测量结果与真实值的接近程度称为精确度，简称精度。它与误差的大小相对应，误差小则精度高，误差大则精度低。目前常用下述3个概念评价测量精度。

(1) 准确度，反映测量结果中系统误差的影响程度，表示调试数据的平均值与被测量真实值的偏差。

(2) 精密度，反映测量结果中随机误差的影响程度，表示测试数据相互之间的偏差，即重复性。精密度高，则测试数据比较集中。

(3) 精确度，反映测量结果中系统误差和随机误差综合影响程度。精确度高则系统误差和随机误差都小，因而其准确度和精密度必定都高。

准确度、精密度和精确度之间的关系可用图Ⅱ.1所示打靶来说明。图Ⅱ.1(a)表示精密度高，即随机误差小，但准确度低，系统误差大；图Ⅱ.1(b)表示精密度低，随机误差大，但准确度高，即系统误差小；图Ⅱ.1(c)表示精密度和准确度都高，随机误差和系统误差都小，即精确度高。

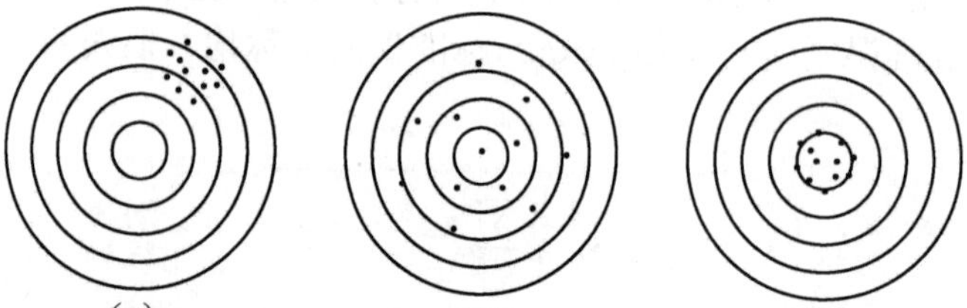

(a)　　(b)　　(c)

图Ⅱ.1　数据精度比较

Ⅱ.2　随机误差

当对同一量值进行多次等精度的重复测量时，得到一系列不同的测量值(常称为测量列)，在排除了系统误差和过失误差的情况下，测量值还会含有随机误差。对于测量列中的某一个测得值而言，这类误差的出现具有随机性，误差的大小和符号不能预先确定，但当测量次数增加时，这类误差却又满足统计规律。

Ⅱ.2.1　统计特性

对同一个量进行等精度多次重复测量，服从正态分布的随机误差具有以下特点：

(1) 对称性，即绝对值相等的正误差和负误差出现的概率相等；

(2) 单峰性，即绝对值小的误差出现的概率大，而绝对值大的误差出现的概率小；

(3) 有界性,即在有限次测量中,随机误差的绝对值不会超过一定界限;

(4) 抵偿性,即随着测量次数的增加,随机误差的代数和趋近于零。

Ⅱ.2.2 正态分布

设被测量的真值为 x_t,一系列测得值为 $x_1, x_2, \cdots, x_n$,则测量列中的随机误差 ε_t 为

$$\varepsilon_t = x_i - x_t \quad (i = 1, 2, \cdots, n) \tag{Ⅱ.14}$$

标准误差或均方根误差 σ 为

$$\sigma = \sqrt{\frac{1}{n}\sum_{i=1}^{n}(x_i - x_t)^2} \tag{Ⅱ.15}$$

则正态分布的随机误差可表示为

$$p(\varepsilon_t) = \frac{1}{\sqrt{2\pi}\sigma}\exp\left\{-\frac{\varepsilon_t^2}{2\sigma^2}\right\} \tag{Ⅱ.16}$$

式中,$p(\varepsilon_t)$表示误差 ε_t 出现的概率密度。

Ⅱ.2.3 标准误差

1. 单次测量值的标准误差

由于真值 x_t 一般无法求得,按式(Ⅱ.15)不能求得标准误差。实际上,对有限次测量,可用剩余误差 $\varepsilon_r = x_i - \overline{x}$ 代替真误差 $\varepsilon_t = x_i - x_t$,得到标准误差的估计值。根据测量中正负误差出现的概率相等的特点可以导出:

$$\sum_{i=1}^{n}(x_i - \overline{x})^2 = \frac{n-1}{n}\sum_{i=1}^{n}(x_i - x_t)^2 \tag{Ⅱ.17}$$

由此可见,在有限次测量时剩余误差的平方和小于真误差的平方和,由此得出以剩余误差表示的标准误差为

$$\sigma = \sqrt{\frac{1}{n}\sum_{i=1}^{n}(x_i - x_t)^2} = \sqrt{\frac{1}{n-1}\sum_{i=1}^{n}(x_i - \overline{x})^2} \tag{Ⅱ.18}$$

2. 算术平均值的标准误差

在多次测量的测量列中,是以算术平均值作为测量结果,因此必须研究算术平均值不可靠性的评定标准。

如果在相同条件下对同一量值作多个系列测量,每一系列测量都有一个算术平均值,由于随机误差的存在,各个测量列的算术平均值也不相同,它们围绕着被测量的真值有一定的分散,此分散说明了算术平均值的不可靠性,而算术平均值的标准误差 $\sigma_{\overline{x}}$ 则是表征同一被测量的各个独立测量列算术平均值分散性的参数,可作为算术平均值不可靠性的评定标准。可以证明,算术平均值的标准误差可表示为

$$\sigma_{\bar{x}} = \frac{\sigma}{\sqrt{n}} = \sqrt{\frac{1}{n(n-1)}\sum_{i=1}^{n}(x_i - \bar{x})^2} \tag{Ⅱ.19}$$

式中，σ 为单次测量的标准误差；$\sigma_{\bar{x}}$ 为算术平均值 $\bar{x}$ 的标准误差。

由此可见，n 次等精度测量中，算术平均值的标准误差要比单次测量的标准误差小。当 n 增大时，测量的精密度也相应提高，但 $\sigma_{\bar{x}}$ 与测量次数 n 的平方根成反比，当 $n>10$ 以后，$\sigma_{\bar{x}}$ 下降得很慢，因此无限增大 n 并无实际意义，一般取 $n=10$ 较为适宜。

Ⅱ.2.4　极限误差

1. 置信概率

在一等精度测量列中，测量值 x 落入某指定区间$[x_a, x_b]$内的概率称为置信概率，该指定区间称为置信区间。根据式(Ⅱ.16)，测量值 x 落入区间$[x_a, x_b]$内的概率 $P\{x_a \leqslant x \leqslant x_b\}$ 可表示为

$$P\{x_a \leqslant x \leqslant x_b\} = \int_{x_a}^{x_b} p(x)\mathrm{d}x \tag{Ⅱ.20}$$

当上述概率足够大时，测量值就有一定的可信程度。对于一个测量结果来说，置信区间和置信概率结合起来才能说明其可信赖程度，因为对于同一个测量结果来说，置信区间取得宽，其置信概率就大，置信区间取得小，其置信概率必然就小。

2. 单次测量值的极限误差

工程中置信区间常以 σ 的倍数 $t\sigma$ 表示。经计算，落入$[x_t-\sigma, x_t+\sigma]$区间的概率为 $P[x_t-\sigma, x_t+\sigma]=68.3\%$，这就是说，进行 100 次测量，大约有 68 次的测量值是落在$[x_t-\sigma, x_t+\sigma]$范围内。置信区间扩大到$[x_t-2\sigma, x_t+2\sigma]$，概率为 $P[x_t-2\sigma, x_t+2\sigma]=95.4\%$，即在 22 次测量中有 1 次的误差绝对值超出$[-2\sigma, 2\sigma]$范围。当置信区间为$[x_t-3\sigma, x_t+3\sigma]$，则概率为 $P[x_t-3\sigma, x_t+3\sigma]=99.73\%$，即在 370 次测量中有 1 次误差的绝对值超出$[-3\sigma, 3\sigma]$范围。

由于在一般测量中，测量次数很少超过几十次，因此可以认为绝对值大于 3σ 的误差是不可能出现的，通常把这个误差称为单次测量的极限误差，即

$$\varepsilon_{\lim} = \pm 3\sigma \tag{Ⅱ.21}$$

3. 算术平均值的极限误差

测量列的算术平均值与被测量的真值之差称为算术平均值误差。当多个测量列的算术平均值误差满足正态分布时，可得测量列算术平均值的极限误差为

$$\varepsilon_{\lim} = \pm 3\sigma_{\bar{x}} \tag{Ⅱ.22}$$

式中，$\sigma_{\bar{x}}$ 为算术平均值的标准误差。

Ⅱ.3　系统误差

系统误差是由固定不变的或按确定规律变化的因素造成的，一般说来，这些因素是可

以掌握的。对待系统误差的基本措施是要设法发现并予以消除。

Ⅱ.3.1 系统误差分类

根据系统误差变化规律，系统误差分为定值系统误差和变值系统误差。

1. 定值系统误差

定值系统误差在整个测量过程中，误差的大小和符号固定不变。例如，测力传感器的标定误差、千分尺的调零误差等，它对每一测量值的影响均为一定的常量。

2. 变值系统误差

变值系统误差是指在测量过程中，误差的大小和符号按一定的规律变化。变值系统误差又可分为以下 3 种。

(1) 累积性系统误差或线性变化系统误差，即在整个测量过程中，随着测量时间的增长或测量数值的增大，误差值逐渐增大或减小。例如，测量过程中仪器温度逐渐升高，使被测量随时间逐渐增大。

(2) 周期性系统误差，即误差的大小和符号呈周期性变化。例如，仪器刻度盘偏心、被测对象安装偏心等，都可引起周期性变化的系统误差。

(3) 按复杂规律变化的系统误差，即这种误差在测量过程中按一定的，但比较复杂的规律变化。

Ⅱ.3.2 系统误差消除

处理系统误差的关键在于如何发现它的存在，并分析其属于哪一类系统误差及其产生原因，然后才能将它分离和消除。系统误差的消除或修正，主要靠对测量技术的研究、测量装置的调整和操作方法的分析，确定可能产生系统误差的因素，进而寻找消除或修正系统误差的方法。

1. 定值系统误差消除

定值系统误差对于每一个数据的影响，不论在大小和符号上都是相同的。

在计算平均值时，随机误差可以互相抵消，但定值系统误差不能消除。因此，如果存在定值系统误差，则应以测量值的平均值减去定值系统误差，才是接近于真值的测量结果。定值系统误差对剩余误差和标准误差都没有影响，所以定值系统误差的存在不影响测量结果的精密度。

包含于平均值中的定值系统误差无法从测量值中分离出来，但可以通过以下方法发现和消除。

(1) 校准法，即用更准确的仪器或用真值已知的标准试件校准实验仪器，以获得定值系统误差。

(2) 抵消法，即在测量某一被测量时，使定值系统误差在测量中一次出现为正，另一次出现为负，这样取其算术平均值作为测得值，即可消除定值系统误差。

2. 变值系统误差消除

变值系统误差对每一个测量值的影响都不一样。

在计算平均值时,变值系统误差存在于平均值当中,而且变值系统误差的大小和正负难以确定。同时,变值系统误差也对剩余误差和标准误差有影响,而且影响的大小难以确定。

由于变值系统误差对整个数据处理的结果都有影响,因此在实际测量中必须发现变值系统误差的存在,并找出产生误差的原因,进而设法消除变值系统误差。下面介绍两种常用的发现变值系统误差的方法。

(1) 剩余误差观察法。在一组测量中,将测量结果的剩余误差依次排列起来,如果其大小是按规律朝一个方向变化,如从正逐渐变到负,或从负逐渐变到正,则可能存在递减或递增的变值系统误差。如果发现剩余误差的符号有规律地交替变化,则可能存在周期性的变值系统误差。若剩余误差的正负号按测量的顺序来看无一定的规律性,则说明不存在明显的变值系统误差。

(2) 剩余误差符号检验法。由于随机误差有相互抵消性,因此剩余误差为正、负号的概率应相等。若正号剩余误差的个数与负号剩余误差的个数接近相等,则可认为不存在显著的变值系统误差。

Ⅱ.4 误差合成

已知各单项因素产生的误差,如何确定测量值的总误差,这就是误差合成。不同性质的误差对测量结果的影响不一样,其合成的方法也不相同。

Ⅱ.4.1 系统误差合成

系统误差具有确定的变化规律,不论其变化规律如何,根据对系统误差的掌握程度,可分为已定系统误差和未定系统误差。

1. 已定系统误差合成

已定系统误差是指误差大小和方向均已确切掌握的系统误差。在测量过程中,若有 r 个单项已定系统误差,其误差值分别为 $\Delta_1,\Delta_2,\cdots,\Delta_r$,总的已定系统误差为

$$\Delta=\sum_{i=1}^{r}\Delta_i \tag{Ⅱ.23}$$

2. 未定系统误差合成

未定系统误差是指误差大小和方向未被确切掌握,或不必花费过多精力去掌握,而只能或只需估计出其不致超过某一极限范围的误差。

在测量过程中,若有 s 个单项未定系统误差,其极限值分别为 $e_1,e_2,\cdots,e_s$,并且它们互不相关,则总的未定系统误差的极限误差为

$$e = \sqrt{\sum_{i=1}^{s} e_i^2} \tag{Ⅱ.24}$$

Ⅱ.4.2　随机误差合成

如果在测量过程中存在 q 项互不相关的随机误差，设每一项随机误差的标准误差分别为 $\sigma_1, \sigma_2, \cdots, \sigma_q$，则 r 个随机误差综合作用的结果的标准误差为

$$\sigma = \sqrt{\sum_{i=1}^{q} \sigma_i^2} \tag{Ⅱ.25}$$

在多数情况下，已知 q 个独立因素的极限误差分别为 $\varepsilon_{\mathrm{lim1}}, \varepsilon_{\mathrm{lim2}}, \cdots \varepsilon_{\mathrm{lim}q}$，若误差均服从正态分布，则总极限随机误差为

$$\varepsilon_{\mathrm{lim}} = \sqrt{\sum_{i=1}^{q} \varepsilon_{\mathrm{lim}i}^2} \tag{Ⅱ.26}$$

Ⅱ.4.3　系统误差和随机误差合成

若测量过程中有 r 个单项已定系统误差，s 个单项未定系统误差，q 个单项随机误差。对于已定系统误差一般要按式(Ⅱ.23)合成并修正。已定系统误差修正后，测量结果总的极限误差就是总的极限未定系统误差与总的极限随机误差的均方根，即

$$\Delta = \sqrt{e^2 + \varepsilon_{\mathrm{lim}}^2} = \sqrt{\sum_{i=1}^{s} e_i^2 + \sum_{i=1}^{q} \varepsilon_{\mathrm{lim}i}^2} \tag{Ⅱ.27}$$

对于多次重复测量，由于随机误差具有抵偿性，而系统误差则固定不变，因此总的误差合成公式为

$$\Delta = \sqrt{e^2 + \frac{1}{n}\varepsilon_{\mathrm{lim}}^2} = \sqrt{\sum_{i=1}^{s} e_i^2 + \frac{1}{n}\sum_{i=1}^{q} \varepsilon_{\mathrm{lim}i}^2} \tag{Ⅱ.28}$$

Ⅱ.5　误差传递

在很多情况下，由于对被测量进行直接测量存在困难，或者直接测量难以保证测量精度，此时需要采用间接测量。间接测量是通过直接测量与被测量之间有一定函数关系的量值，再按照已知的函数关系计算出被测量。

设间接测量值 y 与 n 个直接测量值 $x_1, x_2, \cdots, x_n$ 之间的函数关系为

$$y = f(x_1, x_2, \cdots, x_n) \tag{Ⅱ.29}$$

设各直接测量值的已定系统误差分别为 $\Delta_1, \Delta_2, \cdots, \Delta_n$，则函数的已定系统误差为

$$\Delta_y = \sum_{i=1}^{n} \frac{\partial f}{\partial x_i} \Delta_i \tag{Ⅱ.30}$$

设各直接测量值的未定系统误差的极限值分别为 $e_1, e_2, \cdots, e_n$，当各个测量值互不相关

时，函数的极限未定系统误差为

$$e_y = \sqrt{\sum_{i=1}^{n}\left(\frac{\partial f}{\partial x_i}\right)^2 e_i^2} \tag{Ⅱ.31}$$

设各直接测量值的随机误差的极限值分别为 $\varepsilon_1,\varepsilon_2,\cdots,\varepsilon_n$，当各个误差均服从正态分布时，函数的极限随机误差为

$$\varepsilon_y = \sqrt{\sum_{i=1}^{n}\left(\frac{\partial f}{\partial x_i}\right)^2 \varepsilon_i^2} \tag{Ⅱ.32}$$

由此可得已定系统误差修正后的总误差为

$$\Delta_y = \sqrt{e_y^2+\varepsilon_y^2} = \sqrt{\sum_{i=1}^{n}\left(\frac{\partial f}{\partial x_i}\right)^2 e_i^2 + \sum_{i=1}^{n}\left(\frac{\partial f}{\partial x_i}\right)^2 \varepsilon_i^2} = \sqrt{\sum_{i=1}^{n}\left(\frac{\partial f}{\partial x_i}\right)^2 \Delta_i^2} \tag{Ⅱ.33}$$

式中，Δ_i 为第 i 个直接测量值的总误差。

Ⅱ.6　测量结果的表示

测量的目的是希望获得被测量的真值，但是由于不可避免地会产生测量误差，所以只能获得真值的近似值，其可靠程度取决于极限误差的大小。测量的最终结果不但要给出被测量的大小，而且要给出被测量的测量误差。

Ⅱ.6.1　单次测量结果的表示

单次测量值不可避免地含有随机误差，也可能同时含有显著的系统误差，甚至会恰好碰上过失误差。这些误差无法根据单次测量值本身确定，只能根据仪器的说明书和事先的误差分析或实验统计确定系统误差与随机误差。至于过失误差，只能靠测量过程中的认真仔细避免。

在单次测量中，根据已发现的已定系统误差对测量值进行修正。未定系统误差则根据有关资料确定。随机误差可根据以往的实验进行估计。修正了已定系统误差后的总极限误差按式(Ⅱ.27)计算，因此单次测量的测量结果可表示为

$$x_f = x \pm \Delta \tag{Ⅱ.34}$$

Ⅱ.6.2　多次测量结果的表示

在相同的条件下，对某个被测量进行了多次等精度测量，获得一系列测量值 $x_1,x_2,\cdots,x_n$，一般按下述步骤进行处理。

(1) 通过对测量设备及环境条件进行分析，或通过对比实验，判断有无定值系统误差。若有，应对测量列进行修正。

(2) 求算术平均值 $\bar{x}=\frac{1}{n}\sum_{i=1}^{n}x_i$。

(3) 计算剩余误差 $\varepsilon_r=x_i-\bar{x}$。

(4) 根据剩余误差,判断是否有变值系统误差。若有,则应设法消除。必要时需要进行重复测量。在消除了变值系统误差的情况下,重复步骤(2)和(3)。

(5) 求单次测量的标准误差 $\sigma=\sqrt{\frac{1}{n-1}\sum_{i=1}^{n}(x_i-\bar{x})^2}$ 。

(6) 判断有无过失误差。若有,则应剔除。并重复步骤(2)、(3)和(5),直至无过失误差为止。

(7) 求算术平均值的标准误差 $\sigma_{\bar{x}}=\frac{\sigma}{\sqrt{n}}$ 和极限随机误差 $\varepsilon_{\lim}=\pm 3\sigma_{\bar{x}}$。

(8) 求测量结果的总极限误差 $\Delta=\sqrt{e^2+\frac{1}{n}\varepsilon_{\lim}^2}$。

(9) 最后测得结果表示为

$$x_f=\bar{x}\pm\Delta \tag{Ⅱ.35}$$

Ⅱ.6.3 间接测量结果的表示

在间接测量中,若函数关系为 $y=f(x_1,x_2,\cdots,x_n)$。设测得了各直接测量值为 x_1,x_2,…,x_n。数据处理可按下述步骤进行。

(1) 按前述办法处理各直接测量值的数据,给出各测量值的最佳值 x_i(单次测量)或 $\bar{x}_i$(多次测量)以及总极限误差 Δ_i。

(2) 利用函数关系计算间接测量值 $y=f(x_1,x_2,\cdots,x_n)$(单次测量)或 $y=f(\bar{x}_1,\bar{x}_2,\cdots,\bar{x}_n)$(多次测量)。

(3) 计算间接测量值的总极限误差 $\Delta_y=\sqrt{\sum_{i=1}^{n}\left(\frac{\partial f}{\partial x_i}\right)^2\Delta_i^2}$ 。

(4) 测量结果表示为

$$y_f=y\pm\Delta_y \tag{Ⅱ.36}$$